U0174917

1553B 总线技术应用与开发

中国电子科技集团公司
第五十八研究所　　著

科学出版社

北　京

内 容 简 介

本书介绍了军用标准数据总线 1553B 的应用技术，主要包括 1553B 总线的发展概况、1553B 总线的协议内容、常用 1553B 协议芯片的基础知识、1553B 通信系统的硬件设计、1553B 应用软件开发以及 1553B 总线通信案例等内容。全书围绕工程实际，将 1553B 军用标准的相关内容拆分到各章节中，结合应用场景分类叙述，详细讲解涉及 1553B 总线技术的软、硬件内容，帮助开发人员了解与熟悉 1553B 的开发流程。

本书可作为军工电子、电子信息工程、嵌入式系统应用与开发等相关工程技术人员的工具手册与参考书。

图书在版编目（CIP）数据

1553B 总线技术应用与开发/中国电子科技集团公司第五十八研究所著. —北京：科学出版社，2021.7
ISBN 978-7-03-069190-3

Ⅰ. ①1… Ⅱ. ①中… Ⅲ. ①总线–技术 Ⅳ. ①TP336

中国版本图书馆 CIP 数据核字（2021）第 111580 号

责任编辑：许 健 纪四稳 / 责任校对：杜子昂
责任印制：吴兆东 / 封面设计：殷 靓

科 学 出 版 社 出版
北京东黄城根北街 16 号
邮政编码：100717
http://www.sciencep.com

广东虎彩云印刷有限公司印刷
科学出版社发行 各地新华书店经销

*

2021 年 7 月第 一 版 开本：787×1092 1/16
2025 年 1 月第九次印刷 印张：17
字数：386 000
定价：**130.00 元**
（如有印装质量问题，我社负责调换）

《1553B 总线技术应用与开发》

编写人员名单

顾　问　刘士全

策　划　顾　林

作　者　胡德福　蔡洁明　唐海洋

前　　言

　　1553B 总线的开发是航空航天领域嵌入式系统工程师需要面对的问题,虽然 1553B 总线引入我国已经有近 40 年的历史,但目前市面上还没有出现过详细讲解其技术的中文版书籍,这给 1553B 总线的应用和国内工程技术人员的开发增加了难度。本书以工程应用为基础,从 1553B 总线开发人员的角度,详细介绍涉及 1553B 总线开发的软、硬件内容,帮助开发人员了解1553B 总线的开发流程。

　　本书第 1 章作为 1553B 总线的入门篇,概括 1553B 总线的发展和应用情况。第 2 章主要介绍与 1553B 标准有关的内容。第 3 章介绍几款很具代表性的 1553B 协议芯片,包括它们的内部结构、基础参数以及使用要求等内容;了解本章的内容,有助于读者从硬件的角度认识 1553B 总线的开发,使读者在以后的开发中规避一些意想不到的问题,如典型的时序竞争问题(这也是目前国内开发人员在实际开发过程中经常遇到的问题)等。第 4 章主要围绕数字信号处理(DSP)平台和现场可编程逻辑门阵列(FPGA)平台的主控系统,讲解 1553B 通信控制系统的硬件电路设计原理,为硬件工程师更好地应用 1553B 协议芯片提供参考。第 5 章是全书的核心部分,在硬件的基础上合理并准确地使用1553B 协议芯片才是本书的初衷;该章全面地介绍1553B 总线中各个节点(BC、RT 和 MT)的配置方法,以及如何使用它们来建立和完成通信任务;该章着重介绍应用 C 语言开发 1553B 总线的过程,本书并不涉及 FPGA 的主控平台,读者在理解了 C 语言版本的开发后,就能很容易过渡到 FPGA 平台的开发。第 6 章是 1553B 总线通信应用的案例,围绕 BU64843 芯片,设计并实现一个工程案例,包括 BC、RT 和 MMT 三种节点,编写软件代码使读者更容易理解 1553B 总线中各节点的工作和内部处理方式。第 7 章是关于 1553B 总线未来的发展趋势。

　　限于篇幅,书中 DSP 平台 1553B 开发板的工程案例软件代码等资料未能列出,感兴趣的读者可邮件联系作者索取,索取方式为:向 myonly2016@163.com 发送主题为"1553B 总线应用技术与开发资料"的邮件。

　　本书由顾林博士策划,在编写过程中得到了无锡市政府"滨湖之光"、"太湖人才计划"和"双创计划"的支持。本书的主要执笔人胡德福负责第 1~6 章主体内容的编写,约占全书工作量的 80%;顾林对全书进行了整体规划,负责纲要及部分关键章节编写;蔡洁明高级工程师对书中很多技术要点给予了指导,负责编写第 7 章内容,并在成稿后详细审核了全书;唐海洋参与第 4 章 1553B 硬件设计原理与系统设计的相关内容编写;樊兵团和朱习松对开发板的制作提供了支持。此外,高可靠总线专家刘士全主任也对全书的编写给予了关注和支持,担任此书的顾问,在此一并表示衷心的感谢。

　　限于作者水平,书中难免存在不足或疏漏之处,恳请广大读者批评指正。

作　者

2020 年 9 月于无锡

目　录

第1章 绪 论

军用标准数据总线 1553B(MIL-STD-1553B)是定义串行多路数据总线特性的标准，该标准涵盖了一套完整的串行数据总线从机械到电气和功能等方面的要求。1553B 总线旨在通过一个单一的媒介与航空电子子系统互联，该标准的初稿由美国汽车工程师学会(SAE)于 1968 年出版，美国空军于 1973 年通过，MIL-STD-1553A 版本于 1975 年发布，MIL-STD-1553B 版本作为美三军(空军、陆军和海军/海军陆战队)标准于 1978 年发布。此后 MIL-STD-1553B 标准在美国武器系统中得到了广泛的应用。起初 1553B 是飞机上使用的公共总线，但不久之后，它的应用扩展到航空航天等其他领域，如美国空军的 B-1B、B-2、B-52、F-15、F-16、F-117、F-5、T-38、C-130、C-17、KC-135、F-22、预警机等；美国海军的 F-14、F-18、E-2C/D、P-3、P-8、舰载通信系统、舰上控制系统、ESSM(海雀导弹)、RAM(滚转机身导弹)、Lamps 直升机、EA-6B、AV-8B、LCAC、V-22、CH-53 海种马直升机、H1 直升机等；美国陆军的 AH-64 阿帕奇直升机、CH-47 直升机、AH-1 眼镜蛇直升机、H-60 黑鹰直升机、M1A2 坦克、M2A3 布拉德利战车、A-10 攻击机等。

1981 年，该标准作为北约标准化协议(STANAG 3838)发布，并在欧洲许多武器系统中得到应用，包括欧洲台风战斗机、旋风战斗机、JAS 战斗机、虎式武装直升机、NH-90 战术运输直升机、T1 教练机、猞猁直升机、风暴装甲车、PAAMS(主要防空导弹系统)、阵风战斗机、美洲虎地面攻击机、幻影战斗机、Aermacchi M-346/MB-339 教练机、SAK57 自动加农炮、豹 2 主战坦克等。与此同时，该标准也被东欧国家接受，如俄罗斯的苏-27、米格-29、MSSR-JAC 二级监视雷达和土耳其的 T-129 ATAK 攻击直升机均有应用。

1985 年，MIL-STD-1553B 标准被选定为 MIL-STD-1760 中定义的智能炸弹的主要通信总线，并在许多导弹中得到应用，包括美国的 JDAM、JSOW、AIM-9X、Paveway、AMRAAM、风力修正导弹、HARM 导弹，欧洲的云母导弹、AASM 精确制导空对地导弹、ASMP 中程空对地导弹、风暴阴影巡航导弹、Aster 地空导弹、流星导弹等。

1553B 总线广泛使用在武器系统中的同时，其在太空中的应用也开始了高速的发展，如国际空间站；美国的航天飞机、德尔塔运载火箭、阿特拉斯运载火箭、半人马座运载火箭，以及许多军事和商业卫星计划(包括全球定位系统(GPS)、SBIR)等；欧洲和南美洲的国际卫星、赫歇尔空间天文台、普朗克航天器、盖亚卫星、丽莎探路者空间探测器、阿根廷微波观测卫星、中巴地球资源卫星、全球导航卫星系统、亚马尔-300 电信卫星、联盟-TM；日本的 H2 运载火箭(空间)、HTV(无人补给飞船的 H-II 运载火箭)、日本国际空间站实验舱、高级陆地观测卫星；印度的月球探测器、地球卫星通信卫星等。

　　21 世纪初，一些高端的无人机和商用飞机也开始转向应用 1553B 总线，如捕食者、全球鹰、猎人、MQ9 收割者等无人机，现已知的应用 1553B 总线的商用飞机如空客的 A350。

　　1553B 总线在 20 世纪 80 年代中美"蜜月期"，随 J-8 战斗机的升级项目进入我国，并开始被我国的研发人员所熟知。1553B 总线的应用减轻了战斗机的重量，推进了国内装备的信息化发展。因此，1553B 总线在国内各系统平台中也得到了广泛的应用。

　　尽管确切的数字很少，但有人估算 1553B 总线在世界各国的地面、海上、空中和空间平台上至少有 1 亿小时的服役时间。它还拥有强大的供应商基础，在航空航天界得到普遍的认可，并为大量技术人员和工程师所熟知。

　　飞机和其他平台上的航空电子系统性能的提高，对 1553B 总线的需求可能会减少，一些业内权威人士预计，1553B 总线很快就会被载入史册。然而，这样的预测已经做了很多年，1553B 总线不仅"存活"了 50 多年，而且还表现得越来越繁荣。1553B 总线提供了相对简单、模块化、双冗余和高可靠性的组合，而且近年来针对 1553B 总线更高带宽的传输技术也在不断开发和推出，如 100Mbit/s 总线带宽的 1553B 总线技术以及基于光纤通信的 1553B 总线技术等。因此，有充分的理由相信，即使面临千兆位以太网、光纤通信和其他高性能网络的挑战，多年后，1553B 总线技术仍将是一些航天平台的"首选"。

　　本书从嵌入式系统开发人员的角度对 1553B 总线通信进行软、硬件介绍，内容涵盖基础协议讲解、硬件电路设计、软件代码编写等，阅读本书需要具备 C 语言基础知识、熟悉硬件电路设计、了解 DSP 和 FPGA 的开发过程，最好是具有相关项目的开发经验，限于篇幅全书在进行这些内容编写时，不再向读者讲解这些基础内容。

　　在正文开始前对本书的编写习惯做如下约定：

　　(1) 书中所涉及的芯片寄存器地址以字母 R 加具体地址的形式表示，如寄存器地址 03 将写为 R03H，H 表示十六进制。

　　(2) 存储器地址以 M 字母开头，如存储器地址 03 写为 M03H。

　　(3) 为了和地址区分开，操作数统一以 0x 开头，如 0x0003 表示的是数而不是寄存器或存储器的地址。

　　(4) 寄存器若使用英文缩写，则其缩写的英文由附表 1.2 确定，例如，CFG1_REG 表示配置寄存器 1，若要访问寄存器中的某一具体位，则用"."操作符表示，如 CFG1_REG.1 表示配置寄存器 1 的 Bit1 位。

　　(5) 1553B 命令字根据实际含义使用缩写表示，例如，命令 RT1_Tx_Sa1_Cn1 表示 BC 发送命令字的 RT 地址域为 1、T/R 位为 Tx、子地址域(subaddress)为 1、数据长度 (Cn)为 1(含义为 BC 向 RT1 的子地址 1 取 1 个数)；又如，RT2_Rx_Sa5_Cn10 表示 BC 发送命令字的 RT 地址域为 2、T/R 位为 Rx、子地址域为 5、数据长度为 10(含义为 BC 向 RT2 的子地址 5 发送 10 个数)；对于模式码，则将子地址域和数据域更改为模式码即可，如模式码 RT1_Tx_Sa0_MC2 即表示 BC 发送模式码命令字的 RT 地址域为 1、发送模式码 MC2 即二进制表示为"00010"，查模式码表(附表 3.1)即可知 BC 向 RT1 发送了"发送状态字"模式码。

第 2 章 1553B 标准

2.1 总线拓扑

1553B 总线是基于屏蔽双绞线电缆的终端传输总线，MIL-STD-1553B 定义了三种总线节点，统称为终端，它们分别是总线控制器(bus controller, BC)、远程终端(remote terminal, RT)和总线监视器(bus monitor, MT)。

BC 充当"主机"、"服务器"或"主控"的作用，在总线传输消息中启动所有事务，执行对总线节点的控制和遥测功能。RT 受 BC 指挥，响应 BC 的命令、接受 BC 的控制，提供 1553B 总线和相关单元/子系统之间的接口。MT 是被动的，不响应任何命令，只监控和记录总线上的命令和数据。

BC 和 RT 以及 MT 通过短截线和耦合器(bus coupler)连接到总线上，总线上的数据传输速率固定为 1Mbit/s，波形编码方式为曼彻斯特码，采用奇校验方式，通常应用为双总线互为备份的冗余架构。一条 1553B 总线上可以容纳 1 个 BC、31 个 RT(去除 31 号的广播地址为 31 个)及多个 MT。标准 1553B 总线拓扑关系如图 2.1 所示。总线 A 和总线 B 互为备份，分时复用，可以在传输时由软件设置主动切换，也可以由芯片协议发起控制切换，但任何时刻只有一条总线上有消息传输。需要指出的是，1553B 在单总线下依然能正常工作，双总线不是通信的必需配置，仅是为了在系统上做到冗余备份，提高可靠性。总线两端的终端匹配电阻 Z 是必不可少的，阻值大小依据线缆的特征阻抗

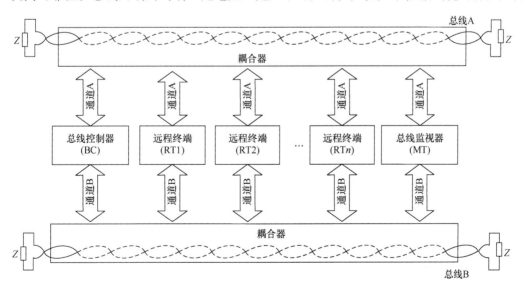

图 2.1 标准 1553B 总线拓扑关系(Z 为总线终端匹配电阻)

而定，通常在 70～85Ω，它的作用是在传输波形时维持总线的压差，使信道上的阻抗相互匹配，吸收总线能量，防止波形反射。

　　1553B 总线上传输信息的最小单位为消息，1553B 支持单消息传输，也支持多消息组帧传输。总线上完成一次符合 1553B 协议的消息传输的前提条件是：消息必须合法。1553B 协议规定，总线上的事务属于命令/响应类型，任何消息均是由 BC 发起命令，RT 和 MT 均不具备发起命令的能力，只能响应 BC 命令；并且同一时刻挂接在同一条总线节点上的终端只允许存在一个 BC，但可以存在多个 RT(不同地址)和 MT。总线上的 RT 必须被分配了相应的节点地址才能有效使用，该地址由 5 位二进制数表示，称为 RT 地址，且每个 RT 地址只能分配给唯一的 RT，不可重复。一条总线理论上最多能容纳 32 个 RT，由于 RT 地址 31 被分配给广播使用，实际上一条总线可容纳的 RT 个数为 31 个，BC 和 MT 不分配地址。

　　典型的 1553B 总线通信回路拓扑细节如图 2.2 所示(当然这只是 1553B 通信回路的一种拓扑细节，针对不同的 1553B 协议芯片还有其他类型的拓扑细节)。从信息流的角度看，当 BC 发送的信息流经过隔离变压器调压，并经过短截线后，波形输出到耦合器的端口中，耦合器内部将波形整形到峰峰值 7V 左右耦合到总线上，总线向其挂接的所有节点输出接收到的波形，总线挂接的节点(RTs)将根据自身地址号以及相关的设置来选择响应或屏蔽该消息。从消息内容看，每条 1553B 的消息都至少包含一个命令字，该命令字直接在总线上传输，命令字由 BC 发出用来指示 RT 完成相关操作。举例来说，在总线节点上的 BC 若要发送消息给总线节点中的 RT1，则在硬件连接均正确无误的情况下，其必须发送符合 RT1 终端节点的有效命令字，该消息才能被 RT1 识别、接收和处理，RT1 只响应合法的总线命令字。总线通信的具体细节将在后续章节中介绍，在此不做展开。

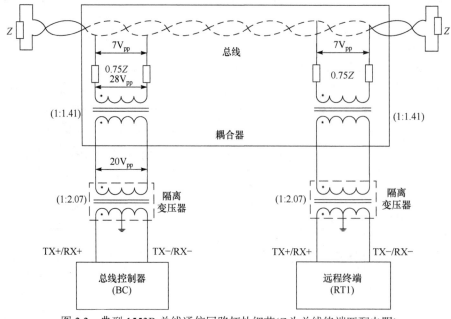

图 2.2　典型 1553B 总线通信回路拓扑细节(Z 为总线终端匹配电阻)

　　1553B 总线实物如图 2.3 所示。总线全长从一端终端电阻至另一端终端电阻应尽量小于 100m，对于使用间接耦合方式连接至总线耦合器的节点线路，其节点电缆(短截线)长度不大于 6m，对于直接耦合方式连接至总线的节点线路，其节点电缆长度应小于0.3m，关于"直接/间接"的耦合方式在 4.1.4 节进行详细介绍。1553B 总线使用的线缆实物如图 2.4 所示。

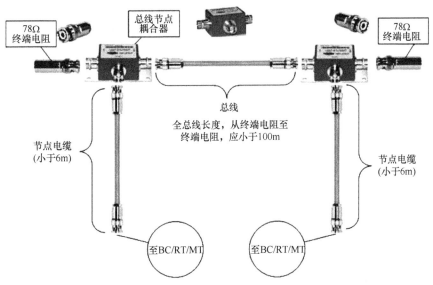

图 2.3　典型 1553B 总线通信回路拓扑实物

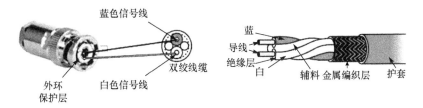

图 2.4　1553B 总线所用电缆实物

2.2　消息格式

　　1553B 协议规定了十种消息格式，使用频率最高的有三种，分别为 BC 到 RT 消息传输(BC→RT)、RT 到 BC 消息传输(RT→BC)和 BC 到 RTs 广播消息传输(BC→RTs)。下面着重介绍这三种消息格式，其他消息格式将在后续章节中讲解。

　　1553B 协议处理的内存(RAM)单元、寄存器(REG)单元以及总线上传输的有效字内容均由 16 位二进制数组成，用十六进制表示，如 0x1234、0xAA55 等，因此构成1553B 消息的最小单元就是这 16 位二进制的 1553B 字(双字节)。1553B 单条消息中1553B 字之间的关系如图 2.5 所示，消息中包含了多个 1553B 字，每个字之间由时间间隔或同步头隔开，后面将会介绍这些 1553B 字的具体内容及其所代表的含义。

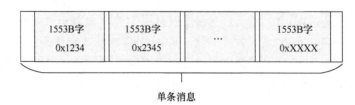

单条消息

图 2.5　单条消息中 1553B 字之间的关系

为了更详细地介绍不同 1553B 消息的格式，在此做如下规定：

(1) 用矩形方框表示由 BC 发出的 1553B 字；

(2) 用圆角矩形表示由 RT 发出的 1553B 字；

(3) 在框内对每个 1553B 字做功能解释。

针对 BC→RT 的消息传输，从消息内容的角度看，它的消息格式如图 2.6 所示。总线在传输 BC→RT 的消息时，首先由 BC 发出相应的命令字(Rx 命令字表示 BC 要发送数据，Tx 命令字表示 BC 要接收数据，指出 Rx 和 Tx 要站在 RT 的角度，这也是一种规定)，命令字的作用即告知总线上相应的 RT 准备接收数据，数据字的长度 n 可变但不超过 32，当 BC 发送完最后一个数据字后 RT 接收完成，此时 RT 会向总线发出一个状态字，来告知 BC 消息接收完成，并且告知 BC 此时 RT 的其他状态。

对于 RT→BC 的消息传输，它的消息格式如图 2.7 所示。总线在进行 RT→BC 消息传输时，BC 会先向总线发出一个命令字(Tx 命令)，挂接在总线节点上的对应 RT 接收到该命令字后，会发送一个状态字，来告知 BC 命令字已完成接收，并将开始消息内容的传输；接着 RT 将已准备好的数据依次发送到总线上，BC 则进行数据的接收，RT 在一条消息中可上传的数据字的长度 n 可变但不超过 32。

图 2.6　消息格式之 BC→RT 消息

图 2.7　消息格式之 RT→BC 消息

BC→RTs 的广播消息传输的消息格式如图 2.8 所示。广播的含义即总线上的 BC 给挂接在总线节点上的所有 RT 群发消息。它的消息格式与 BC→RT 的消息传输相似，所不同的是，当总线上的 RT 接收完数据内容后，不再上传各自的状态字。这也很好理解，如果同一时刻挂接在总线上的所有 RT 都向总线上传状态字，势必会造成总线竞争，BC 不可能同时处理和接收这些状态字，因此在 BC 对所有 RT 发送完广播消息后，总线即停止消息的传输。

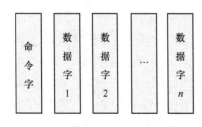

图 2.8　消息格式之 BC→RTs 广播消息

了解了上述三种常用的 1553B 消息格式，即对 1553B 总线的通信机制有了初步的理解。回到

图 2.1 的总线拓扑关系上，不论是 BC、RT 或是 MT，它们均嵌在各自的电子信息子系统中，受相关子系统的控制，执行数据的收发和信息的交换等任务。总线 A 和 B 将挂在它们之上的各个节点串接起来，提供消息传输的信道，BC 是这个信息交互总线的主控，RT 是响应单元，MT 是监控设备。当 BC 需要控制 RT 或告知 RT 相关信息时，可以利用 BC→RT 的消息传输，也称为"遥控"；若 BC 需要获取总线中某个 RT 节点的相关状态或数据，则可以利用 RT→BC 的消息传输，也称为"遥测"；若 BC 需要将各 RT 节点所关心的消息广而告知，则可以使用 BC→RTs 的广播消息传输，通常称为"广播"。

利用上述三种常用 1553B 消息格式，就可以满足航空航天或其他设备间子系统的大部分使用需求。

2.3　编 码 规 则

2.2 节在介绍 1553B 消息格式时，曾提到消息的具体内容是由一个个不可分割的 1553B 字构成的，1553B 字将会在总线上传输，传输时每个 1553B 字都会被同步头或一定的时间间隔开，但是这些字的二进制格式是如何体现到总线电气信号上的，即每个 1553B 字的具体编码方式是怎样的，本节将针对这部分内容，作详细讲解。

1553B 总线是一对差分信号线，它的传输线由双绞线屏蔽对的电缆构成，为了方便表述，这里将接入 1553B 收发器正向信号的传输线电缆取名为+Y，接入 1553B 收发器负向信号的传输线电缆取名为-Y，如图 2.9 所示。+Y 差分信号线接入 1553B 收发器的 TX+/RX+(图中进行了加粗处理)，-Y 差分信号线接入 1553B 收发器的 TX-/RX-。由此可以理解，总线两端的终端电阻 Z 的作用，即在 1553B 总线进行消息传输时维持总线上的差分信号的压差，调整总线的阻抗匹配等。

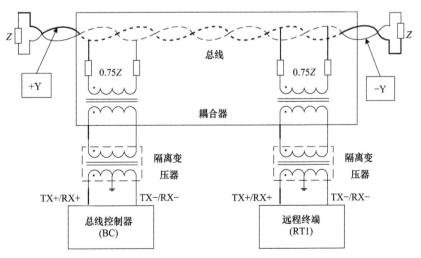

图 2.9　典型 1553B 总线传输中差分信号线的接入方式

1553B 总线上传输的差分信号采用曼彻斯特码进行编码，曼彻斯特码的逻辑"0"和

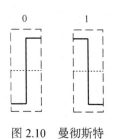

图 2.10 曼彻斯特码逻辑 0 和 1

"1"即 1553B 字中的二进制位"0"和"1"。曼彻斯特码规定：低电平向高电平的跳变为逻辑"0"，高电平向低电平的跳变为逻辑"1"，如图 2.10 所示。将曼彻斯特编码反映到+Y 和−Y 差分信号线上，即+Y 和−Y 的信号压差的变化值为 $U_{+Y}-U_{-Y}$。

1553B 协议规定总线上传输的数据速率为 1Mbit/s，即 1553B 字转化为曼彻斯特码的每一位时间宽度为 1μs，也就是说一个完整的 1553B 字中有效的数据位时间宽度为 16μs。图 2.11 所示十六进制数 0x4C75 的曼彻斯特编码，总宽度为 16μs。需要指出的是，在总线上传输 1553B 字时，首先传输的是该 16 位二进制数的最高位(MSB)。

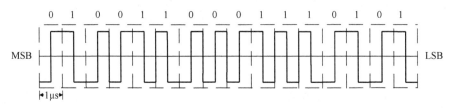

图 2.11 完整 1553B 字曼彻斯特编码释义

一个异步传输的总线系统中，只有相应 1553B 字的曼彻斯特编码，是不能使各节点做到信息的准确识别和安全传输的。总线传输数据时，还必须具有同步头信号；此外，为了数据的准确性考虑，也需要增加校验位。1553B 协议规定了两种同步头，如图 2.12 所示，即同步头 a 和同步头 b。当总线在传输消息时，同步头 a 加在命令字或者状态字的最高位之前，占三个曼彻斯特编码位，同步头和命令字或者状态字之间无时间间隔；同步头 b 加在数据字最高位之前，也占三个曼彻斯特编码位，两者之间也无时间间隔。1553B 字的校验位比较简单，占 1 个曼彻斯特码位，采用奇校验的方式，加在命令字、数据字和状态字的有效数据位之后。

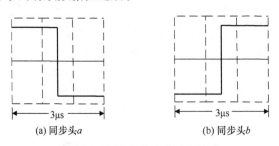

(a)同步头 a   (b)同步头 b

图 2.12 1553B 总线传输同步头

综上所述，一个能在 1553B 总线上传输的完整 1553B 字应该包含三个部分，即同步头、16 位二进制数和校验位，共占 20 个曼彻斯特编码位，时间宽度为 20μs。1553B 总线传输的波形如图 2.13 所示，具有同步头 a 的出现在一帧消息的开头位置的字是命令字，具有同步头 a 的出现在消息之间或最后的字是状态字，具有同步头 b 的出现在该消息的中间跟随命令字或状态字之后的字是数据字，即这条消息的数据内容。

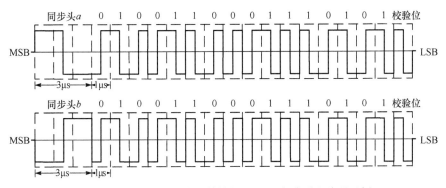

图 2.13 在 1553B 总线上传输的 1553B 字波形和编码示例

第3章 1553B 协议芯片

了解 1553B 协议芯片的基本知识，熟悉 1553B 协议芯片正常工作的电气环境，有利于 1553B 电路的系统设计。本章介绍几款国内应用较为普遍的 1553B 协议芯片，讲解芯片的内部结构，分析芯片的相关功能，为硬件设计提供理论支持。

3.1 芯片内部结构

为满足 1553B 总线要求，航空航天子系统的开发人员需要将用户数据转化为能够在 1553B 总线上传输且可被 1553B 终端正确识别的曼彻斯特码，而这正是 1553B 协议芯片的作用所在。

1553B 协议芯片是一种数模混合的接口类芯片。数字端口提供给用户，方便用户进行信息的数字化操作；模拟端口提供给 1553B 总线，负责总线信息传输。这里所说的数字端口是指芯片与中央处理器(CPU)之间的并行通信接口(或串行接口)，模拟端口是指曼彻斯特码收发端口。1553B 协议芯片有许多系列和型号，虽然不同类型的 1553B 协议芯片的内部结构会有差异，但功能上的差异不大。图 3.1 为某一 3.3V 供电类型的 1553B 协议芯片的结构框图，在该 1553B 协议芯片的内部，数字接口即对应处理器的数据和地址总线、处理器和内存控制信号线、中断和 READY 信号线等；模拟接口即对应收发器 A 和 B 的输入输出通道。除上述两种接口，该芯片还具有一些外围配置接口，如 RT 地址线、电源和地以及杂项输入输出等接口。

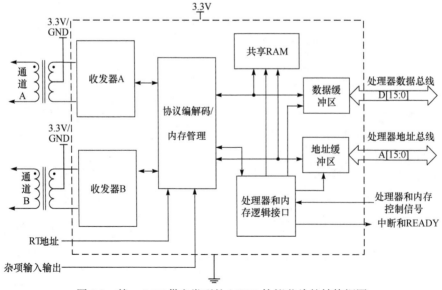

图 3.1　某一 3.3V 供电类型的 1553B 协议芯片的结构框图

　　1553B 协议芯片的内部集成了双收发器、协议编解码器、协议逻辑电路和共享 RAM 等模块，采用 5V 或 3.3V 电源供电。芯片的处理器数据总线、处理器地址总线、处理器和内存控制信号、中断和 READY 等引脚提供给用户 CPU，用户 CPU 通过这些引脚来访问 1553B 协议芯片的寄存器和存储器。RT 地址引脚用来配置 1553B 协议芯片工作在 RT 模式下的 RT 地址。杂项输入输出包含 1553B 协议芯片的硬件复位、时钟输入输出、功能触发、外部电平设置以及状态指示等。通道 A/B 为 1553B 协议芯片收发器 A/B 的输入输出引脚，提供给 1553B 总线，是 1553B 总线节点的接入引脚。

　　1553B 协议芯片中的协议编解码/内存管理、寄存器管理、多协议处理模块的主要功能和它的命名一样，是芯片最核心的部分。多协议处理的含义表明 1553B 协议芯片不仅支持 1553B 的协议，还支持其他协议(如 1553A)。处理器和内存逻辑接口负责对用户 CPU 引脚进行采样、锁存以及对读写时序进行控制。共享 RAM 是 1553B 协议芯片中数据的主要存储区，它的内部记录了用户和总线交互的数据以及用户配置芯片的重要参数，属于用户数据和配置参数的共享区域。收发器 A/B 互为备份，负责接收和发送总线数据。

　　不同型号的 1553B 协议芯片有一些差异。例如，某些芯片可以支持配置为 BC、RT 和 MT 三种模式中的一种，但有些芯片仅支持 RT 模式，而不能配置为其他模式；有些芯片的共享 RAM 结构有差别，有些 RAM 单元为 16 位，而有些为 17 位(包含一个校验位)；有些芯片采用 5V 供电，有些采用 3.3V 供电；有些芯片可以通过软件配置 RT 地址，而有些芯片则只能由外部 RT 地址引脚配置地址等。因此，在选用 1553B 协议芯片之前，需要了解芯片的基本情况，从系统需求的角度出发，才不会出现纰漏。

3.2　典型芯片功能、封装和引脚

　　1553B 协议芯片的生产厂家提供了不同型号的芯片以满足不同场景的需求，本节详细列举三种国内常用且较为典型的 1553B 协议芯片，对它们的功能、封装和引脚加以介绍。这三种芯片分别是 DDC 公司(美国)生产的 BU65170、BU61580 和 BU64843，表 3.1 列举了这三种常用 1553B 协议芯片的功能参数。

表 3.1　三种常用 1553B 协议芯片功能参数

型号	BU65170	BU61580	BU64843
可配置项	RT	BC/RT/MT	BC/RT/MT
封装	70PIN PGA	70PIN PGA	CQFP80
供电	5V	5V	3.3V
协议支持	1553A/B Notice2	1553A/B Notice2	1553A/B Notice2
输入时钟	16MHz/12MHz	16MHz/12MHz	16MHz/20MHz/12MHz/10MHz
SRAM	4K×16 位	4K×16 位	4K×16 位
寄存器	17+8 可操作寄存器+测试寄存器		24+24 可操作寄存器+测试寄存器

70PIN PGA 和 CQFP80 封装的芯片尺寸和封装引脚如图 3.2 所示。

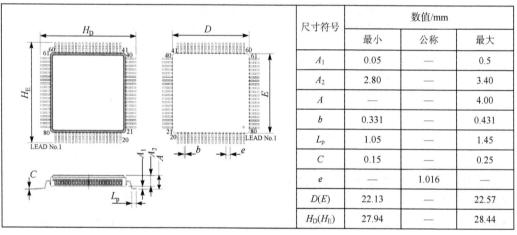

尺寸符号	数值/mm		
	最小	公称	最大
A	3.91	—	4.71
Φ_{b3}	0.38	—	0.54
Φ_{b4}	—	1.78	—
D	—	—	48.26
E			25.40
e	—	2.54	—
e_1	—	10.16	—
e_2	—	15.24	—
e_3	—	1.27	—
L	4.32	—	4.82
Z	—	—	2.54

(a) 70PIN PGA 封装

尺寸符号	数值/mm		
	最小	公称	最大
A_1	0.05	—	0.5
A_2	2.80	—	3.40
A	—	—	4.00
b	0.331	—	0.431
L_p	1.05	—	1.45
C	0.15	—	0.25
e	—	1.016	—
$D(E)$	22.13	—	22.57
$H_D(H_E)$	27.94	—	28.44

(b) CQFP80 封装

图 3.2　芯片外形和封装尺寸

70PIN PGA 封装的 BU65170/BU61580 芯片具有 70 个外部引脚，分为 7 大类，分别为处理器/存储器接口和控制、杂项引脚、电源和地引脚、RT 地址引脚、1553B 隔离变压器接口引脚、地址总线引脚、数据总线引脚。各类引脚的功能如表 3.2 所示。

表 3.2　BU65170/BU61580 引脚功能介绍

名称	引脚号	功能
处理器/存储器接口和控制		
$\overline{\text{TRANSPAREN}}/$ $\overline{\text{BUFFERED}}$ (I)	64	主处理器接口模式选择。 有透明/DMA 模式(1)，缓冲模式(0)，大多用缓冲模式

续表

名称	引脚号	功能
$\overline{\text{STRBD}}$ (I)	4	信号锁存。 与 $\overline{\text{SELECT}}$ 信号一起用来启动和控制主处理器和 BU65170 之间的数据读/写时序
$\overline{\text{SELECT}}$ (I)	3	片选信号。 与 $\overline{\text{STRBD}}$ 信号一起使用
MEM/ $\overline{\text{REG}}$ (I)	5	寄存器/存储器选择。 在主处理器读/写 BU65170 芯片时，用来区分是读/写寄存器还是存储器
RD/ $\overline{\text{WR}}$ (I)	6	主处理器访问 BU65170 的读/写控制信号。 在 16 位缓冲模式下，若 POLARITY_SEL 引脚为逻辑 0，则低电平为读操作，高电平为写操作；若 POLARITY_SEL 引脚为逻辑 1 或接口方式不是 16 位缓冲模式，则此信号高电平为读，低电平为写
$\overline{\text{IOEN}}$ (O)	67	外部地址和数据缓冲指示信号。 在缓冲模式下通常不需要用到，逻辑为低时，缓冲器允许主处理器访问 BU65170 芯片内部 RAM 和寄存器
$\overline{\text{READY}}$ (O)	66	输出给主处理器的握手信号。 对于非零等待(包括 DMA、缓冲等模式下)读访问，表明在 D[15:0]上的数据可以被读出；对于非零等待写访问，表明寄存器或当前 RAM 位置的数据已传送完成。在缓冲接口方式、零等待模式下，高电平输出(在 $\overline{\text{STRBD}}$ 上升沿之后)表明正在锁存地址/数据(仅在写时)、地址/数据锁存器与 RAM/寄存器的内部传输正在进行
$\overline{\text{INT}}$ (O)	65	中断输出。 若 LEVEL/PULSE 标志位为低(配置寄存器 2 的第 3 位)，则该端口输出一个宽为 500ns 的负脉冲；若第 3 位为高，则在此引脚输出一个低电平中断请求信号
$\overline{\text{DTREQ}}$ (O)/ 16/ $\overline{8}$ (I)	31	数据传输请求或 16 位/8 位传输模式选择。 在透明模式下，低有效输出信号表示请求访问处理器的接口总线(地址总线、数据总线、控制总线等)。在缓冲模式下，信号输入用来选择 16 位传输模式(逻辑 1)和 8 位传输模式(逻辑 0)
DTGRT(I)/ MSB/ $\overline{\text{LSB}}$ (I)	26	数据传输允许或最高/最低位。 在透明模式下，对应 DTREQ 输出，低有效输入信号表明允许 BU65170 对处理器总线进行访问。在 8 位缓冲模式下，输入信号指明高字节位 MSB 还是低字节 LSB 传送(仅在 8 位缓冲模式使用，16 位缓冲模式时悬空该引脚)。POLARITY_SEL 引脚输入控制 MSB/LSB 的逻辑，见 POLARITY_SEL 引脚描述
$\overline{\text{DTACK}}$ (O) /POLARITY_SEL(I)	32	数据传输确认或极性选择。 在透明模式下，低有效输出信号用来表明处理器接口总线接收响应数据传输允许(DTGRT)。在 16 位缓冲模式下，(TRANSPARENT/ $\overline{\text{BUFFRED}}$ =0， $\overline{\text{DTREQ}}$ /16/ $\overline{8}$ =1)，输入信号用来设定读写信号有效电平的极性。当 POLARITY_SEL 为逻辑 1 时，RD/ $\overline{\text{WR}}$ 为高(逻辑 1)以实现读操作，低(逻辑 0)为写操作。当 POLARITY_SEL 为逻辑 0 时，读写操作的有效电平相反。在 8 位缓冲模式下 (TRANSPARENT/ $\overline{\text{BUFFRED}}$ =0， $\overline{\text{DTREQ}}$ /16/ $\overline{8}$ =0)，输入信号用来设定 MSB/ $\overline{\text{LSB}}$ 的极性。当它为逻辑 0 时 MSB/ $\overline{\text{LSB}}$ 被设为 0 以传输低字节，设为 1 传输高字节，当它为逻辑 1 时相反
$\overline{\text{MEMENA\_OUT}}$ (I)	28	存储器使能输出。 在主处理器和 1553 协议/存储器管理存储传输周期中被设置为低。在透明模式下作为外部 RAM 片选信号

续表

名称	引脚号	功能
$\overline{\text{MEMOE}}$ (O)/ ADDR_LAT(I)	29	存储器输出使能或地址锁存。 在透明模式下，$\overline{\text{MEMOE}}$ 输出用于使能外部 RAM 读周期数据输出(通常连至外部 RAM 的 $\overline{\text{OE}}$ 端)；在缓冲模式下，ADDR_LAT 输入用来配置内部地址锁存为闭锁模式(低)或直接模式(高)
$\overline{\text{MEMENA\_IN}}$ (I)/TRIGGER_SEL(I)	33	存储器使能输入或触发选择。 在透明模式下，$\overline{\text{MEMENA\_IN}}$ 是内部共享 RAM(4K×16 位)的片选信号(低有效)。当仅使用内部 RAM 时，该引脚直接与 $\overline{\text{MEMENA\_OUT}}$ 相连。在 8 位缓冲模式下，输入信号(TRIGGER_SEL)表明由 CPU 读写 BU65170 时两字节的传送顺序。这个信号在 16 位缓冲模式下，悬空处理。在 8 位缓冲模式下，若读写操作的字节顺序是高字节在低字节后面，则 TRIGGER_SEL 需置高，反之为低
$\overline{\text{MEMWR}}$ (O)/ ZERO_WAIT (I)	30	存储器写或零等待状态。 当处于透明模式时，低电平有效输出信号($\overline{\text{MEMWR}}$)在存储写传输中被设置为低，用来选通内部或外部 RAM 中的数据。在缓冲模式下，输入信号用来选择零等待模式(0)和非零等待模式(1)
		杂项引脚
CLK(I)	19	16MHz(或 12MHz)时钟输入
$\overline{\text{MSTCLR}}$ (I)	7	复位输入。 低电平复位，在上电稳定后置低电平，最少需要 100ns 时间宽度的负脉冲才能将内部逻辑复位至"上电复位状态"
$\overline{\text{INCMD}}$ (O)	45	命令处理中指示。 RT 模式下在收到命令字以后变低并一直保持低电平直到当前队列中消息执行完
$\overline{\text{SSFLAG}}$ (I)/ EXT_TRIG(I)	27	子系统标志或外部触发。 RT 模式下，该输入有效时将会置位 RT 状态字中的子系统标志位。$\overline{\text{SSFLAG}}$ 引脚输入有效低电平会将配置寄存器 1 的第 8 位置 1
TAG_CLK(I)	63	外部时钟标签输入。 用来给内部的时钟标签寄存器计数。不使用时，须接电源或地
		电源和地引脚
−VA	70	作为芯片内部发送器的禁止端
−VB	36	
+5V LOGIC	54	逻辑电源，接+5V
LOGIC GND	18	逻辑地
+5VA	68	A 通道收发器电源，接+5V
GNDA	69	A 通道收发器地
+5VB	38	B 通道收发器电源，接+5V
GNDB	37	B 通道收发器地
		RT 地址引脚(6 个)
RTAD4(MSB)(I)	43	RT 地址输入引脚
RTAD3(I)	42	

续表

名称	引脚号	功能
RTAD2(I)	41	
RTAD1(I)	40	RT 地址输入引脚
RTAD0(LSB)(I)	39	
RTADP(I)	44	RT 地址校验位输入引脚，奇校验
1553B 隔离变压器接口引脚		
TX/RX_A(I/O)	1	
$\overline{TX/RX\_A}$ (I/O)	2	
TX/RX_B(I/O)	34	收发器差分模拟信号输入/输出，直接与 1553B 隔离变压器相连
$\overline{TX/RX\_B}$ (I/O)	35	
地址总线		
A15(MSB)(I/O/Z)	8	
A14(I/O/Z)	9	
A13(I/O/Z)	10	
A12(I/O/Z)	11	
A11(I/O/Z)	12	
A10(I/O/Z)	13	16 位双向地址总线。
A9(I/O/Z)	14	在缓冲和透明模式下，主处理器通过 A11～A0 地址线访问 BU65170 寄存器和内部 4K RAM。主处理器通过 A4～A0 地址线实现寄存器选择。在缓冲模式下，
A8(I/O/Z)	15	A15～A0 仅作为输入。在透明模式下，主处理器访问外部最大 64K×16 位 RAM
A7(I/O/Z)	16	时为输入，内部协议处理器/存储器管理逻辑访问外部最大 64K×16 位 RAM 时
A6(I/O/Z)	17	为输出(驱动向外，向着主处理器)。地址总线作为输出仅在 $\overline{DTACK}$ 为低(表明
A5(I/O/Z)	20	BU65170 控制了处理器接口总线)和 $\overline{IOEN}$ 为高(表明不是主处理器访问)。大部
A4(I/O/Z)	21	分时候，包括电源上电复位后，A15～A0 输出为高阻态
A3(I/O/Z)	22	
A2(I/O/Z)	23	
A1(I/O/Z)	24	
A0(LSB)(I/O/Z)	25	
数据总线		
D15(MSB)(I/O/Z)	62	
D14(I/O/Z)	61	
D13(I/O/Z)	60	16 位双向数据总线。
D12(I/O/Z)	59	是主处理器连接内部寄存器和 4K×16 位 RAM 的总线。此外，在透明传输模
D11(I/O/Z)	58	式，该总线允许内部协议处理器和最大 64K×16 位 RAM 之间数据传输发生。大
D10(I/O/Z)	57	部分时候，D15～D0 输出为高阻态。在缓冲或透明模式下，主处理器读内部
D9(I/O/Z)	56	RAM 或寄存器时为输出态，主处理器写内部 RAM 或寄存器时为输入态
D8(I/O/Z)	55	
D7(I/O/Z)	53	

名称	引脚号	功能
D6(I/O/Z)	52	
D5(I/O/Z)	51	16 位双向数据总线。
D4(I/O/Z)	50	是主处理器连接内部寄存器和 4K×16 位 RAM 的总线。此外，在透明传输模
D3(I/O/Z)	49	式，该总线允许内部协议处理器和最大 64K×16 位 RAM 之间数据传输发生。大
D2(I/O/Z)	48	部分时候，D15～D0 输出为高阻态。在缓冲或透明模式下，主处理器读内部
D1(I/O/Z)	47	RAM 或寄存器时为输出态，主处理器写内部 RAM 或寄存器时为输入态
D0(LSB)(I/O/Z)	46	

BU61580 芯片的引脚功能与 BU65170 完全相同，两者的差别体现在功能上：BU65170 只能作为 RT 使用，而 BU61580 可以作为 BC、RT、MT 使用。

BU64843 和 BU65170 以及 BU61580 一样，也具有相同种类的引脚，但由于 BU64843 为 CQFP80 封装，具有 80 个引脚，因此它们之间还是有一些差异的，表 3.3 给出了 BU64843 的引脚功能描述。

表 3.3　BU64843 引脚功能介绍

名称	引脚号	功能
处理器/存储器接口和控制		
TRANSPAREN/$\overline{BUFFERED}$ (I)	61	主处理器接口模式选择。 有透明/DMA 模式(1)、缓冲模式(0)，大多用缓冲模式
$\overline{STRBD}$ (I)	68	信号锁存。 与 $\overline{SELECT}$ 信号一起用来启动和控制主处理器和 BU64843 之间的数据读/写时序
$\overline{SELECT}$ (I)	66	片选信号，与 $\overline{STRBD}$ 信号一起使用
MEM/$\overline{REG}$ (I)	6	寄存器/存储器选择。 在主处理器读/写 BU64843 芯片时，用来区分是读/写寄存器还是存储器
RD/$\overline{WR}$ (I)	71	主处理器访问 BU64843 的读/写控制信号。 在 16 位缓冲模式下，若 POLARITY_SEL 引脚为逻辑 0，则低电平为读操作，高电平为写操作；若 POLARITY_SEL 引脚为逻辑 1 或接口方式不是 16 位缓冲模式，则此信号高电平为读操作，低电平为写操作
$\overline{IOEN}$ (O)	64	外部地址和数据缓冲指示信号。 在缓冲模式下通常不会用到，逻辑为低时，缓冲器允许主处理器访问 BU64843 芯片内部 RAM 和寄存器
$\overline{READY}$ (O)	62	输出给主处理器的握手信号。 对于非零等待(包括 DMA、缓冲等模式)读访问，表明在 D[15:0]上的数据可以被读出；对于非零等待写访问，表明寄存器或当前 RAM 位置上的数据已传送完成。在缓冲模式、零等待模式下，高电平输出(在 $\overline{STRBD}$ 上升沿之后)表明正在锁存地址/数据(仅在写时)、地址/数据锁存器与 RAM/寄存器的内部传输正在进行

续表

名称	引脚号	功能
$\overline{\text{INT}}$ (O)	63	中断输出。 若 LEVEL/PULSE 标志位为低(配置寄存器 2 的第 3 位),则该端口输出一个宽为 500ns 的负脉冲;若第 3 位为高,则在此引脚输出一个低电平中断请求信号
$\overline{\text{DTREQ}}$ (O)/ 16/$\overline{8}$ (I)	29	数据传输请求或 16 位/8 位传输模式选择。 在透明模式下,低有效输出信号表示请求访问处理器的接口总线(地址总线、数据总线、控制总线等)。在缓冲模式下,信号输入用来选择 16 位传输模式(逻辑 1)和 8 位传输模式(逻辑 0)
$\overline{\text{DTGRT}}$ (I)/ MSB/$\overline{\text{LSB}}$ (I)	72	数据传输允许或最高/最低位。 在 8 位缓冲模式下,输入信号(MSB/$\overline{\text{LSB}}$)表明当前传的字节是最高有效字节还是最低有效字节。MSB/$\overline{\text{LSB}}$ 逻辑检测由输入信号 POL_SEL 控制。在 16 位缓冲模式下,MSB/$\overline{\text{LSB}}$ 不使用
$\overline{\text{DTACK}}$ (O)/ POLARITY_SEL(I)	35	数据传输确认或极性选择。 在透明模式下,低有效输出信号用来表明处理器接口总线接受响应数据传输允许($\overline{\text{DTGRT}}$)。在 16 位缓冲模式下,(TRANSPARENT/$\overline{\text{BUFFRED}}$ =0,$\overline{\text{DTREQ}}$ /16/$\overline{8}$ =1),输入信号用来设定读写信号有效电平的极性。当 POLARITY_SEL 为逻辑 1 时,RD/$\overline{\text{WR}}$ 为高(逻辑 1)以实现读操作,低(逻辑 0)为写操作。当 POLARITY_SEL 为逻辑 0 时,读写操作的有效电平相反。在 8 位缓冲模式下 (TRANSPARENT/$\overline{\text{BUFFRED}}$ =0,$\overline{\text{DTREQ}}$ /16/$\overline{8}$ =0),输入信号用来设定 MSB/$\overline{\text{LSB}}$ 的极性。当它为逻辑 0 时 MSB/$\overline{\text{LSB}}$ 被设为 0 以传输低字节,设为 1 传输高字节;当它为逻辑 1 时相反
$\overline{\text{MEMOE\_IN}}$ (O)/ ADDR_LAT(I)	20	地址锁存或存储器输出使能。 缓冲模式下,将 A[5:0]、$\overline{\text{SELECT}}$、MEM/$\overline{\text{REG}}$、MSB/$\overline{\text{LSB}}$ (仅 8 位模式下)配置成锁存模式(ADDR_LAT 为低)或非锁存模式(ADDR_LAT 为高)。即当 ADDR_LAT 为高时,BU64843 内部将随着 A[5:0]、$\overline{\text{SELECT}}$、MEM/$\overline{\text{REG}}$、MSB/$\overline{\text{LSB}}$ 的变化而改变;当 ADDR_LAT 为低时,A[5:0]、$\overline{\text{SELECT}}$、MEM/$\overline{\text{REG}}$、MSB/$\overline{\text{LSB}}$ 的值将被锁存。通常,当采用非多路复合总线 CPU 控制 BU64843 时,ADDR_LAT 必须连接到逻辑"1"上。当采用多路复合总线 CPU 控制 BU64843 时,ADDR_LAT 必须连接到能表明地址有效的信号上(ADDR_LAT= "1")。透明模式下,$\overline{\text{MEMOE\_IN}}$ 输出用于使能外部 RAM 读周期数据输出(通常连至外部 RAM 的 $\overline{\text{OE}}$ 端)
$\overline{\text{MEMENA\_IN}}$ (I)/ TRIGGER_SEL(I)	34	存储器使能输入或触发选择。 透明模式下,$\overline{\text{MEMENA\_IN}}$ 是内部共享 RAM(4K×16 位)的片选信号(低电平有效)。当仅使用内部 RAM 时,该引脚直接与 $\overline{\text{DTACK}}$ 和 $\overline{\text{IOEN}}$ 的或门输出端相连。8 位缓冲模式下,输入信号(TRIGGER_SEL)表明由 CPU 读写 BU64843 时两字节的传送顺序,若读写操作的字节顺序是高字节在低字节后面,则 TRIGGER_SEL 需置高,反之为低。这个信号在 16 位缓冲模式下悬空处理
$\overline{\text{ZERO\_WAIT}}$ (I)/ $\overline{\text{MEMWR}}$ (O)	28	存储器写或零等待状态。 缓冲模式下,用来选择零等待模式($\overline{\text{ZERO\_WAIT}}$ = "0")和非零等待模式($\overline{\text{ZERO\_WAIT}}$ = "1")。当处于透明模式时,低电平有效,输出信号 $\overline{\text{MEMWR}}$ 在存储写传输中被置为低电平,用来选通外部 RAM 中的数据(通常连接到外部 RAM 的 $\overline{\text{WR}}$ 端)

续表

名称	引脚号	功能
RTAD_LAT(I)	36	RT 地址锁存。 该端口输入信号用来控制 BU64843 的内部 RT 地址锁存。若 RTAD_LAT 连接到逻辑 "0" 上，则 RT 地址由端口 RTAD4～RTAD0 及 RTADP 决定。 若 RTAD_LAT 初始化成逻辑 "0"，之后转变成逻辑 "1"，则 RTAD4～RTAD0 及 RTADP 的值将在 RTAD_LAT 的上升沿被锁存在内部。若 RTAD_LAT 连接到逻辑 "1" 上，则 RT 地址的锁存由主处理器控制，在这种情况下有两种可能：①当配置寄存器 6 的第 5 位 RT ADDRESS SOURCE 配置成逻辑 "0"(默认)时，RT 地址为 RTAD4～RTAD0 及 RTADP 的输入值。②当 RT ADDRESS SOURCE 配置成逻辑 "1" 时，RT 地址为数据总线上的低 6 位，D5～D1 对应 RTAD4～RTAD0，D0 对应 RTADP。除了以上两种情形，处理器将在以下几种情况下锁存 RT 地址：①配置寄存器 3 的第 15 位 ENHANCED MODE ENABLE 配置成逻辑 "1"。②配置寄存器 4 的第 3 位 LATCH RT ADDRESS WITH CONFIGURATION REDGISTER 配置成逻辑 "1"。③写配置寄存器 5：当 RT ADDRESS SOURCE= "1" 时，RT 地址和 RT 地址校验位必须通过 D5～D0 写入寄存器 5 的低 6 位；当 RT ADDRESS SOURCE= "0" 时，忽略 D5～D0 的值
	杂项引脚	
CLOCK_IN(I)	26	20MHz、16MHz、12MHz 或 10MHz 时钟输入
$\overline{\text{MSTCLR}}$ (I)	25	复位输入。 低电平复位，在上电稳定后置低电平，最少需要 100ns 时间宽度的负脉冲才能将内部逻辑复位至 "上电复位状态"
$\overline{\text{INCMD}}$ (O)/ $\overline{\text{MCRST}}$ (O)	32	命令处理中指示/模式码复位。 该引脚的功能选择由配置寄存器 7 的最低位 MODE CODE RESET/ $\overline{\text{INCMD}}$ SELECT 决定。当寄存器的最低位被置为低电平(默认)时，引脚作为 $\overline{\text{INCMD}}$ 使用。 BC、RT 和可选消息监控模式下，$\overline{\text{INCMD}}$ 在 BU64843 处理消息时输出低电平。字监控模式下，整个监控过程中，$\overline{\text{INCMD}}$ 为低电平。RT 模式下，当寄存器 7 的最低位 MODE CODE RESET/ $\overline{\text{INCMD}}$ SELECT 被置为高电平时，引脚作为 $\overline{\text{MCRST}}$ 使用，在接收到模式码后，$\overline{\text{MCRST}}$ 将保持两个时钟周期的低电平。BC 或 MT 模式下，当寄存器 7 的最低位 MODE CODE RESET/ $\overline{\text{INCMD}}$ SELECT 被置为高电平时，该端口不起作用。在这种情况下，它将一直输出高电平
$\overline{\text{SSFLAG}}$ (I)/ EXT_TRIG(I)	37	子系统标志(RT)或外部触发(BC/MT)输入。 在 RT 模式下，当该端口输入为低电平时，RT 状态字中的子系统标志(subsystem flag)位将置 "1"。当输入 $\overline{\text{SSFLAG}}$ 为逻辑 "0" 且配置寄存器 1 的第 8 位被配置成逻辑 "1"(清零)时，RT 状态字中的子系统标志位将置 "1"，同时配置寄存器 1 的第 8 位 $\overline{\text{SUBSYSTEM}}$ $\overline{\text{FLAG}}$ 会返回为 "1"。也就是说，$\overline{\text{SSFLAG}}$ 的输入对寄存器 $\overline{\text{SUBSYSTEM}}$ $\overline{\text{FLAG}}$ 没有影响。 在非增强型 BC 模式下，该端口作为外部触发输入使用。当外部 BC START 操作被使能(配置寄存器 1 的第 7 位)时，该端口上一个上升沿信号将会产生一个 BC START 命令，并开始对当前的 BC 帧进行操作。 在增强型 BC 模式下，在等待外部触发(WTG)指令执行期间，BU64843 BC 将在读取下一条指令前等待 EXT_TRIG 的上升沿信号。 在字监控模式下，当外部触发被使能(配置寄存器 1 的第 7 位)时，该输入端口上一个低电平到高电平的转换将会产生一个监控触发。 该输入端口对消息监控模式不起作用

续表

名称	引脚号	功能
TAG_CLK(I)	23	外部时钟标签输入。 用来给内部的时钟标签寄存器计数。该选项通过将配置寄存器 2 的第 7、8、9 位置 "1" 来选择
UPADDREN(I)/ NC	14	对于 4K 的 RAM，该引脚作为 UPADDREN 端使用，对于 64K 字的 RAM，该引脚悬空。作为 UPADDREN 时，用来控制地址线 A15～A12 的功能。UPADDREN 为高电平时，A15～A12 作为地址线使用；UPADDREN 为低电平时，A15、A14 分别对应 CLK_SEL_1、CLK_SEL_0，A13 必须连到 3.3V，A12 作为 $\overline{RT\ ROOT}$ 端使用。通常接高电平
电源和地引脚		
TX_INH_A(I)	65	1553B 通道 A/B 的发送器禁止输入端。
TX_INH_B(I)	67	对于正常操作，该输入端必须连接到逻辑 "0" 上，若要强制关闭通道 A/B，则该输入端必须连接到逻辑 "1" 上
+3.3V Xcvr	10	收发器电源端
GND_Xcvr	22	收发器接地端
+3.3V Logic	30	协议处理器电源端
GND_Logic	31	协议处理器接地端
+3.3V Logic	51	协议处理器电源端
GND_Logic	50	协议处理器接地端
+3.3V Logic	69	协议处理器电源端
GND_Logic	70	协议处理器接地端
GND_Xcvr	79	收发器电源地
RT 地址引脚(6 个)		
RTAD4(MSB)(I)	40	
RTAD3(I)	39	
RTAD2(I)	24	RT 地址输入引脚
RTAD1(I)	45	
RTAD0(LSB)(I)	38	
RTADP(I)	44	RT 地址校验位输入引脚，奇校验
1553B 隔离变压器接口引脚		
TX/RX_A(I/O)	3	
$\overline{TX/RX\_A}$ (I/O)	5	
TX/RX_B(I/O)	15	收发器差分模拟信号输入/输出，直接与 1553B 隔离变压器相连
$\overline{TX/RX\_B}$ (I/O)	17	
地址总线		

名称	引脚号	功能
A15(MSB)(I/O/Z)/CLK_SEL_1	73	A15 和 A14 地址总线/时钟选择。 对于 64K 字的 RAM，该端口配成地址线 A15 和 A14。对于 4K 字的 RAM，当
A14(I/O/Z)/CLK_SEL_0	80	UPADDREN 连接到逻辑"1"上时，该端口作为地址线 A15 和 A14；当 UPADDREN 连接到逻辑"0"上时，该端口作为 CLK_SEL 端。在该情形下，时钟频率的选择由 A15/CLK_SEL_1 和 A14/CLK_SEL_0 决定，如下所示： CLK_SEL_1　　CLK_SEL_0　　Clock Frequency 　　0　　　　　　0　　　　　　10MHz 　　0　　　　　　1　　　　　　20MHz 　　1　　　　　　0　　　　　　12MHz 　　1　　　　　　1　　　　　　16MHz
A13(I/O/Z)/3.3V	77	A13 地址总线/3.3V。 对于 64K 字的 RAM，该端口配置成地址线 A13。对于 4K 字的 RAM，当 UPADDREN 连接到逻辑"1"上时，该端口作为地址线 A13；当 UPADDREN 连接到逻辑"0"上时，该端口必须连接到协议处理器 3.3V 电源上
A12(I/O/Z)/$\overline{\text{RT ROOT}}$	76	A12 地址总线/$\overline{\text{RT ROOT}}$ 选择。 对于 64K 字的 RAM，该端口配置成地址线 A12。对于 4K 字的 RAM，当 UPADDREN 连接到逻辑"1"上时，该端口作为地址线 A12；当 UPADDREN 连接到逻辑"0"上时，该端口作为 RT ROOT 端。当 RT ROOT 端连接到逻辑"0"时，BU64843 将在电源启动后初始化成 RT 模式，同时将 RT 状态字中的 Busy 位置"1"；当 RT ROOT 端连接到逻辑"1"时，BU64843 将初始化成 BC 模式
A11(I/O/Z)	1	
A10(I/O/Z)	2	
A9(I/O/Z)	75	A[11:0]双向地址总线。
A8(I/O/Z)	7	在缓冲和透明模式下，主处理器通过 A11～A0 地址线访问 BU64843 寄存器和内部 4K RAM。主处理器通过 A4～A0 地址线实现寄存器选择。在缓冲模式下，
A7(I/O/Z)	12	A15~A0 仅作为输入。在透明模式下，主处理器访问外部最大 64K×16 位 RAM 时
A6(I/O/Z)	27	为输入，内部协议处理器/存储器管理逻辑访问外部最大 64K×16 位 RAM 时为输
A5(I/O/Z)	74	出(驱动向外，向着主处理器)。地址总线作为输出仅在 $\overline{\text{DTACK}}$ 为低(表明
A4(I/O/Z)	78	BU64843 控制了处理器接口总线)和 $\overline{\text{IOEN}}$ 为高(表明不是主处理器访问)时。大
A3(I/O/Z)	13	部分时候，包括电源上电复位后，A15～A0 输出为高阻态
A2(I/O/Z)	19	
A1(I/O/Z)	33	
A0(LSB)(I/O/Z)	18	
数据总线		
D15(MSB)(I/O/Z)	59	
D14(I/O/Z)	56	16 位双向数据总线。
D13(I/O/Z)	54	是主处理器连接内部寄存器和 4K×16 位 RAM 的总线。此外，在透明传输模
D12(I/O/Z)	55	式，该总线允许内部协议处理器和最大 64K×16 位 RAM 之间数据传输发生。大
D11(I/O/Z)	58	部分时候，D15～D0 输出为高阻态。在缓冲或透明模式下，主处理器读内部
D10(I/O/Z)	60	RAM 或寄存器时为输出态，主处理器写内部 RAM 或寄存器时为输入态

续表

名称	引脚号	功能
D9(I/O/Z)	57	
D8(I/O/Z)	52	
D7(I/O/Z)	53	
D6(I/O/Z)	41	16 位双向数据总线。
D5(I/O/Z)	49	是主处理器连接内部寄存器和 4K×16 位 RAM 的总线。此外，在透明传输模式，
D4(I/O/Z)	43	该总线允许内部协议处理器和最大 64K×16 位 RAM 之间数据传输发生。大部分
D3(I/O/Z)	48	时候，D15～D0 输出为高阻态。在缓冲或传输模式下，主处理器读内部 RAM 或
D2(I/O/Z)	47	寄存器时为输出态，主处理器写内部 RAM 或寄存器时为输入态
D1(I/O/Z)	42	
D0(LSB)(I/O/Z)	46	
悬空端口		
NC	4	
NC	8	
NC	9	悬空端
NC	11	
NC	16	
NC	21	

　　BU64843 芯片由 3.3V 电源供电，BU65170 和 BU61580 由 5V 电源供电，BU64843 相较于 BU65170 和 BU61580 多 10 个引脚，部分引脚的功能也不尽相同，但这三种型号芯片大部分引脚功能相同或相似。BU65170 只能实现 RT 功能，BU61580 和 BU64843 可以实现 BC、RT 以及 MT 三大功能，BU64843 完全兼容 BU61580 的功能，在某些特殊功能的应用上进行了加强，例如：BU64843 可选用更高频率(20MHz)的输入时钟；BU64843 在做 RT 功能配置时可以软件配置 RT 地址，而 BU61580 不可以；BU64843 具有上电 RT ROOT 功能，而 BU61580 不可以；BU64843 相较于 BU61580 具有更多的中断使能项等。

　　鉴于以上客观事实，本书选择 BU64843 芯片作为开发平台，围绕 BU64843 讲解 1553B 通信系统的硬件设计、软件开发，以及相关注意事项。掌握了 BU64843 芯片的使用方法，自然就会使用 BU65170 和 BU61580 芯片。

3.3　重要电气参数

　　硬件工程师在使用一款芯片时，常常需要考虑芯片的电气特性，这些电气特性包括芯片引脚的输入输出电压范围、逻辑电平的界限、模拟信号的特性以及输入电源的参数等。表 3.4 给出了 BU64843 芯片的部分重要电气参数。

表 3.4　BU64843 芯片重要电气参数

特性	符号	条件 若无其他规定 V_{CC}=3.3V	极限值		单位
			最小	最大	
输入高电平电压	V_{IH}	所有输入，除 CLK_IN	2.1	—	V
		CLK_IN	0.8V_{CC}	—	
输入低电平电压	V_{IL}	所有输入，除 CLK_IN	—	0.7	
		CLK_IN	—	0.2V_{CC}	
输出高电平电压	V_{OH}	I_{OH}=−2.2mA，V_{CC}=3.0V，V_{IH}=2.7V，V_{IL}=0.2V	2.4	—	
输出低电平电压	V_{OL}	I_{OL}=2.2mA，V_{CC}=3.0V，V_{IH}=2.7V，V_{IL}=0.2V	—	0.4	
滞回电压	V_{SH}	所有输入，除 CLK_IN	0.4	—	
		CLK_IN	1.0	—	
输入高电平电流	I_{IH}	V_{CC}=3.6V，V_I=3.6V，所有输入	−10	10	μA
		V_{CC}=3.6V，V_I=2.7V，CLK_IN	−10	10	
		V_{CC}=3.6V，V_I=2.7V，所有输入，除 CLK_IN	−10	10	
输入低电平电流	I_{IL}	V_{CC}=3.6V，V_I=0.4V，CLK_IN	−10	10	
		V_{CC}=3.6V，V_I=0.4V，所有输入，除 CLK_IN	−350	−33	
静态电流	I_{DD}	总线空闲	—	51	mA
动态电流	I_A	25%发送占空比(A 或 B 通道)	—	225	
		50%发送占空比(A 或 B 通道)	—	399	
		100%发送占空比(A 或 B 通道)	—	747	
CLK_IN 占空比	—		40%	60%	—
接收器参数					
差分阻抗	R	25℃	2.0	—	kΩ
差分容抗	C		—	40	pF
共模电压	V_G		—	10	V_{pp}
接收器开启电压	V_{TH}		200	800	mV_{pp}
发送器参数					
上升时间	t_R	变压器耦合跨接 70Ω，总线上测试	100	300	ns
		直接耦合跨接 35Ω，总线上测试			
下降时间	t_F	变压器耦合跨接 70Ω，总线上测试	100	300	ns
		直接耦合跨接 35Ω，总线上测试			
峰峰电压	V_{pp}	变压器耦合跨接 70Ω，总线上测试	6	9	V
		直接耦合跨接 35Ω，总线上测试	18	27	V
输出噪声	V_{NS}	直接耦合	—	10	mV

3.4　内部寻址空间

BU64843 芯片内部具有 24 个可操作寄存器，包括一些测试用寄存器。另外，BU64843 内置的 RAM 大小为 4K×16 位，支持 64K 可寻址空间。

图 3.3 为 BU64843 的 RAM 和寄存器空间映射情况。访问 BU64843 时，它的 RAM 空间和 REG 空间寻址地址相同，由芯片外部的 MEM/$\overline{\text{REG}}$ 引脚进行区分。M0000H 到 M0FFFH 的地址映射为内部 4K RAM 物理内存，而 M1000H 到 MFFFFH 的 60K 地址映射在芯片内部无对应的物理内存，当 BU64843 使用外部 RAM 时，最大可寻址空间为 M0000H 到 MFFFFH 的 64K 大小。

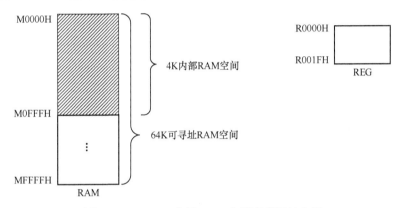

图 3.3　BU64843 内部 RAM 和寄存器寻址空间

3.5　16 位非零等待缓冲模式读写时序

为了与众多 CPU 兼容，BU64843 芯片的设计师为它设计了一个相对复杂的读写访问时序，这是 BU64843 芯片的使用难点之一。不论是硬件设计师还是软件设计师，都必须要了解和掌握 BU64843 芯片的读写时序，否则设计的系统可能无法完成对 BU64843 芯片的控制，进而导致整个工程的失败。

关于 BU64843 电路的读写时序，有"16 位"和"8 位"、"透明模式"和"缓冲模式"以及"非零等待"和"零等待"之分。在彻底了解 BU64843 的读写时序前，有必要对上述术语进行解释。

BU64843 电路支持 8 位、16 位或 32 位(做 16 位用)的 CPU 访问，这里的 8 位、16 位等都是针对数据总线来说的，因为 BU64843 芯片的内部 RAM 空间为 4K 大小，它只需要 12 位地址线即可完成寻址，但芯片内部可操作的存储单元或寄存器单元均是 16 位的，这和定点 DSP2812 很像，因此要完成 BU64843 内存单元和寄存器的正确访问，必须要有 16 根数据线或者最低 8 根数据线。根据 BU64843 内部 RAM 的特性，用 16 位数据总线来对它进行访问是最合理的。实际也是如此，但为了和 8 位 CPU(如 51 系列)

相兼容，BU64843 也支持 8 位的数据总线访问，此时 BU64843 的内存管理逻辑将一个 16 位的操作数拆分成高、低字节的两个 8 位数，在一个单元的访问(读或写)过程中，通过缓冲方式，在内存管理逻辑里完成操作数的拼接(2 个 8 位拼接成 1 个 16 位)或者拆分(1 个 16 位拆分成 2 个 8 位)，再将拼接好的 16 位数据更新进 BU64843 的内部 RAM 或寄存器中，或者是将拆分好的两个 8 位数据送给外部 CPU。由此可见，BU64843 内部实际上进行的还是 16 位长度操作数的更新和读取。

完成访问 BU64843 芯片，用户还需要了解关于它的"缓冲模式"和"透明模式"的含义。"缓冲"和"透明"的含义是针对 BU64843 芯片的内部 RAM 来说的，直接使用 BU64843 内部 4K 的 RAM，所有的访问单元都在 BU64843 的内部，这种访问模式称为缓冲模式。缓冲的另一层含义是说 BU64843 不会一直占用 CPU 的数据总线，它只在需要的时候占用，使用完后会释放。假如现在有一种使用场景，需要大于 4K 的 RAM 空间，显然 BU64843 内部 RAM 是不够的，为了解决这个问题，BU64843 支持外挂 RAM，最大支持 64K 寻址的外挂 RAM 空间。内、外 RAM 是不能同时使用的，外挂了 RAM 之后就需要屏蔽内部 RAM，因此对于 BU64843 内部 RAM，使用外挂 RAM 的模式就是透明模式，相当于内部 RAM 是透明的，不起作用了。

"非零等待"和"零等待"是站在 CPU 的角度来说的。先解释"零等待"的含义，请设想 CPU 给 BU64843 一个写操作，虽然现在还不知道具体的操作时序，但基于常识，要完成写 BU64843 的内存单元或寄存器，首先需要给 BU64843 一个地址，然后给出预期写入的 16 位数据，然后告诉 BU64843 这个是写入的操作，只要告诉了以上这些信息，CPU 的任务就完成了，CPU 不用等待 BU64843 回复是否写入成功，这种完全由 CPU 主导的，不需要等待 BU64843 回复的写入操作，就是"零等待"的实际含义。同样，零等待的读操作也是 CPU 主导的：给出一个地址，告诉 BU64843 读信号，然后取走数据总线的数据，不等待 BU64843 的回复。"非零等待"顾名思义，表示不论 CPU 是从 BU64843 读数据还是将数据写入 BU64843，都要等待 BU64843 回复一个握手信号(READY)，来告知 CPU "数据已经被正确写入"或是"数据已被送到总线可以被读走"。

读者可能会有疑问，在"零等待"模式下，完全由 CPU 主导，不管 BU64843 的回复，直接进行写入和读取操作，数据是否真的能被写入 BU64843 内部或者读取的数据是否真的是 BU64843 内部的实际值？显然，BU64843 芯片的设计师也知道这个隐患的存在，因此在"零等待"模式下给出了较为苛刻的读写操作时序，用来保证数据的正确性(具体来说，针对每一次访问留足等待时间，确保访问正常)，但用户有可能不明白或者忽略了这些细节，从而导致读写数据出错，进而产生较为严重的后果。特别在此提醒，在弄清楚 BU64843 芯片的零等待时序之前，应慎重选用零等待读写时序。本书只介绍 BU64843 芯片的 16 位非零等待缓冲模式时序，关于其他模式的时序，读者可自行查阅芯片手册或使用指南。

如何将 BU64843 配置成 16 位非零等待缓冲？这种读写时序的配置在芯片端是由软件控制的还是由硬件决定的呢？结合表 3.3 可以得知，BU64843 的读写时序模式选择是由硬件引脚的配置决定的，表 3.5 给出了 BU64843 芯片 16 位非零等待缓冲模式的引脚配置情况。

表 3.5　BU64843 读写时序模式(16 位)配置

引脚号	名称	逻辑	模式和功能	16 位非零等待缓冲模式
6	MEM/ $\overline{REG}$	0	对寄存器读写	由 CPU 控制
		1	对存储器读写	
14	UPADDREN	0	A[15:12]作地址线	✓
		1	A[15:12]作复用功能	×
20	ADDR_LAT	0	读写前锁存地址片选等信号	×
		1	读写前不锁存信号	✓
28	$\overline{ZERO\_WAIT}$	0	零等待模式	×
		1	非零等待模式	✓
29	16 / $\overline{8}$	0	8 位模式	×
		1	16 位模式	✓
35	POLARITY_SEL	0	RD/ $\overline{WR}$ =0 读，RD/ $\overline{WR}$ =1 写	✓
		1	RD/ $\overline{WR}$ =1 读，RD/ $\overline{WR}$ =0 写	✓(推荐)
61	TRANSPAREN/ $\overline{BUFFERED}$	0	缓冲模式	✓
		1	透明模式(扩展外部 RAM)	×
71	RD/ $\overline{WR}$	0	POLARITY_SEL=1 写	由 CPU 控制
		1	POLARITY_SEL=1 读	

除了上述引脚配置，CPU 若要完成对 BU64843 芯片的读写操作，还必须要有 $\overline{SELECT}$ 片选信号、$\overline{STRBD}$ 选通信号、$\overline{READY}$ 握手信号、D[15:0]数据总线以及 A[15:0]地址总线的参与。这些信号在 CPU 的每一次读写操作中，都要遵循特定的时序，才能正确地完成对 BU64843 的访问。

CPU 读 BU64843 芯片 RAM 或寄存器的时序(16 位非零等待缓冲模式)如图 3.4 所示。其中各时序含义如下所示。

(1) CLOCK_IN：BU64843 芯片的输入时钟，也是读时序中各信号的采样时钟，一般使用 16MHz 时钟频率。

(2) $\overline{SELECT}$：CPU 输出，控制 BU64843 芯片读周期的片选信号。

(3) $\overline{STRBD}$：CPU 输出，控制 BU64843 芯片开始和结束读操作的选通信号。

(4) MEM/ $\overline{REG}$：CPU 输出，一般是 CPU 输出的某一位地址总线，用来区分是对 BU64843 芯片中的存储器还是寄存器进行读操作。

(5) RD/ $\overline{WR}$：CPU 输出，是 BU64843 芯片读、写操作选择信号。

(6) $\overline{IOEN}$：BU64843 输出，常态下为高电平，当 BU64843 内部逻辑可以对其

RAM 或寄存器进行操作时，输出低。

(7) $\overline{\text{READY}}$：BU64843 输出，常态下为高电平，当 BU64843 完成了对 RAM 或寄存器的读操作后，输出低电平。

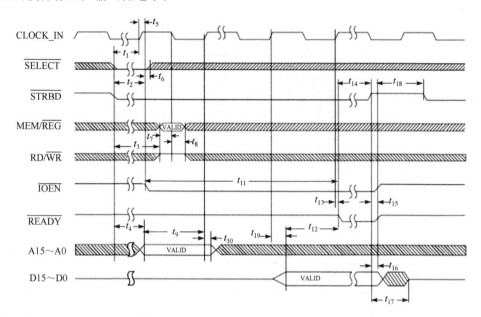

图 3.4　CPU 读 BU64843 的 RAM/REG 时序(16 位非零等待缓冲模式)

表 3.6 为与图 3.4 对应的 CPU 读 BU64843 的存储器或寄存器(16 位缓冲非零等待模式)时各阶段时间参数。

表 3.6　对应图 3.4 的时序时间

符号	名称	含义		最小值	最大值	单位
t_1	片选建立时间	$\overline{\text{SELECT}}$ 和 $\overline{\text{STRBD}}$ 建立时间到时钟上升沿		15	—	
t_2	$\overline{\text{IOEN}}$ 有效延迟时间	$\overline{\text{SELECT}}$ 和 $\overline{\text{STRBD}}$ 低到 $\overline{\text{IOEN}}$ 变低 (非竞争)	20MHz	—	105	ns
			16MHz	—	117	
			12MHz	—	138	
			10MHz	—	155	
		$\overline{\text{SELECT}}$ 和 $\overline{\text{STRBD}}$ 低到 $\overline{\text{IOEN}}$ 变低(竞争 且 "增强 CPU 处理" 为 0(CFG6_REG.14=0))	20MHz	—	3.6	μs
			16MHz	—	4.8	
			12MHz	—	6.0	
			10MHz	—	7.2	
		$\overline{\text{SELECT}}$ 和 $\overline{\text{STRBD}}$ 低到 $\overline{\text{IOEN}}$ 变低(竞争 且 "增强 CPU 处理" 为 1(CFG6_REG.14=1))	20MHz	—	520	ns
			16MHz	—	635	
			12MHz	—	820	
			10MHz	—	970	

续表

符号	名称	含义		最小值	最大值	单位
t_3	MEM/ $\overline{\text{REG}}$ 和 RD/ $\overline{\text{WR}}$ 有效片选建立时间	$\overline{\text{SELECT}}$ 和 $\overline{\text{STRBD}}$ 低到 MEM/ $\overline{\text{REG}}$ 和 RD/ $\overline{\text{WR}}$ 有效	20MHz	—	10	ns
			16MHz		16	
			12MHz		27	
			10MHz		35	
t_4	地址有效片选建立时间	$\overline{\text{SELECT}}$ 和 $\overline{\text{STRBD}}$ 低到地址有效	20MHz	—	12	ns
			16MHz		25	
			12MHz		45	
			10MHz		62	
t_5	$\overline{\text{IOEN}}$ 时钟沿延迟时间	时钟上升沿到 $\overline{\text{IOEN}}$ 下降沿		—	40	ns
t_6	片选保持时间	$\overline{\text{SELECT}}$ 保持时间到 $\overline{\text{IOEN}}$ 下降沿		0	—	ns
t_7	MEM/ $\overline{\text{REG}}$ 和 RD/ $\overline{\text{WR}}$ 有效时钟沿建立时间	MEM/ $\overline{\text{REG}}$ 和 RD/ $\overline{\text{WR}}$ 建立时间到时钟下降沿		15	—	ns
t_8	MEM/ $\overline{\text{REG}}$ 和 RD/ $\overline{\text{WR}}$ 有效时钟沿保持时间	MEM/ $\overline{\text{REG}}$ 和 RD/ $\overline{\text{WR}}$ 保持时间到时钟下降沿		30	—	ns
t_9	地址时钟沿建立时间	地址有效建立时间到时钟上升沿		35	—	ns
t_{10}	地址时钟沿保持时间	时钟上升沿后地址保持时间		30	—	ns
t_{11}	内部传输时间	$\overline{\text{IOEN}}$ 下降到 $\overline{\text{READY}}$ 下降	20MHz	135	165	ns
			16MHz	170	205	
			12MHz	235	265	
			10MHz	285	300	
t_{12}	输出数据有效建立时间	输出数据有效到 $\overline{\text{READY}}$ 下降	20MHz	11	—	ns
			16MHz	23		
			12MHz	44		
			10MHz	61		
t_{13}	$\overline{\text{READY}}$ 时钟沿延迟时间	时钟上升沿到 $\overline{\text{READY}}$ 下降		—	40	ns
t_{14}	$\overline{\text{READY}}$ 释放时间	$\overline{\text{READY}}$ 下降沿到 $\overline{\text{STRBD}}$ 上升时间		—	∞	ns
t_{15}	释放延迟时间	$\overline{\text{STRBD}}$ 上升沿到 $\overline{\text{IOEN}}$ 和 $\overline{\text{READY}}$ 的上升沿		—	40	ns
t_{16}	输出数据释放后保持时间	输出数据保持时间接 $\overline{\text{STRBD}}$ 上升沿		0	—	ns
t_{17}	输出数据禁止时间	$\overline{\text{STRBD}}$ 上升沿到输出数据三态		—	40	ns
t_{18}	访问间隔时间	$\overline{\text{READY}}$ 上升后 $\overline{\text{STRBD}}$ 高保持的时间		0	—	ns
t_{19}	输出数据时钟沿延迟	时钟上升沿到输出数据有效		—	40	ns

CPU 通过拉低 $\overline{\text{SELECT}}$ 和 $\overline{\text{STRBD}}$ 信号触发读 BU64843 芯片的存储器或寄存器的

时序，在拉低 SELECT 和 STRBD 信号后，BU64843 芯片内部控制逻辑将在时钟的上升沿采样这些信号，若采样值为低，则开始进一步读时序操作；若不满足同时为低，则在下一个时钟的上升沿继续采样。当 SELECT 和 STRBD 信号被同时采样为低时，之后的操作中 BU64843 芯片内部逻辑将不再对 SELECT 信号进行采样，因此它可以在本次读操作的时序中被提前释放掉。

当 BU64843 芯片的内部逻辑已经确认 SELECT 信号和 STRBD 信号同时为低时，将在接下来的时钟下降沿去采样 MEM/REG 和 RD/WR 信号，以确认 CPU 是想对内部 RAM 还是想对寄存器进行读操作，在进行此次操作的过程中 STRBD 信号必须维持低电平。

完成上述两步之后，BU64843 芯片会在紧接着的时钟上升沿去锁存地址总线上的地址信号，以确认读操作的内部单元，这个过程也需要保持 STRBD 信号为低电平。

至此 CPU 读 BU64843 芯片过程中的采样阶段全部结束，CPU 需要等待 BU64843 芯片将需要读取的内部单元存储的数据送到 BU64843 的数据缓冲区中，这个等待的过程就是"非零等待"。

由于 BU64843 芯片内部 RAM 是单口的，CPU 读访问 BU64843 芯片时，不可避免地会遇到 BU64843 芯片正在进行外部 1553B 总线的数据收发，这种访问竞争非常常见，BU64843 芯片设计了一定的内部逻辑来解决这种竞争问题。BU64843 芯片完成 SELECT 信号和 STRBD 信号的采样后，会去判断此时芯片所处的状态，若它可以立即为 CPU 进行数据的读操作，则芯片内部逻辑将 IOEN 信号拉低，以表示它正在进行内部传输；若它目前繁忙(响应总线)不能立即响应 CPU 读操作，则 IOEN 信号将会维持高电平，内部传输将暂缓，但 BU64843 芯片对地址总线的采样将照常进行，CPU 必须进行等待，否则将不能取回正确的内部数据。竞争时序下 CPU 的等待时间最长可达几微秒(约 4μs)，若开启了"增强 CPU 处理"功能(CFG6_REG.14=1)，则竞争时间会缩短到数百纳秒。

BU64843 芯片将需要读取的内部单元数据取出，送至数据总线缓冲区后，会将 READY 信号拉低，通知 CPU，此时数据已被读出且数据总线已稳定，可进行数据的锁存或采样操作。CPU 通过 READY 信号，判断到此时读操作已成功，可以结束本次读操作，这时 CPU 需要释放 STRBD 信号，即将 STRBD 信号拉高，接着 BU64843 芯片内部逻辑会将 IOEN 信号和 READY 信号释放掉。至此，CPU 完成了对 BU64843 芯片内部存储器或寄存器的一次读访问。

CPU 写 BU64843 芯片 RAM 或寄存器的时序(16 位非零等待缓冲模式)如图 3.5 所示。其中各时序含义如下所示。

(1) CLOCK_IN：BU64843 芯片的输入时钟，也是写时序中各信号的采样时钟，一般使用 16MHz 时钟频率。

(2) SELECT：CPU 输出，控制 BU64843 芯片写周期的片选信号。

(3) STRBD：CPU 输出，控制 BU64843 芯片开始和结束写操作的选通信号。

(4) MEM/REG：CPU 输出，一般是 CPU 输出的某一位地址总线，用来区分是对 BU64843 芯片中的存储器还是寄存器进行写操作。

(5) RD/$\overline{\text{WR}}$：CPU 输出，是 BU64843 芯片读、写操作选择信号。

(6) $\overline{\text{IOEN}}$：BU64843 输出，常态下为高，当 BU64843 内部逻辑可以对其 RAM 或寄存器进行操作时，输出低。

(7) $\overline{\text{READY}}$：BU64843 输出，常态下为高，当 BU64843 完成了对 RAM 或寄存器的写后，输出低。

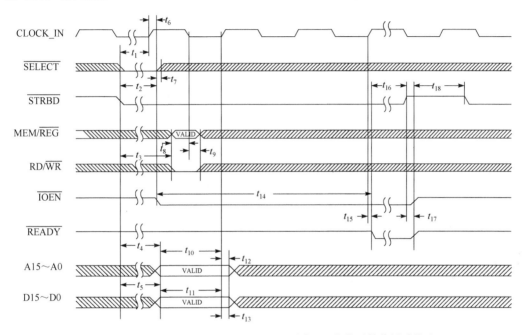

图 3.5　CPU 写 BU64843 写 RAM/REG 时序(16 位非零等待缓冲模式)

表 3.7 为与图 3.5 对应的 CPU 写 BU64843 的存储器或寄存器(16 位缓冲非零等待模式)时各阶段时间参数。

表 3.7　对应图 3.5 的时序时间

符号	名称	含义		最小	最大	单位
t_1	片选建立时间	$\overline{\text{SELECT}}$ 和 $\overline{\text{STRBD}}$ 建立时间到时钟上升沿		15	—	
t_2	$\overline{\text{IOEN}}$ 有效延迟时间	$\overline{\text{SELECT}}$ 和 $\overline{\text{STRBD}}$ 低到 $\overline{\text{IOEN}}$ 变低(非竞争)	20MHz	—	105	ns
			16MHz	—	117	
			12MHz	—	138	
			10MHz	—	155	
		$\overline{\text{SELECT}}$ 和 $\overline{\text{STRBD}}$ 低到 $\overline{\text{IOEN}}$ 变低(竞争且"增强 CPU 处理"为 0(CFG6_REG.14=0))	20MHz	—	3.6	μs
			16MHz	—	4.8	
			12MHz	—	6.0	
			10MHz	—	7.2	
		$\overline{\text{SELECT}}$ 和 $\overline{\text{STRBD}}$ 低到 $\overline{\text{IOEN}}$ 变低(竞争且"增强 CPU 处理"为 1(CFG6_REG.14=1))	20MHz	—	520	ns
			16MHz	—	635	
			12MHz	—	820	
			10MHz	—	970	

符号	名称	含义		最小	最大	单位
t_3	MEM/ $\overline{REG}$ 和 RD/ $\overline{WR}$ 有效片选建立时间	$\overline{SELECT}$ 和 STRBD 低到 MEM/ $\overline{REG}$ 和 RD/ $\overline{WR}$ 有效	20MHz	—	10	ns
			16MHz		16	
			12MHz		27	
			10MHz		35	
t_4	地址有效片选建立时间	$\overline{SELECT}$ 和 STRBD 低到地址有效	20MHz	—	12	ns
			16MHz		25	
			12MHz		45	
			10MHz		62	
t_5	输入数据有效片选建立时间	$\overline{SELECT}$ 和 STRBD 低到地址有效	20MHz	—	32	ns
			16MHz		45	
			12MHz		65	
			10MHz		82	
t_6	$\overline{IOEN}$ 时钟沿延迟时间	时钟上升沿到 $\overline{IOEN}$ 下降沿		—	40	ns
t_7	片选保持时间	$\overline{SELECT}$ 保持时间到 $\overline{IOEN}$ 下降沿		0	—	ns
t_8	MEM/ $\overline{REG}$ 和 RD/ $\overline{WR}$ 有效时钟沿建立时间	MEM/ $\overline{REG}$ 和 RD/ $\overline{WR}$ 建立时间到时钟下降沿		15	—	ns
t_9	MEM/ $\overline{REG}$ 和 RD/ $\overline{WR}$ 有效时钟沿保持时间	MEM/ $\overline{REG}$ 和 RD/ $\overline{WR}$ 保持时间到时钟下降沿		35	—	ns
t_{10}	地址时钟沿建立时间	地址有效建立时间到时钟上升沿		35	—	ns
t_{11}	输入数据时钟沿建立时间	输入数据有效建立时间到时钟上升沿		15	—	ns
t_{12}	地址时钟沿保持时间	时钟上升沿后地址有效保持时间		30	—	ns
t_{13}	输入数据时钟沿保持时间	时钟上升沿后输入数据有效保持时间		15	—	ns
t_{14}	内部传输时间	$\overline{IOEN}$ 下降到 $\overline{READY}$ 下降	20MHz	85	115	ns
			16MHz	110	140	
			12MHz	152	182	
			10MHz	185	215	
t_{15}	$\overline{READY}$ 时钟沿延迟时间	时钟上升沿到 $\overline{READY}$ 下降		—	40	ns
t_{16}	$\overline{READY}$ 释放时间	$\overline{READY}$ 下降沿到 STRBD 上升时间		—	∞	
t_{17}	释放延迟时间	STRBD 上升沿到 $\overline{IOEN}$ 和 $\overline{READY}$ 的上升沿		—	40	ns
t_{18}	访问间隔时间	$\overline{READY}$ 上升后 STRBD 高保持时间		10	—	ns

与读时序一样，CPU 也是通过拉低 $\overline{SELECT}$ 和 STRBD 信号来触发写 BU64843 芯

片存储器或寄存器的时序的。在拉低 $\overline{\text{SELECT}}$ 和 $\overline{\text{STRBD}}$ 信号后，BU64843 芯片内部控制逻辑也是在时钟的上升沿采样这些信号，若采样值为低，则开始进一步写时序操作；若不满足同时为低，则在下一个时钟的上升沿继续采样，当 $\overline{\text{SELECT}}$ 和 $\overline{\text{STRBD}}$ 信号被同时采样为低时，之后的操作中 BU64843 芯片内部逻辑也不再对 $\overline{\text{SELECT}}$ 信号进行采样，因此和读时序一样，$\overline{\text{SELECT}}$ 信号可以在本次写操作的时序中被提前释放掉。

当 BU64843 芯片的内部逻辑已经确认 $\overline{\text{SELECT}}$ 信号和 $\overline{\text{STRBD}}$ 信号同时为低时，将在接下来的时钟下降沿去采样 MEM/$\overline{\text{REG}}$ 和 RD/$\overline{\text{WR}}$ 信号，以确认 CPU 是想对内部 RAM 还是想对寄存器进行写操作，在进行此次操作的过程中 $\overline{\text{STRBD}}$ 信号必须维持低电平。

完成上述两步后，BU64843 芯片会在紧接着的时钟上升沿去锁存地址总线上的地址信号以及数据总线上的数据信号，此过程需要保持 $\overline{\text{STRBD}}$ 信号低电平。

至此 CPU 写 BU64843 芯片过程中的采样阶段全部结束，CPU 需要等待 BU64843 芯片将数据写入其内部单元中。

同样因为竞争的关系，BU64843 芯片在完成 $\overline{\text{SELECT}}$ 信号和 $\overline{\text{STRBD}}$ 信号的采样后，会判断此时芯片的状态，若它可以立即进行数据的写入操作，则将 $\overline{\text{IOEN}}$ 信号拉低，以表示它正在进行内部传输；若它目前繁忙(响应总线)不能立即响应 CPU 的写入操作，则 $\overline{\text{IOEN}}$ 信号将会维持高，内部传输将暂缓，写入竞争时 CPU 的等待时间最长可达几微秒(约 4μs)，开启了"增强 CPU 处理"功能(CFG6_REG.14=1)后，竞争时间会缩短到数百纳秒。

当 BU64843 芯片完成数据的内部写入操作后，会将 $\overline{\text{READY}}$ 信号拉低，CPU 通过 $\overline{\text{READY}}$ 信号，判断到此时写入操作已经成功，可以结束本次写操作，此时 CPU 需要释放 $\overline{\text{STRBD}}$ 信号，即将 $\overline{\text{STRBD}}$ 信号拉高，接着 BU64843 芯片内部逻辑会将 $\overline{\text{IOEN}}$ 信号和 $\overline{\text{READY}}$ 信号释放掉。至此，CPU 完成了对 BU64843 芯片内部存储器或寄存器的一次写访问。

3.6　消息产生与传输

在 2.2 节中，对 1553B 字做了如下的规定：
(1) 用矩形方框表示由 BC 发出的 1553B 字；
(2) 用圆角矩形表示由 RT 发出的 1553B 字；
(3) 在框内对每个 1553B 字做功能解释。

本节沿用上述规定，并用指向 1553B 字的箭头表示数据的写入操作，用从 1553B 字指出的箭头表示读出操作。写入或读出的操作者可以是 CPU，也可以是 1553B 协议芯片的内部逻辑。

以 BC→RT 的消息为例，在消息开始之前，CPU 将要发送的命令字(Rx 命令)和数据内容写入 BC 相应的内存单元中。当启动 BC 发送消息后，BC 的内部逻辑会将这些内存单元中的命令字和数据内容依次取出，并发送到总线上，如图 3.6 所示。传输完所有要发送的数据后，BC 的内部逻辑会将最后传输的数据字回还到内存单元中，并且等待总线上的接收者(RT)传回的状态字。RT 在收到 BC 下发的 Rx 命令字后开始处理消息，将接收到的数据内容依次写入对应的内存单元中，并在完成最后一个数据字的更新后，向总线上传状态字，以向 BC 报告状态，BC 内部逻辑在接收到 RT 发来的状态字后，将其写入自己的内存中。此时 BC→RT 的消息传输结束。

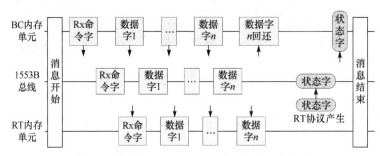

图 3.6　消息格式之 BC→RT 消息的产生和传输

对于 RT→BC 的消息传输，虽然 RT 是数据的发送者，BC 是数据的接收者，但根据 1553B 协议的规定：所有的消息都是由 BC 发起的。因此，RT 无法主动发起消息，该消息也必须由 BC 发送 Tx 命令字以开始传输。如图 3.7 所示，在此消息格式之中，CPU 将要发送的 Tx 命令字写入 BC 内存单元中。启动 BC 发送消息后，BC 的内部逻辑将 Tx 命令字取出并发送到总线上，并且 BC 将 Tx 命令字回还后，更新进自己的内存中。RT 在接收到总线传来的 Tx 命令字后，开始处理消息，RT 会依次将状态字和数据内容上传，在完成最后一个数据字的上传后，RT→BC 的消息结束。

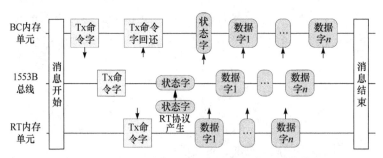

图 3.7　消息格式之 RT→BC 消息的产生和传输

BC 广播消息格式的产生和传输相对来说是比较简单的，只需要 BC 主动发送广播命令字和数据内容即可，总线上的 RTs 只接收数据，不上传状态字。消息的开始和结束如图 3.8 所示。

从应用人员的角度看，BC 端的操作即在消息开始之前，用户通过 CPU 向 BC 的内存中写入消息的命令字和相关数据内容，并启动 BC 执行消息，此时 BC 会根据已写好的消息格式，将内存中的数据取出，并发送到总线中，如图 3.9 中的①号操作。

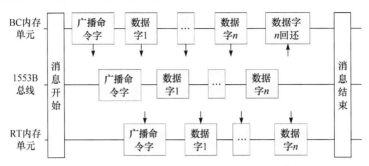

图 3.8　消息格式之 BC 广播消息的产生和传输

第 1 章曾介绍过 1553B 总线的传输速率为 1Mbit/s，也就是总线传输每一个有效位的时间宽度为 1μs，传输一个 1553B 字需要 20μs(包含同步头、有效数据位和校验位)，传输一条消息往往需要几百微妙(最多 32 个数据字，最长 660μs)。可以想象，以现代高性能 CPU 的处理能力，BC 发送消息的时间是非常缓慢的。这就导致了一个问题：CPU 有足够的能力在 BC 发送消息期间再次更改 BC 内存单元中的数据，甚至是更改 BC 寄存器的值。这种情况在 BC 端是非常危险的，轻则导致消息传输错误，重则导致 BC 因写入了错误的配置而崩溃，也就是图 3.9 中的②号操作，在系统设计过程中应予以重视：BC 端在消息结束之前，不应轻易更新该消息相关内存单元的值，也应避免相关寄存器的配置在此期间被更改。但 CPU 读取 BC 内存单元或寄存器中的数据是允许的，当然 CPU 在读取 BC 内存单元或寄存器数据时也应处理好 CPU 访问的竞争问题，不可大意。

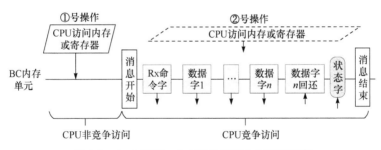

图 3.9　CPU 访问 BC 内存单元和 BC 消息时序

3.7　竞争访问

竞争是指：1553B 协议芯片在响应总线传输时，芯片内部逻辑和 CPU 同时对内部 RAM 或寄存器进行读写访问。

当 1553B 协议芯片作为 RT 时，由于总线通信过程中 1553B 协议芯片的内部逻辑对内存单元的访问，和用户 CPU 对 1553B 协议芯片内存单元的访问是异步的，两者必然存在时序上同时访问的情况，即产生竞争关系，即图 3.10 中的②号操作。这种情况，在应用时也要引起足够的重视。

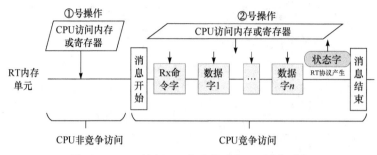

图 3.10　CPU 访问 RT 内存单元和 RT 消息时序

　　竞争情况下，CPU 对 BU64843 内存单元进行访问，在 RT 端看来是非常常见的现象，例如，CPU 正在对 RT 内存单元进行数据更新操作，此时外部 1553B 总线发送了一条消息，RT 内部逻辑响应并开始接收数据。RT 端的应用人员在不了解这些竞争机制时，往往关注的是 RT 功能的实现，而并不会有意识地去考虑两者竞争所带来的后果。

　　BU64843 等一系列 1553B 协议芯片在设计之初，都是遵循"总线优先"的原则，即在竞争时，芯片内部逻辑优先将内部 RAM 的访问权限开放给外部总线(实际上由芯片的内部逻辑代替总线执行对数据的存储和读写操作)而不是 CPU。此时，CPU 对 1553B 协议芯片内存单元的访问会被挂起，等待芯片内部逻辑处理完外部 1553B 总线的访问后再响应 CPU 访问。可以想象，若 CPU 在竞争时对 1553B 协议芯片内存单元进行读写操作，则很有可能读到的数据是错误的或写入的操作失败(由于竞争时访问权限未对 CPU 开放)。BU64843 芯片的 $\overline{\text{IOEN}}$ 引脚可指示 CPU 访问的状态，当 BU64843 芯片响应 CPU 对它的内存单元访问时，$\overline{\text{IOEN}}$ 引脚会拉低，直至访问结束。

　　既然竞争访问无法避免，那么如何在设计上解决这种隐患呢？BU64843 芯片提供了一个 $\overline{\text{READY}}$ 握手信号，当 BU64843 配置为非零等待读写访问时序时，CPU 可以通过判断 $\overline{\text{READY}}$ 握手信号的状态，来避免因时序竞争带来的隐患。

　　如图 3.11 所示，竞争情况下，RT 端的 CPU 访问 BU64843 内存的操作被挂起，此时 BU64843 的 $\overline{\text{IOEN}}$ 引脚维持高电平输出，BU64843 内部逻辑优先响应外部 1553B 总线送来的数据，在 BU64843 的内部逻辑处理完总线数据的更新后，内存单元的访问权限对 CPU 开放，此时 $\overline{\text{IOEN}}$ 引脚会被 BU64843 的协议逻辑拉低，指示 BU64843 已经开

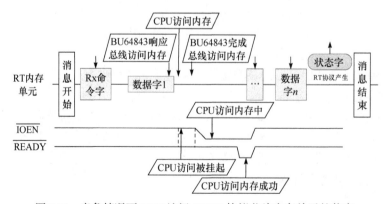

图 3.11　竞争情况下 CPU 访问 1553B 协议芯片内存单元的状态

始处理 CPU 的访问操作，当 BU64843 处理完 CPU 访问操作后，芯片的内部逻辑会将 $\overline{\text{READY}}$ 握手信号拉低，通知 CPU 已完成了访问，可结束此次访问操作。注意虽然 1 个 1553B 字在 1553B 总线上传输需要 20μs，但 1553B 协议芯片的内部逻辑将其接收或发送出去而访问内存单元的时间非常短暂，大多在几百纳秒左右。

　　选择非零等待读写时序来访问 1553B 协议芯片的设计，使用 $\overline{\text{READY}}$ 握手信号即可解决竞争访问的问题。若选择零等待的读写时序访问 1553B 协议芯片，则必须在每次 CPU 的访问操作中都要为竞争留足挂起等待的时间。CPU 访问 1553B 协议芯片的内存遇到竞争的最大挂起时间可通过查阅芯片资料获知，一般最大挂起时间发生在 RT 消息开始时，此时 RT 端的内部逻辑接收到了总线的命令字，要对该命令字进行解析，会多次访问 1553B 协议芯片中的不同内存单元，最长为“五读五写”(读取和更新堆栈、查找表、非法化表、忙表等功能区)，即读 5 个内存单元和写 5 个内存单元，该时间随 1553B 协议芯片使用的时钟频率不同而不同，多的长达几微秒(16MHz 时钟下，大约 3.4μs)。由此可见，选择非零等待读写时序比选择零等待读写时序访问 1553B 协议芯片的效率要高，安全性要好。正是由于这种原因，本书选用并介绍非零等待读写时序。

第4章　典型平台下硬件电路设计原理

本章基于 BU64843 芯片,分别围绕典型的 DSP 平台和 FPGA 平台主控,介绍如何设计 1553B 通信电路的硬件系统。

选择好主控平台和 1553B 协议芯片后,典型的 1553B 通信电路的硬件设计流程如图 4.1 所示。硬件工程师首先应设计合适的电源电路,配置好主控芯片的最小系统,设计项目所需的外围电路,确认项目中需要使用的 1553B 协议芯片的工作模式后对芯片的各个引脚进行合理配置,将 1553B 协议芯片与主控的访问接口进行正确的连接,最后对 1553B 协议芯片与外部 1553B 总线的接口进行设计,确保 1553B 通信正常。至此,关于 1553B 通信的硬件设计流程也就完成了。

不论哪种平台的主控,典型 1553B 通信系统硬件电路的组成都是类似的,其功能框图如图 4.2 所示,硬件设计师的主要任务就是要处理好主控和 1553B 协议芯片以及 1553B 协议芯片和外部总线之间的接口逻辑,保证相关芯片正常工作,相关信号正确、稳定以及干净地传输。

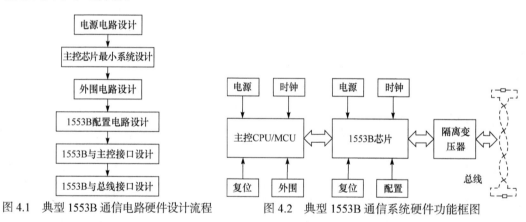

图 4.1　典型 1553B 通信电路硬件设计流程　　　图 4.2　典型 1553B 通信系统硬件功能框图

4.1　基于 DSP 平台的 1553B 硬件电路设计原理

TMS320F2812(F2812)是 TI 公司推出的 32 位定点 DSP 芯片,也是目前性价比最高的一款 DSP 芯片,在嵌入式开发中被广泛应用。本书 DSP 平台 1553B 通信系统硬件电路的主控即选择该芯片:一是因为这款芯片用户数量多,读者能轻易地获取到大量的开发资料方便学习;二是因为 F2812 带有一个由 19 位地址线和 16 位数据线构成的同/异步接口总线——XINTF 总线,该总线非常适合 BU64843 芯片的 16 位访问模式。本节将按照图 4.1 的设计流程,完成一个典型 1553B 通信电路的硬件设计,后续的第 5、6 章将以本节的硬件平台为基础,进行软件的开发和 BU64843 芯片的应用。

4.1.1　电源

BU64843 芯片具有逻辑电源引脚和模拟电源引脚，两者输入的电压均为 3.3V，可由同一电源供电，也可由两路 3.3V 电源供电(推荐将数字电源和模拟电源分离开)。逻辑电源引脚为芯片内部数字逻辑电路供电，其所需的驱动能力较小，一般在几十毫安；模拟电源引脚为芯片内部的收发器供电，在芯片进行通信期间需要一定的驱动能力，通信频率越高，所需的驱动能力越大，一般能有上百到几百毫安。在设计中应尽量选择纹波较小、输出能力较大的电源芯片。有一些 1553B 协议芯片(如 BU61580、BU65170 等)需要 5V 电源供电，在设计中应根据实际需求来选择电源。F2812 芯片也需要两种供电电源，即 3.3V 的片上外设供电以及 1.9V 的内核供电(F2812 在 1.9V 的内核供电下能以 150MHz 的频率全速运行，在 1.8V 内核供电时，最高频率只能达到 135MHz)。综合考虑，对于 BU64843 和 F2812 芯片，在硬件上只需要提供 3.3V 和 1.9V 的输出电源即可，图 4.3 为电源设计方案。

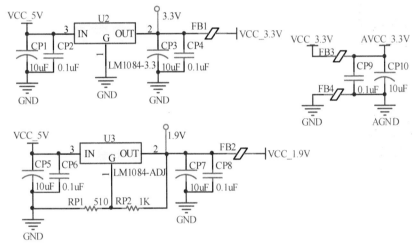

图 4.3　DSP 电源电路设计

常用接地符号为 ，这里为 ；常用电阻符号为 ，这里为 ；电容的单位为μF，这里为 uF；K 代表 kΩ。本书部分图由软件导出，故保留图中样式，下同

图 4.3 中 F2812 和 BU64843 的数字地(GND)共用，模拟电源(AVCC_3.3V)和模拟地(AGND)通过磁珠(FB3/FB4)和数字电源及数字地隔离。

4.1.2　主控芯片最小系统

F2812 的最小系统包括电源供电、时钟晶振、JTAG 下载以及复位等电路。F2812 芯片对电源要求比较高，电源达不到要求或者限流过大，都会导致 F2812 芯片降频运行或者不能运行，因此需要考虑其引脚上电源的波动情况，建议对 F2812 的各供电引脚进行滤波处理。图 4.4 为 F2812 的电源引脚电路。

F2812 的时钟电路、JTAG 下载电路以及复位电路的设计和大部分处理器一样。手册中推荐使用的外部输入时钟频率范围为 20～35MHz，在此选用 30MHz 的时钟。F2812 的内部具有锁相环(PLL)电路，可将外部输入的 30MHz 时钟倍频至 150MHz(内核 1.9V 供电)最高运行时钟。除了时钟的频率，时钟的电压幅值也是要考虑的指标，F2812

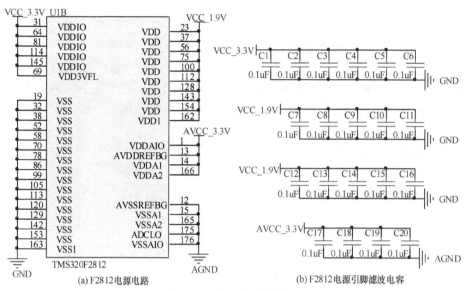

图 4.4　主控电源引脚设计

可识别的时钟信号的幅值必须在 0 到 V_{CC} 电压值之间变换。F2812 上的 160 号引脚(XRS)为复位引脚，采用低电平复位，使用简单的 RC 充放电电路即可。F2812 在上电时具有 6 种引导模式，如表 4.1 所示，模式的选择和 GPIOF 的端口逻辑状态有关，在芯片上电前就必须确定各端口的逻辑，否则 F2812 无法正常加载程序，也就无法正常运行。由于使用内部 FLASH 加载程序，因此只用将 GPIOF14 端口上拉即可，如图 4.5 所示。

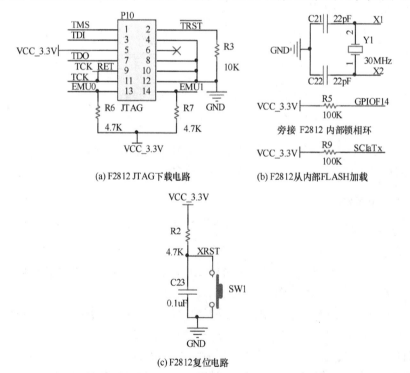

图 4.5　复位、时钟、JTAG 下载以及模式引导电路设计(K 代表 kΩ，下同)

表 4.1　F2812 的引导模式选择

引导模式	GPIOF4(SCITXDA)	GPIOF12	GPIOF3	GPIOF2
端口内部是否有上拉	有	无	无	无
从 FLASH/ROM 地址 3F7FF6H 开始运行	1	X	X	X
从 SPI 口的外部 EEPROM 中加载	0	1	X	X
从 SCIA 中加载	0	0	1	1
从 H0 SARAM 地址 3F8000H 开始运行	0	0	1	0
从 OTP 地址 3D7800H 开始运行	0	0	0	1
从 GPIOB 并口中加载	0	0	0	0

F2812 包含了多种片上外设,这些外设的输入输出(AF)和通用的输入输出引脚
(GPIO)复用,每一个通用的输入输出引脚可以用来传输数字量的输入输出或外设的输入
输出,为了方便布线或需要使用引脚复用功能,建议在设计时将其引出至印刷电路板
(PCB)的集中端口(Hander)上。需要注意的是,对没有使用的 GPIO 引脚,可以选择把它
们配置为输出,或不连接,或作为一个合适的端口引脚;当然也可以使用推荐电阻(1~
10kΩ)将它们上拉或下拉,使它们处在固定的状态。本设计中,F2812 其他引脚的连接
状态如图 4.6 所示,均做引出处理。此外,F2812 的中断引脚 XINT1 接入 BU64843 的
中断输出引脚,作为外部中断信号的配置方式。

4.1.3　供电、配置及接口电路

在介绍 BU64843 和 F2812 的接口之前,有必要对 F2812 的 XINTF 外部接口总线加
以介绍。

XINTF 外部接口总线是 F2812 上的一个非复用同/异步总线,通过它 F2812 可以使
用自身的寻址空间来访问一些具有并口总线的芯片。XINTF 总线具有 3 个片选信号,
每个片选信号对应一段内存地址,具体地址映射关系如图 4.7 所示。访问不同片选段地
址时,对应的片选信号在访问期间拉低并保持有效状态。

BU64843 的地址总线只有 16 位,即最大寻址空间为 0000H~FFFFH;参照 F2812
的 XINTF 特性,显然将其分配给片选 2 或者是片选 6 更合适,因为片选 2 可寻址范围
为 80000H~FFFFFH、片选 6 可寻址范围为 100000H~180000H,均能为访问 BU64843
的内存而分配充足的地址空间。

每个 XINTF 的访问周期由三部分组成,即建立(Lead)、有效(Active)和跟踪(Trail),
这三个阶段的持续时间可由用户软件配置。以 XINTF 异步访问的读周期为例:在读的
建立期(XRD_LEAD),片选信号(CS)和地址信号(A[18:0])将建立;在读的有效期
(XRD_ACTIVE),读写信号(XR/$\overline{\text{W}}$)输出,并且 F2812 对握手信号(XREADY)进行采
样,判断被访问的芯片是否可以访问,若 XREADY 采样不正确(低电平)则继续插补等待

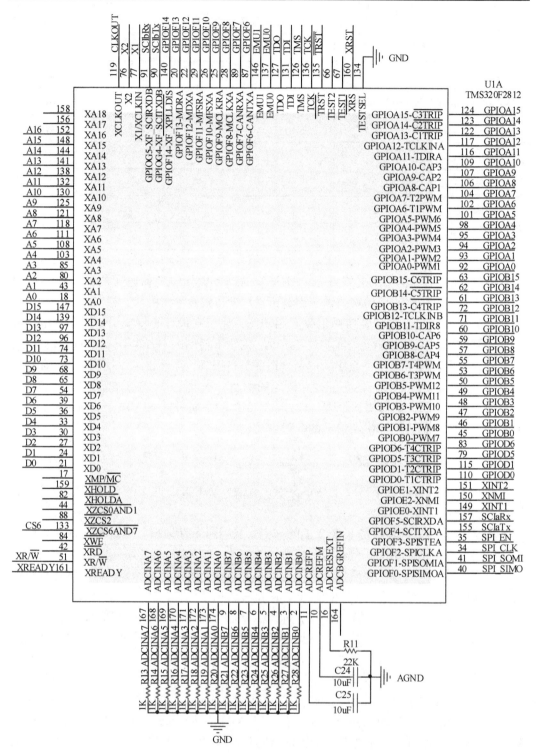

图 4.6　F2812 外设和通用输入输出接口配置

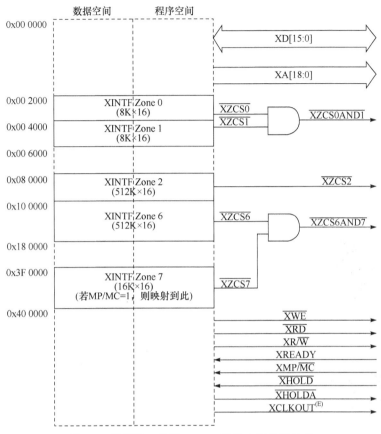

图 4.7　外部接口总线 XINTF 寻址空间分配关系

时钟(WS)进行下一次采样，直到 XREADY 采样正确后，在 XRD_ACTIVE 的最后一个采样时钟，F2812 对数据总线进行采样；随后进入读的跟踪期(XRD_TRAIL)，XRD_TRAIL 开始时读写信号释放，随后数据总线释放，在 XRD_TRAIL 的最后一个时钟片选信号释放，至此 XINTF 的异步访问的读周期结束。

　　XINTF 的异步访问写周期与此类似，在写的有效期(XWR_ACTIVE)，数据总线有效输出数据，直到写的跟踪期(XWR_TRAIL)结束才释放。XINTF 的异步访问时序如图 4.8 和图 4.9 所示，具体参数可查看 F2812 手册。

　　3.4 节曾介绍过 BU64843 的寄存器地址空间和 RAM 地址空间是重合的，访问 BU64843 的寄存器和存储器时需要通过外部的第 5 脚即寄存器/存储器选择信号 (MEM/$\overline{\text{REG}}$)加以区分。鉴于此，将 F2812 的 CS6 地址段做如下分配：XINTF 内存映射 100000H～10FFFFH 的地址空间用来访问 BU64843 的寄存器区，XINTF 内存映射 110000H～11FFFFH 的地址空间用来访问 BU64843 的 RAM 区。也就是用 F2812 中 XINTF 总线上的 A16 地址线的信号来区分当前访问 BU64843 的单元是位于存储器区还是寄存器区。F2812 和 BU64843 地址对应关系如表 4.2 所示。

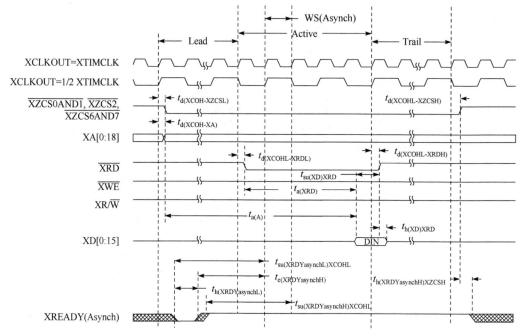

图 4.8　XINTF 异步读时序

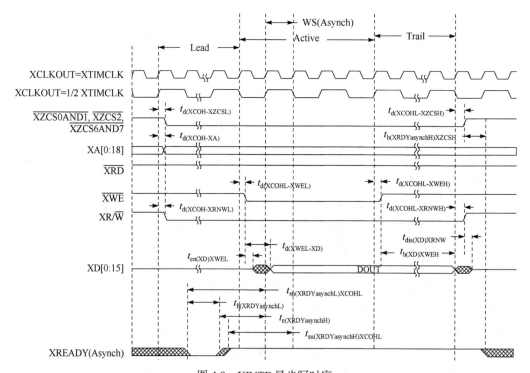

图 4.9　XINTF 异步写时序

表 4.2　F2812 和 BU64843 地址对应关系

F2812 内存映射 CS6 段	BU64843 内存映射	
100000H~10FFFFH	R0000H~RFFFFH	REG 空间
110000H~11FFFFH	M0000H~MFFFFH	RAM 空间

　　采用 F2812 外部接口总线 XINTF 的 CS6 地址段来访问 BU64843 芯片，其硬件接口如图 4.10 所示。XINTF 总线的 A[0:15]、D[0:15]和 XR/$\overline{\text{W}}$ 信号分别和 BU64843 的 A[0:15]、D[0:15]以及 RD/$\overline{\text{WR}}$ 相连。XINTF 总线的 CS6 片选连接 BU64843 的 $\overline{\text{STRBD}}$ 和 $\overline{\text{SELECT}}$ 信号(在 16 位的非零等待缓冲模式下，$\overline{\text{STRBD}}$ 和 $\overline{\text{SELECT}}$ 信号推荐连接到一起使用)，XINTF 的 A16 地址线用来区分 BU64843 的寄存器和存储器，它和 BU64843 的 MEM/$\overline{\text{REG}}$ 引脚相连。

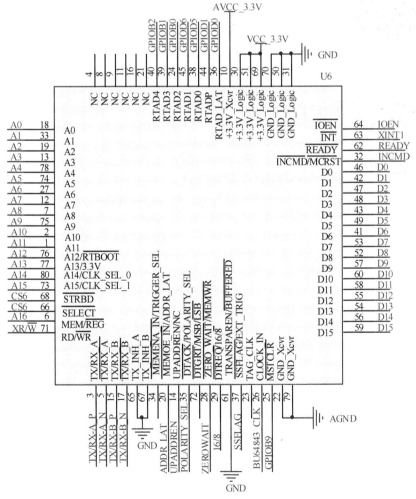

图 4.10　BU64843 与 XINTF 总线接口关系

当 F2812 通过 16 位非零等待缓冲模式访问 BU64843 时，需要使用 READY 握手信号，由于 XINTF 总线插入等待周期的条件是 XREADY 信号为低电平，而 BU64843 在握手时(已完成访问时)输出的 READY 信号也为低电平，设想一下，如果将 BU64843 的 READY 信号和 XINTF 总线的 XREADY 信号直接相连，当 F2812 访问 BU64843 时会发生什么？

当 F2812 开始对 BU64843 进行访问时，BU64843 完成了内部传输后输出的握手信号 READY 为低电平，即 XREADY 为低电平，XINTF 总线采样到 XREADY 信号为低电平，此时 F2812 会认为 BU64843 未准备好(实际 BU64843 已完成了内部传输)进入插补周期等待，等待时 F2812 不会释放片选信号，BU64843 未收到选通信号的释放将继续保持 READY 的低电平输出，F2812 在下一个采样周期继续采样 XREADY 信号仍然为低，又一次插补等待周期，如此下去，BU64843 一直不会释放 READY 信号的低电平，F2812 也一直在进行插补等待直至超时，造成访问卡死、程序假死、触发看门狗等现象。

正确的握手机制是将 BU64843 输出的 READY 信号反向后接入 XINTF 总线的 XREADY 引脚。当 BU64843 在访问时完成了内部数据的传输后，输出的 READY 信号为低电平，此时 XREADY 为 READY 反向后的高电平，XINTF 总线采样到 XREADY 信号为高，不再插补等待周期，进入跟踪访问时期，跟踪访问结束 F2812 将释放片选信号，BU64843 在收到选通信号的释放后将 READY 信号拉高，一次访问操作结束。

表 3.5 已经介绍了 CPU 访问 BU64843 的 16 位非零等待缓冲模式的引脚配置，BU64843 的配置以及和 XINTF 总线的握手信号连接关系如图 4.11 所示。

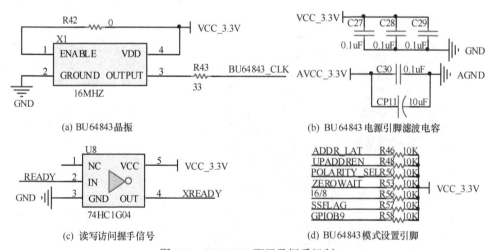

图 4.11 BU64843 配置及握手机制

BU64843 选用 16MHz CMOS(互补金属氧化物半导体)信号类型的有源晶振，晶振的幅值需要满足以下要求：高电平最低不得小于 $0.8 \times V_{CC}$，低电平最高不得大于 $0.2 \times V_{CC}$，时钟的占空比不应超过 60%。

4.1.4　总线接口电路

1553B 协议芯片的内部具有两个收发器模块(图 3.1)，该模块负责将 1553B 协议芯片内部的数字量转化为可在 1553B 总线上传输的曼彻斯特码差分信号。该模块对外部的接口就是 1553B 的传输总线。

根据 2.1 节的拓扑关系可知，BU64843 芯片需要经过隔离变压器和 1553B 总线相接，BU64843 的隔离变压器推荐使用 DDC 公司的 B-3330 变压器或变比相同的同类产品，其他系列 1553B 协议芯片也对应有自己的变压器型号，选用时应注意。B-3330 变压器的端口定义和外形尺寸如图 4.12 所示。

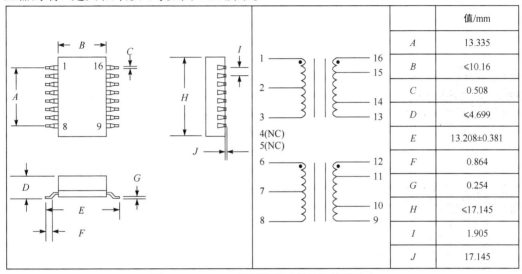

	值/mm
A	13.335
B	≤10.16
C	0.508
D	≤4.699
E	13.208±0.381
F	0.864
G	0.254
H	≤17.145
I	1.905
J	17.145

图 4.12　B-3330 变压器端口定义和外形尺寸

B-3330 变压器的 1、2、3 和 6、7、8 脚为初级绕组的输入端，16、15、14、13 和 12、11、10、9 脚为次级绕组的输出端。B-3330 变压器有两种变压比，引脚 1～3 与引脚 14、15 配合使用时变压比为 1:2.07，引脚 1～3 与引脚 13～16 配合使用时变压比为 1:2.65，两种变压比依照以下规则选用：

(1) 当终端与总线采用直接耦合方式(BU64843 经过隔离变压器通过功率电阻直接接到 1553B 总线)时，选用 1:2.65 的变压比。

(2) 当终端与总线采用间接耦合方式(BU64843 经过隔离变压器通过耦合变压器接入 1553B 总线)时，选用 1:2.07 的变压比，如图 4.13 所示。

直接耦合方式接入 1553B 总线只能用在短距离传输中，对于长距离传输的应用，必须使用间接耦合方式接入总线即耦合变压器接入总线的方式。

BU64843 的 3、5 脚为收发器 A 的输入输出接口，15、17 脚为收发器 B 的输入输出接口，这两路接口分别接入 B-3330 变压器的输入端，B-3330 变压器的输出通过两种方式接入 1553B 总线，如图 4.14 所示，通过 55Ω(1～2W)电阻直接接入总线的为直接耦合方式，通过耦合变压器接入总线的为间接耦合方式。

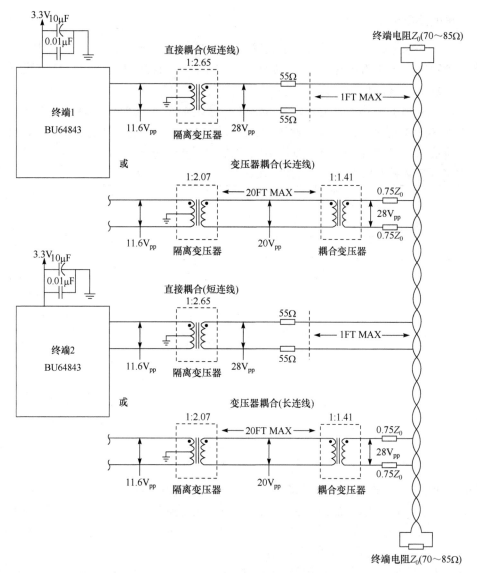

图 4.13　隔离变压器在总线中的两种连接方式示意图

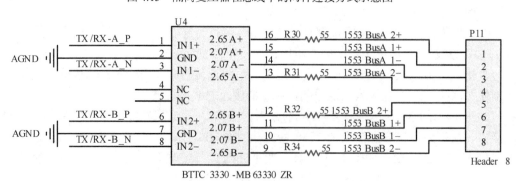

图 4.14　两种 BU64843 和 1553B 总线的连接方式

1553BusA 1/1553BusB 1 为间接耦合(耦合器耦合)，1553BusA 2/1553BusB 2 为直接耦合

4.2　基于 FPGA 平台的 1553B 硬件电路设计原理

XC4VLX60 是 Xilinx 公司推出的一款面向嵌入式开发的低端 FPGA，该芯片在设计上坚持"精致、实用、简洁"的设计理念，非常适合电工电子、工业控制、多媒体应用、并行运算等项目开发。同时它还是 FPGA 入门和教学的首选芯片之一，资料丰富、开发案例多，非常适合初学者研究学习。

选择 XC4VLX60 作为 FPGA 平台的主控系统，其 1553B 通信电路的硬件设计和 DSP 平台的硬件设计原理是相同的，所涉及的改变仅和主控有关，用 FPGA 控制 1553B 协议芯片的硬件设计比 DSP 平台的简单很多。

4.2.1　电源

XC4VLX60 使用多种电源供电，芯片引脚直流特性及电源分配方案如表 4.3 所示。V_{CCINT} 为芯片内核供电引脚，使用 1.2V 供电；V_{CCAUX} 为多选电源端口，选用 2.5V 供电；驱动输出端口使用 2.5V 和 3.3V 两种电源供电，其中的 BANK0 和 BANK1 引脚驱动电源为 2.5V，BANK2～BANK10 的引脚驱动电源为 3.3V。

表 4.3　XC4VLX60 供电引脚直流特性及电源分配方案

电源	功能	电压范围	电源分配方案	
V_{CCINT}	内核供电引脚	−0.5～1.32V	1.2V	
V_{CCAUX}	多选电源端口供电引脚	−0.5～3.0V	2.5V	
V_{CCO}	驱动输出端口供电引脚	−0.5～3.75V	V_{CCO0}、V_{CCO1}	2.5V
			V_{CCO2}～V_{CCO10}	3.3V

另外，考虑到 XC4VLX60 的配置芯片 XCF32P 需要使用 1.8V 的内核供电电源，因此在 FPGA 平台的 1553B 通信电路设计中应提供 4 种电压等级的电源供电方案。综合考虑选用 4 片 TPS74401 电源芯片通过反馈电阻分别配置上述四种等级电压，电源部分电路设计如图 4.15 所示。

4.2.2　主控芯片最小系统

FPGA 的最小系统非常简单，只需要外部时钟、配置芯片、电源引脚旁路滤波电容和 JTAG 下载电路即可，图 4.16～图 4.20 为 XC4VLX60 的最小系统，图 4.21 为 BU64843 的数据总线、地址总线以及控制信号线的接口，分别通过 XC4VLX60 的 BANK6 和 BANK8 进行控制，XC4VLX60 其他 BANK 未使用。

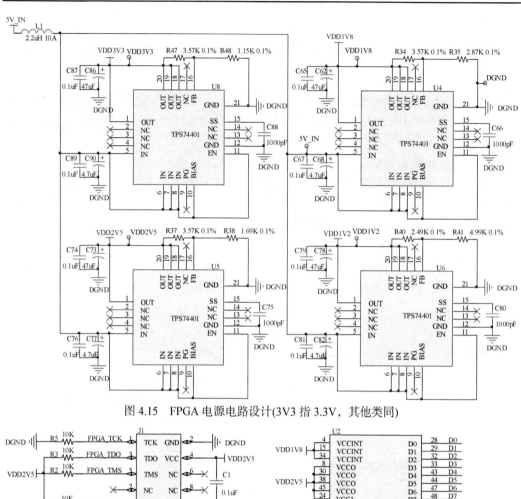

图 4.15　FPGA 电源电路设计(3V3 指 3.3V，其他类同)

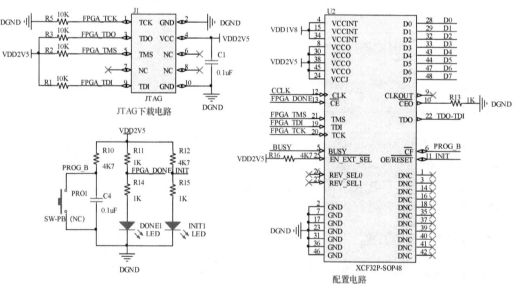

图 4.16　JTAG 下载和配置芯片电路

发光二极管的规范符号为 ➤|，4K7 代表 4.7kΩ，下同

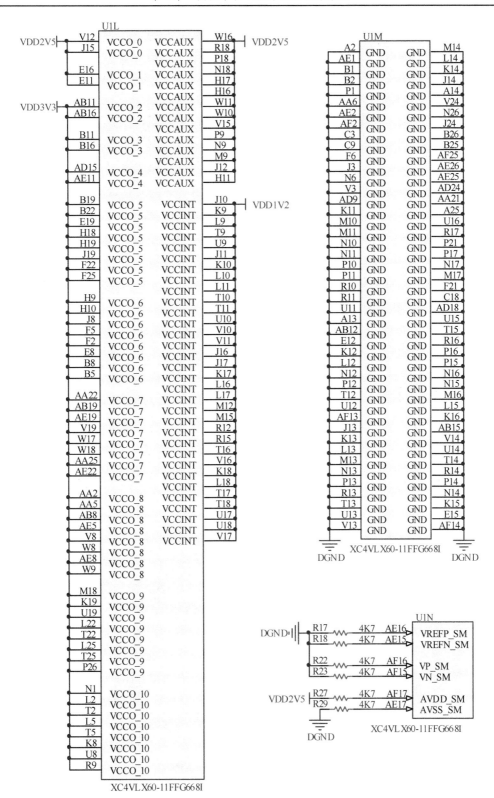

图 4.17　XC4VLX60 电源引脚

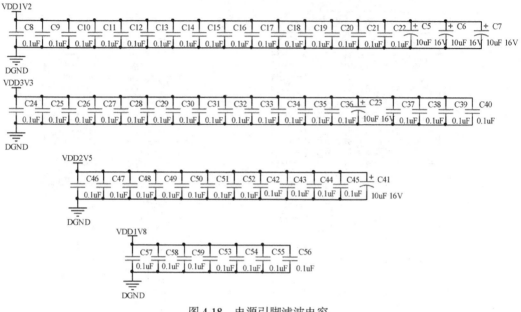

图 4.18　电源引脚滤波电容

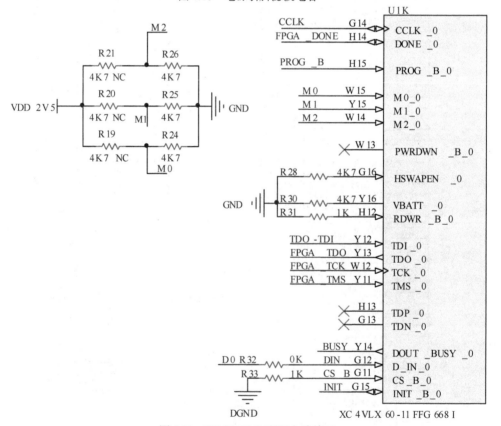

图 4.19　XC4VLX60 配置电路接口

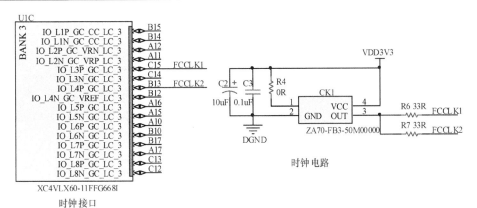

图 4.20　XC4VLX60 时钟接口和时钟电路(0R 指 0Ω，33R 指 33Ω)

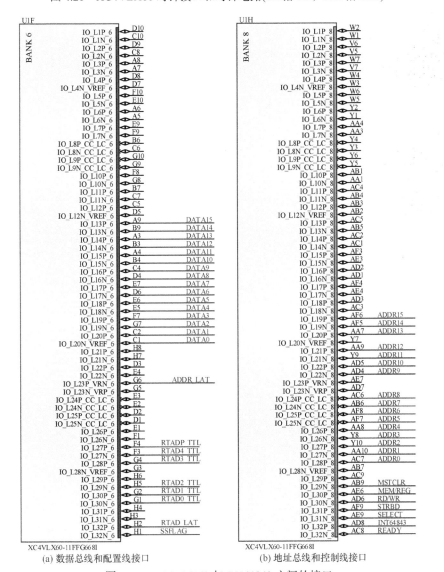

(a) 数据总线和配置线接口　　　　　　　　　　　(b) 地址总线和控制线接口

图 4.21　XC4VLX60 与 BU64843 之间的接口

4.2.3　供电、配置及接口电路

4.2.2 节介绍了 BU64843 可以采用单电源供电(但不推荐这种用法),即不区分数字电源和模拟电源,统一由单一 3.3V 电源供电,对于某些不重要的场合,确实是可以如此使用的。本节采用 3.3V 单电源对 BU64843 进行供电设计。

BU64843 的供电和时钟电路如图 4.22 所示,BU64843 的配置引脚和接口电路如图 4.23

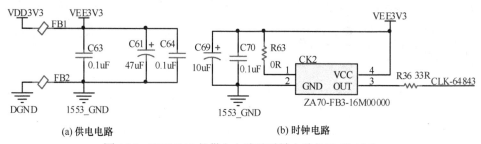

(a) 供电电路　　　　　　　　　　　　　　　(b) 时钟电路

图 4.22　BU64843 的供电电路及时钟电路(33R 指 33Ω)

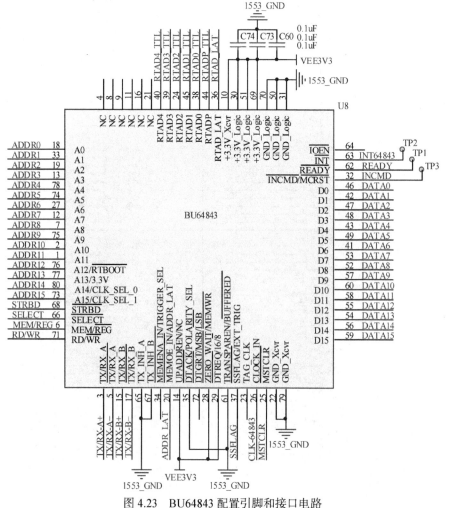

图 4.23　BU64843 配置引脚和接口电路

所示，和 DSP 平台的设计并无不同，同样是配置为 16 位非零等待缓冲模式，只是采用了单电源供电；同样 BU64843 和隔离变压器之间的接口电路设计与 DSP 平台相同，在此不再赘述。

4.3 PCB Layout 注意事项

BU64843 在发送消息时，模拟信号的大电流将从 BU64843 引脚的电源端进入芯片内部收发器模块，从收发器的正极引脚输出至隔离变压器输入端，然后通过隔离变压器输入端的中心抽头接入地。在传输过程中必须保证 BU64843 的电源端稳定，不可低于MIL-STD-1553 要求的最低水平(对于 BU64843 为 3.15V)。因此，在 PCB Layout 时不应在 BU64843 收发模块的引脚和隔离变压器输入端之间接入任何电阻，也应保证该端的连接在 PCB 中不引入过大的板级阻抗。

避免模拟信号和板上其他模拟信号产生串扰，在布线时应尽量使它们远离，板上的串扰会导致 1553B 字的误码率升高、差分信号过零点失真或共模抑制等情况超过 MIL-STD-1553 的允许范围。隔离变压器也应该布置在芯片收发器引脚旁边，不应太远，同时缩短板上走线长度以减少信号串扰的发生。隔离变压器下不应布置电源层或地层，也尽量不要布置其他信号线。BU64843 收发器引脚两两相对，互为差分信号线，应在布线时走差分对，且它们在收发数据时需要经过较高的电流，应布置相对较宽的走线(通常按照通过 1A 大小电流的标准布线)。

4.4 DSP 平台 1553B 总线开发板

结合 4.1 节和 4.3 节设计的 DSP 平台 1553B 开发板如图 4.24 所示，后续章节中将以该开发板为基础进行软件开发与案例编写，该平台开发板的原理图见附录 7。

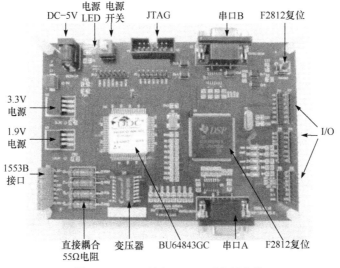

图 4.24 DSP 平台 1553B 开发板实物

第 5 章　软件配置与实现

以第 4 章完成的 DSP 平台的 1553B 通信硬件开发板为基础，本章介绍如何应用和开发 BU64843 芯片。关于 FPGA 平台下 1553B 协议芯片的开发和应用，读者可在掌握 DSP 平台中 BU64843 芯片的开发和应用后，自行进行深入研究。

5.1　F2812 控制 BU64843 的软件实现

本书所有 DSP 项目的软件工程都将基于 TI 公司的 CCS6.2 软件环境进行编写和调试，CCS6.2.0.00050 版本的安装包在 TI 官网上可以免费下载和使用。

5.1.1　安装 CCS6.2 开发环境

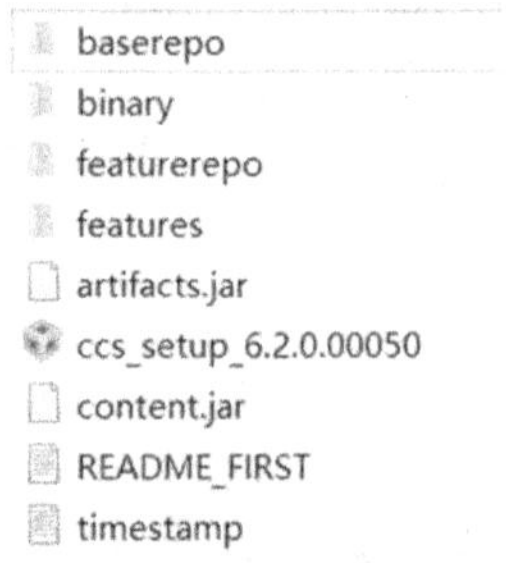

- baserepo
- binary
- featurerepo
- features
- artifacts.jar
- ccs_setup_6.2.0.00050
- content.jar
- README_FIRST
- timestamp

图 5.1　CCS6.2 安装包

解压 CCS6.2 安装包如图 5.1 所示，双击 ccs_setup_6.2.0.00050.exe 即可进入安装流程，在安装之前需要使计算机中的杀毒软件停止运行。

在安装跳转的页面选择接受 license，在处理器支持页面勾选 Select All，在编译器探针页面默认选择直接单击 Finish 进入安装，具体步骤如图 5.2～图 5.6 所示。CCS6.2 安装结束，单击 Finish，CCS 将首次启动，在软件打开前需要设置工作空间(Workspace)以存放用户开发的工程，如图 5.7 所示。

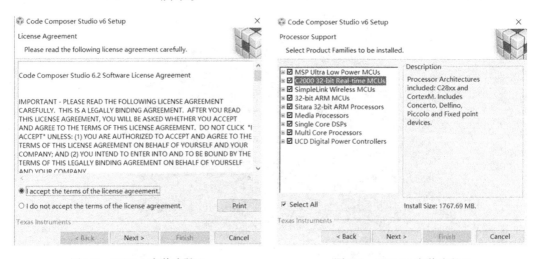

图 5.2　CCS6.2 安装步骤 1　　　　　图 5.3　CCS6.2 安装步骤 2

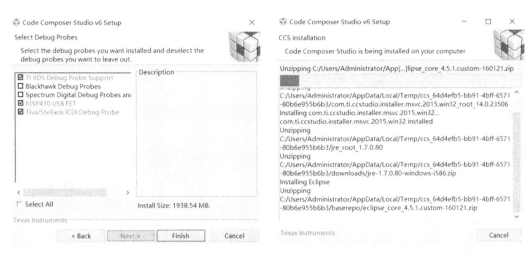

图 5.4　CCS6.2 安装步骤 3　　　　　　　　　图 5.5　CCS6.2 安装步骤 4

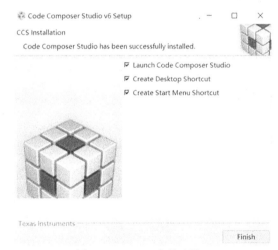

图 5.6　CCS6.2 安装步骤 5

图 5.7　CCS6.2 工作空间设置

单击 Browse 浏览并完成工作空间的设置，将其设置在桌面 CCS_Works\workspace_v6.2 文件夹下，单击 OK 按钮后 CCS6.2 将正常打开，其界面如图 5.8 所示。后期开发的软件代码工程都将存储在刚刚设置的工作空间文件夹中，该文件夹的路径中不能出现中文，否则会导致后期编译工程时出错。

图 5.8　CCS6.2 界面

5.1.2　新建 F2812 软件代码工程

有过嵌入式软件开发经验的读者都知道，在开发某个主控平台前，需准备该主控芯片的软件库。F2812 也不例外，TI 公司已经为用户准备了 F2182 的基础软件库，在 TI 的官网搜索 "TMS320F2812"，如图 5.9 所示，进入 "Design & development" 选项卡后，找到 "C281x C/C++ Header Files and Peripheral Examples" 文件，在线下载即可。顺便提一下，在 TI 的官网上下载这些资料不需要注册，下载后用户可以免费使用。

图 5.9　从 TI 官网上下载 F2812 软件库

　　下载后的软件库包含一个后缀为"".pdf""的说明文档和一个后缀为"".exe""的安装程序，如图 5.10 所示。双击"setup_DSP281x_v120.exe"进行文件的解压安装，在安装目录中即包含有 F2812 的软件库，如图 5.11 所示，路径"..\DSP281x\v120\DSP281x_common"和"..\DSP281x\v120\DSP281x_headers"就是 TI 为我们准备的软件库。

🔖 DSP281x_HeaderFiles_QuickStart_Readme.pdf
📄 setup_DSP281x_v120.exe

图 5.10　F2812 软件库安装程序和说明文档　　　　　　图 5.11　F2812 软件库

　　建立 CCS6.2 项目的软件代码工程，对 F2812 平台的 1553B 通信开发板进行嵌入式软件开发。在 CCS6.2 开发界面，单击"Project"菜单，在弹出的下拉菜单项中，选择"New CCS Project"新建项目工程，如图 5.12 所示。

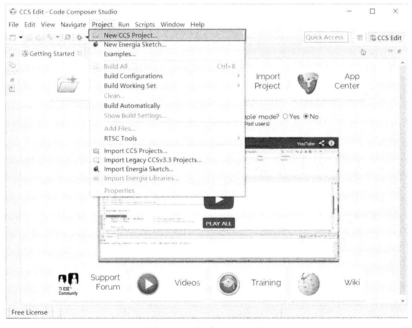

图 5.12　新建 CCS 工程

　　完成图 5.12 的操作后，CCS6.2 进入 CCS Project 窗口，该窗口用来配置用户开发的处理器平台、仿真器型号、工程名称以及选用的编译器版本等信息。按照图 5.13 所示的步骤：①选择处理器型号 TMS320F2812；②告知 CCS6.2 软件工程中所需使用的仿真器型号，该选项应根据项目中使用的仿真器型号自行选择；③填写本次项目的工程名称"Kit_NewProj_01_20200528"；④为该工程添加一个"main.c"文件；⑤单击 Finish 按钮，CCS 将自动生成项目工程，如图 5.14 所示。

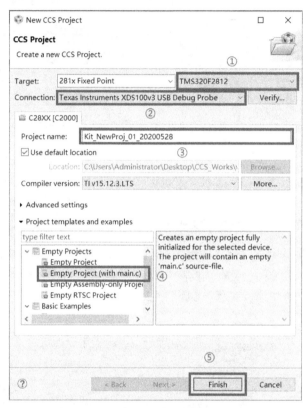

图 5.13　新建 CCS 工程配置相关内容

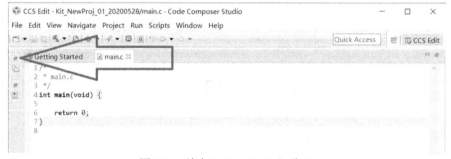

图 5.14　放大 Project Explorer 窗口

　　CCS 生成项目工程后，在 Project Explorer 窗口中可以看到项目的树形图，如图 5.14 所示，单击左侧状态栏的窗口放大按钮，即可查看项目工程和文件，打开后项目工程界面如图 5.15 所示。在 Project Explorer 窗口中，第一级为项目工程名，标有[Active]

的项目工程为当前活动的项目；在项目工程名下为本项目的相关代码和链接文件。

从 CCS6.2 的工作空间中(参阅 5.1.2 节的 CCS6.2 工作空间设置，由图 5.7 可知，将 CCS6.2 的工作空间设置在桌面 "\CCS_Works\workspace_v6.2" 文件夹下)找到本项目工程文件夹——名称为 Kit_NewProj_01_20200528 的文件夹，打开该文件夹并在其中新建 5 个子文件夹，如图 5.16 所示，分别命名为 cmd、Lib_Include、Lib_Source、User_Include 和 User_Source。

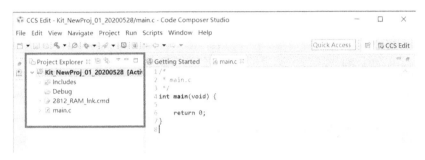

图 5.15　找到当前活跃的 CCS 工程

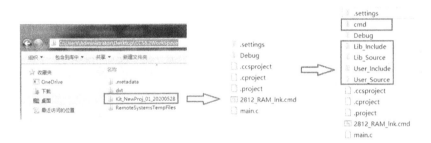

图 5.16　在 CCS 工程中新建文件夹

CCS6.2 软件会自动识别其工程项目下的文件夹和文件，并自动将其添加到项目中。添加完成上述文件夹后，再查看 CCS6.2 的界面，如图 5.17 所示，可以发现刚刚添加的文件夹已在 Kit_NewProj_01_20200528 项目中。

图 5.17　查看 CCS 工程中新建的文件夹

项目工程中的 cmd 文件夹，用来存放 F2812 项目工程的 cmd 文件；Lib_Include 文件夹存放 F2812 官方软件库中的 ".h" 头文件；Lib_Source 存放 F2812 官方软件库中的源文件；User_Include 和 User_Source 分别用来存放用户编写的".h"头文件和".c"源文件。添加 TI 提供的 F2812 软件库相关文件到 Kit_NewProj_01_20200528 项目内的文件夹中，如表 5.1 和图 5.18 所示。

表 5.1　复制 F2812 官方库到工程目录相关文件内容

DSP281x_common\source→Lib_Source	DSP281x_common\include→Lib_Include
DSP281x_CodeStartBranch.asm	DSP281x_Examples.h
DSP281x_CpuTimers.c	DSP281x_GlobalPrototypes.h
DSP281x_Defaultisr.c	DSP281x_SWprioritizedIsrLevels.h
DSP281x_Gpio.c	
DSP281x_InitPeripherals.c	
DSP281x_MemCopy.c	
DSP281x_PieCtrl.c	
DSP281x_PieVect.c	
DSP281x_SysCtrl.c	
DSP281x_usDelay.asm	
DSP281x_Xintf.c	
DSP281x_headers\include→Lib_Include	DSP281x_headers\source→Lib_Source
DSP281x_Adc.h	DSP281x_GlobalVariableDefs.c
DSP281x_CpuTimers.h	
DSP281x_Defaultisr.h	
DSP281x_DevEmu.h	
DSP281x_Device.h	
DSP281x_ECan.h	
DSP281x_Ev.h	
DSP281x_Gpio.h	
DSP281x_Mcbsp.h	
DSP281x_PieCtrl.h	
DSP281x_PieVect.h	
DSP281x_Sci.h	
DSP281x_Spi.h	
DSP281x_SysCtrl.h	
DSP281x_Xintf.h	
DSP281x_XIntrupt.h	
DSP281x_common\cmd→cmd	DSP281x_headers\cmd→cmd
F2812.cmd	DSP281x_Headers_nonBIOS.cmd

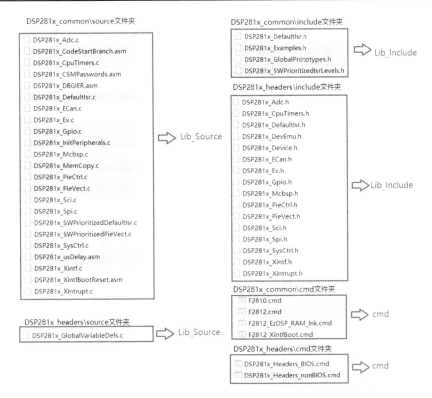

图 5.18 复制 F2812 官方库到工程目录的相关文件内容

复制完 F2812 官方库的文件到 Kit_NewProj_01_20200528 项目工程后，回到 CCS6.2 主页面，在 Project Explorer 窗口中将 2812_RAM_lnk.cmd 文件拖动到 cmd 文件夹下，将 main.c 文件拖动到 User_Source 文件夹中，如图 5.19 所示。

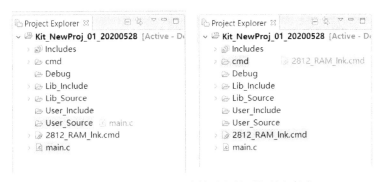

图 5.19 在 CCS 工程中拖动文件到相关文件夹

完成所有库文件的复制和工程文件的移动后，新建 CCS6.2 工程的文件准备工作基本结束，在 CCS6.2 界面中 Project Explorer 窗口中可以查看目前项目工程的状态，如图 5.20 所示，CCS6.2 软件已自动将所有工程目录下的文件扫描添加到工程中。

为了使工程顺利编译，还必须对 cmd 文件进行配置，在 CCS6.2 界面中 Project Explorer 窗口中找到 cmd 文件夹，选中 2812_RAM_lnk.cmd 文件，并鼠标右击，在弹出的选项卡中选择 Exclude from Build 选项，其含义是让 2812_RAM_lnk.cmd 文件不参与该工程的编译，执行完上述操作后，2812_RAM_lnk.cmd 文件在工程项目中会以灰色背景出现，这和在工程中删除 2812_RAM_lnk.cmd 文件的做法是相同的，操作如图 5.21 所示。使用 2812_RAM_lnk.cmd 文件参与编译，CCS6.2 编译器在下载程序时会将用户代码下载到 F2812 的 RAM 区，掉电后程序自动消失；使用 F2812.cmd 文件参

图 5.20　CCS 工程文件全览

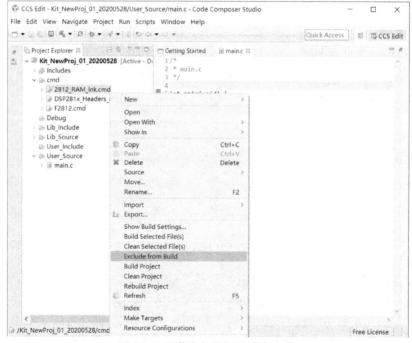

图 5.21　屏蔽参与编译的 cmd 文件

与编译，下载程序时，CCS6.2 会将用户代码下载到 F2812 的 FLASH 区，掉电不消失，两个文件不能同时参与编译，必须屏蔽一个，否则编译会出错。作者习惯性地将软件代码下载到 F2812 的 FLASH 中进行调试，其好处是可以编写较大规模的代码段以及定义较大数据长度的变量数组或软件缓存区等；若使用 2812_RAM_lnk.cmd 文件进行调试，则在编写代码时会经常遇到代码长度过大报错或变量数目过多而报错的情况，不利于初学者调试，这种不是因为程序语法而出现的错误，初学者不太容易排查，也并不太容易被解决。使用 F2812.cmd 文件进行调试在程序下载时需要更长的下载时间，当然这些耗时是在可接受范围之内的。

已经在项目工程中添加了 F2812 的官方软件库，下面应该在软件代码中将官方提供的库文件使用起来，实际上对于本节的内容，只需在工程中 main.c 文件下添加官方库的头文件即可。具体做法是在 main.c 文件的顶端，添加两行代码，如下所示：

```
#include "DSP281x_Decive.h"
#include "DSP281x_Examples.h"
```

操作如图 5.22 所示。

图 5.22　在工程中添加头文件将官方库链接起来

接着需要设置工程的编译环境，告诉编译器头文件的路径以及其他信息。在 CCS6.2 界面中，单击 Project 菜单栏，在弹出的选项卡中选择 Properties 选项，进行属性的设置，操作如图 5.23 所示。

CCS6.2 打开的工程属性设置窗口如图 5.24 所示，在左侧选项栏中选择 Build → C2000 Compiler → Include Options 选项，在 Add dir to #include search path 窗口下单击加号，调出路径索引窗口。在路径索引窗口中单击 Workspace 按钮，找到工程 Kit_NewProj_01_20200528，按住 Ctrl 键，用鼠标选中 Lib_Include 和 User_Include 文件夹，单击窗口中的 OK 按钮，即可完成头文件路径的设置。

完成头文件路径的设置后，回到工程属性设置窗口，在左侧选项栏中选择 C2000 Linker → Basic Options 选项，在打开的选项页面，找到 Set C system stack size 选项，在其右侧的文本框中键入 0x300 后单击 OK 按钮，如图 5.25 所示。

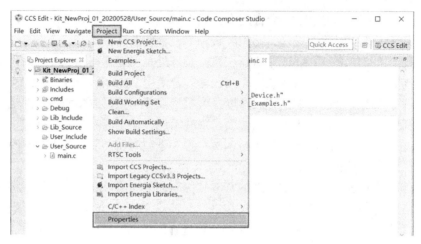

图 5.23　工程属性设置

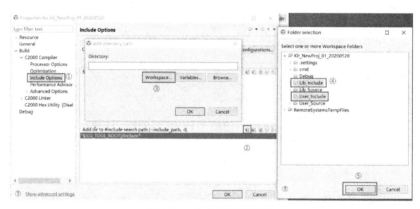

图 5.24　头文件路径设置

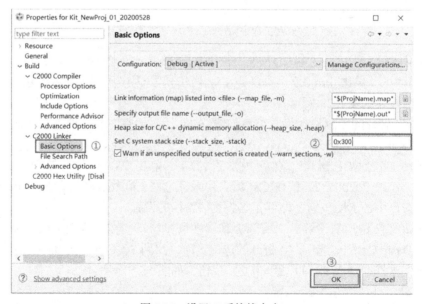

图 5.25　设置 C 系统栈大小

对 CCS6.2 编译器进行属性设置后，软件回到 CCS6.2 主界面。此时，经过以上各步的准备工作，已经完成了编译环境的设置，可以进行代码的编写和嵌入式软件的开发了，在编写代码之前，对上述框架进行一次编译，在 CC6.2 主界面左侧 Project Explorer 窗口，选中 Kit_NewProj_01_20200528 工程并用鼠标右键单击，在弹出的选项卡中选择 Rebuild Project 对代码进行编译，如图 5.26 所示。

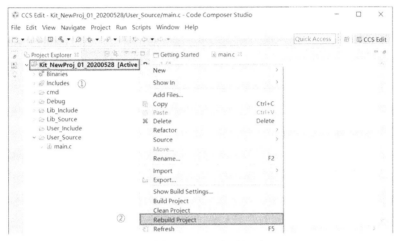

图 5.26　编译 CCS6.2 编写的项目工程

编译器 Console 窗口中会显示编译细节和步骤，在 CCS6.2 的 View 菜单栏中单击 Problems 窗口可以查看错误信息，编译结束后若有错误，则 CCS6.2 会在 Console 窗口和 Problems 窗口中进行显示，如图 5.27 所示。

图 5.27　查看编译结果

本节主要介绍了如何在 CCS6.2 中新建 F2812 的软件工程，新建的项目工程 Kit_NewProj_01_20200528 可以作为后续章节的框架模板，后续章节的软件代码都将在本工程的基础上完成。

5.1.3　使用框架模板建立新工程

本节介绍如何使用 F2812 的代码工程模板(Kit_NewProj_01_20200528 工程)创建新工程：

第一步，打开 CCS6.2 的工作空间并对 Kit_NewProj_01_20200528 工程进行复制，将复制后的 Kit_NewProj_01_20200528-副本文件夹重新命名为 Kit_NewProj_02_20200601，参见图 5.28 步骤①和②。

第二步，打开 Kit_NewProj_02_20200601 工程文件夹，删除工程中的 Debug 文件夹，参见图 5.28 步骤③。

第三步，找到".project"文件，使用鼠标右击并用记事本打开，修改其<name>属性，该文本中<name>属性需要和工程文件夹的名字保持一致，参见图 5.28 步骤④和⑤。

第四步，打开 User_Source 文件夹，将 main.c 修改为 main_v1.02.c(以区分每个项目的入口文件)，参见图 5.28 步骤⑥。

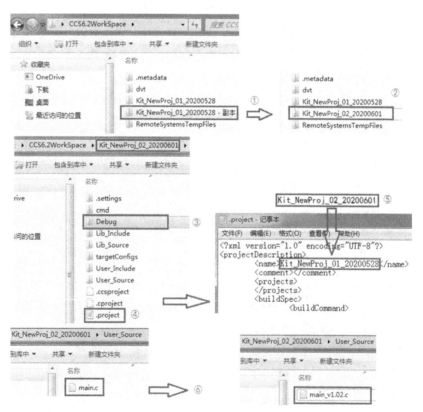

图 5.28　利用框架模板创建新工程

　　通过上述操作，即从工程模板中复制并修改了一个新的工程，新的工程命名为
Kit_NewProj_02_20200601，下面需要将该工程导入 CCS6.2 中进行编译：

　　第一步，在 CCS6.2 的主界面，单击菜单栏 Project 项，在弹出的下拉菜单中找到
Import CCS Projects 选项，如图 5.29 所示。

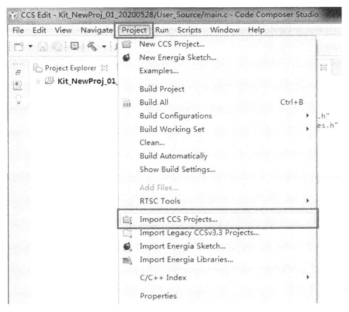

图 5.29　在 CCS6.2 中导入项目工程

　　第二步，在弹出的 Import CCS Eclipse Projects 窗口中勾选"Select search-
directory："选项，单击 Browse 按钮浏览工程文件夹，找到 CCS6.2WorkSpace 文件
下 CCS6.2 的工作空间，选择新工程 Kit_NewProj_02_20200601，单击"确定"按
钮，操作步骤如图 5.30 中步骤①～③所示。当选中新工程后，Import CCS Eclipse
Projects 窗口中 Discovered projects 栏会自动显示项目工程名，此时 Kit_NewProj_02_
20200601 工程已经出现在该栏中，若未修改工程目录下".project"文件中的<name>
属性，则此时不会出现 Kit_NewProj_02_20200601 工程名。直接单击 Finish 按钮完
成新工程的导入。

图 5.30 CCS6.2 导入新工程操作步骤

导入新工程后，在 CCS6.2 界面的左侧 Project Explorer 窗口中，可以查看新导入的工程，如图 5.31 所示，在 Project Explorer 窗口中除前期已经建立的 Kit_NewProj_01_

图 5.31 在 CCS6.2 中查看导入的新工程

20200528 工程，新导入的 Kit_NewProj_02_20200601 工程已经成功添加进了 CCS6.2。
在 Project Explorer 窗口中用鼠标选中工程或者工程目录下的任意文件，当前工程将被激
活，前文已介绍过，可以通过观察工程名后的[Active]标记来判断。在 CCS6.2 界面的左
侧 Project Explorer 窗口中用鼠标单击并选中 Kit_NewProj_02_20200601 工程，右击调
出下拉菜单项，执行 Rebuild Project 对工程进行编译，编译正常通过无错误和警告。

　　注意：在复制或移动 CCS 代码文件时，应以 CCS 的工作空间为单位，不可直接移
动工作空间内部的工程文件，否则移动后会导致工程文件在导入或编译过程中出现错
误。举例来说，当需要复制、移动或者压缩 CCS 开发的工程时应将 workspace_v6.2 文
件夹整体移动、复制或者压缩等，而不能只复制、移动或压缩其中的工程，如
Kit_NewProj_01_20200528 文件夹或 Kit_NewProj_02_20200601 文件夹。

5.1.4　硬件复位

　　BU64843 的硬件复位引脚为第 25 脚 $\overline{\text{MSTCLR}}$，在 4.1.3 节的设计中，BU64843 的
25 脚接给了 F2812 的 GPIOB9，因此可以通过 F2812 的 GPIO 端口输出高低电平来控制
BU64843 的硬件复位。BU64843 需要 $\overline{\text{MSTCLR}}$ 引脚上超过 100ns 的逻辑低电平才能正
常复位，在复位结束时，$\overline{\text{MSTCLR}}$ 引脚拉高，需要注意的是 $\overline{\text{MSTCLR}}$ 从逻辑 0 转变为
逻辑 1 的电平上升(爬坡)时间必须小于 10μs。

　　BU64843 在上电或硬件复位之后，将会自动执行针对协议的内建自测试(built-in
test，BIT)。在不同时钟频率下，协议自测试的耗时不同，具体如表 5.2 所示。

表 5.2　BU64843 协议自测试耗时

时钟频率	10MHz	12MHz	16MHz(默认)	20MHz
耗时	3.2ms	2.7ms	2.0ms	1.6ms

　　在 BU64843 进行协议自测试期间，CPU 对 BU64843 寄存器或存储器的读访问不会
对协议自测试产生影响，但 CPU 对 BU64843 的写访问会导致协议自测试终止，之后触
发 BU64843 的软复位。协议自测试的结果将会在 BIT 状态寄存器(地址 R1CH)中反映，
读取 R1CH 寄存器的值即可查询测试结果。

　　BU64843 在硬件复位期间，除自动执行内建的协议自测试，还会复位配置寄存
器、中断屏蔽寄存器和时间标签寄存器的值，并且在开始执行协议自测试时将 BIT 状
态寄存器(BIT_STATUS_REG)的值设置为 0x0800，执行协议测试期间，正常情况下该
寄存器的值会被芯片内部协议更新为 0x4800，当协议自测试结束并通过后，该寄存器
的值会被更新为 0xA800，BIT 状态寄存器的详细内容如表 5.3 所示。

表 5.3　BIT 状态寄存器含义

地址	代号	访问方式	名称
R1CH	BIT_STATUS_REG	只读	BIT 状态寄存器
Bit 位	描述	含义	
15	协议自测试完成	1：完成，0：其他	

续表

Bit 位	描述	含义
14	协议自测试中	1：测试中，0：其他
13	协议自测试通过	1：通过，0：其他
12	协议自测试终止	1：终止，0：其他
11	协议自测试中或完成	1：测试中或完成，0：其他
10	0	固定为 0
9	0	
8	0	
7	RAM 自测试完成	1：完成，0：其他
6	RAM 自测试中	1：测试中，0：其他
5	RAM 自测试通过	1：通过，0 其他
4	0	固定为 0
3	0	
2	0	
1	0	
0	0	

本节使用 F2812 的 GPIOB9 引脚控制 BU64843 执行 1 次硬件复位，编写软件代码并仿真调试。

在 Kit_NewProj_02_20200601 工程中，User_Include 文件夹和 User_Source 文件夹下新建下列文件，如表 5.4 所示。System.h 文件用来做整个工程的链接文件，以保持main_v1.02.c 文件的整洁；GPIO.c 和 GPIO.h 用来编写 GPIO 的驱动代码。

表 5.4　新建文件内容

User_Include	User_Source
System.h	GPIO.c
GPIO.h	

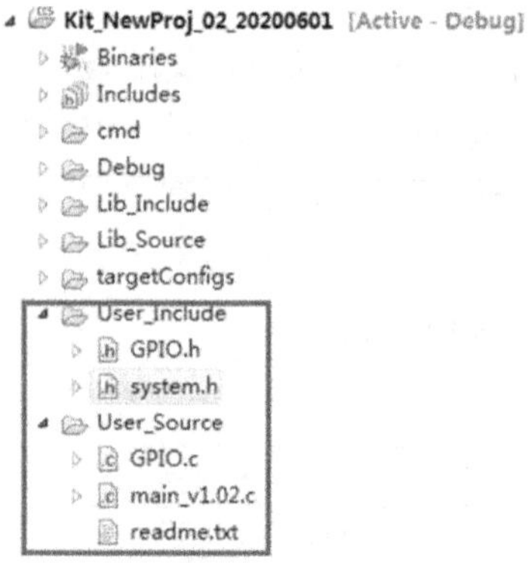

图 5.32　新增文件后的工程目录

新建后的 Kit_NewProj_02_20200601 工程文件架构如图 5.32 所示。

在 GPIO.h 文件中通过宏定义的方式对 GPIOB9 引脚进行封装，将其封装为 MSTCLR，以符合工程应用场景。其次，对 GPIO 的驱动程序 InitGPIO() 和 HardwareReset_BU64843() 进行声明，实际内容如图 5.33 所示。

在 GPIO.c 程序源文件中主要编写 GPIO 的驱动程序 InitGPIO() 和 HardwareReset_ BU64843() 的源代码，实际内容如图 5.34 所示。在 HardwareReset_ BU64843() 程序中，控制 MSTCLR 输出 10μs 左右的低电平后再拉高，使 BU64843 产生硬件复位，在

MSTCLR 拉高复位结束，延时 2ms 等待 BU64843 芯片内建的协议自测试结束。

图 5.33 GPIO.h 文件内容

图 5.34 GPIO.c 程序源文件内容

  system.h 头文件用来连接项目的驱动文件，本项目中为其他外设编写的用户源文件只用在文件前包含#include "system.h"即可，不用再详细调用每个外设驱动的头文件，这样做可以保持源文件的简洁，后续开发过程中增加的驱动文件只需要将其头文件放入 system.h 中用户头文件下(如该段代码中的#include "GPIO.h")即可。此外，system.h 头文件中还可以为全局定义常量或声明外部变量，本项目中 system.h 的内容如图 5.35 所示。

```
main_v1.02.c    system.h ☒    GPIO.c    GPIO.h
/*
 * system.h      项目连接文件
 */
#ifndef _SYSTEM_H_
#define _SYSTEM_H_
/******************* 库头文件 ************************/
#include "DSP281x_Device.h"
#include "DSP281x_Examples.h"
/****************** 用户头文件 ***********************/
#include "GPIO.h"

/******************* 常量定义 ***********************/
 #define     LOAD_FLASH      //flash烧写时加上这行 并将RAM_lnk.cmd 换成 F2812.cmd 文件

/***************** 变量定义 *********************/

#endif /* _SYSTEM_H_ */
```

图 5.35 system.h 头文件内容

main_v1.02.c 文件中编写主程序段，主要对 F2812 的系统时钟、中断系统和 FLASH 进行初始化，并调用 InitGPIO()对 GPIOB9 引脚进行初始化，再调用 HardwareReset_BU64843()函数，对 BU64843 进行硬件复位，具体代码如图 5.36 所示。

```
main_v1.02.c ☒    system.h    GPIO.c    GPIO.h
/*  版   本:  V1.02
 *  作   者:  HDF
 *  编译器:  CCS6.2.0.00050
 *  MCU:     TMS320F2812
 *  时间:    20200601
 *  内容:    使用GPIOB9控制BU64843硬复位
 */
/****************** 头文件 ***********************/
#include "system.h"                               //系统头文件，作为C代码的连接文件使用

#pragma CODE_SECTION(InitFlash,"ramfuncs")        //拷贝代码进RAM运行

/****************** 主程序 ***********************/
void main(void)
{
    InitSysCtrl();                                //150MHz-Disable Dog
    #ifdef  LOAD_FLASH
    memcpy( &RamfuncsRunStart,
            &RamfuncsLoadStart,
            &RamfuncsLoadEnd -
            &RamfuncsLoadStart);
    InitFlash();                                  // 初始化 Flash
    #endif
    DINT;                                         //禁止中断
    InitPieCtrl();                                //初始化PIE控制寄存器
    IER =   0x0000;                               //禁止中断使能
    IFR =   0x0000;                               //清中断标志
    InitPieVectTable();                           //初始化PIE中断向量表
    InitGPIO();                                   //配置项目中使用的GPIO
    HardwareReset_BU64843();                      //对BU64843进行硬件复位

    for(;;)
    {
        DELAY_US(10);                             //不执行操作
    }
}
```

图 5.36 main_v1.02.c 源程序内容

在工程目录中选择 F2812.cmd 文件参与编译(目的是将代码载入 F2812 的 FLASH 中)，选中工程 Kit_NewProj_02_20200601 后右击鼠标，单击 Build Project 对工程进行编译，如图 5.37 所示。在 Console 窗口和 Problems 窗口中可以查看编译结果(相关窗口都在 View 工具栏中调出)，如图 5.38 所示。

图 5.37　选择 cmd 文件并编译

图 5.38　编译结果查看

连接仿真器和开发板，并给开发板上电，如图 5.39 所示，在 CCS6.2 的工具栏中单

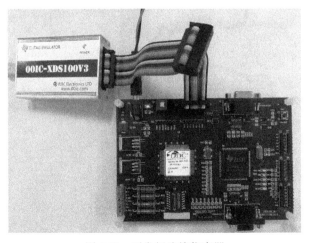

图 5.39　开发板连接仿真器

击 Debug 按钮(绿爬虫图标)，或者单击 Run 工具栏选择 Debug，CCS6.2 将工程代码下载到 F2812 的 FLASH 中，并进入在线 Debug 模式，如图 5.40 所示。在 Debug 模式下，单击工具栏中 Resume 按钮(或按 F8 键)，则 F2812 将开始执行代码，执行代码前在 main()函数中 for 循环内打上断点，以观察程序运行情况，操作如图 5.41 所示。执行代码后，程序停止在 for 循环内的断点上，可以确定，代码运行正常。单击菜单栏中 Resume 附近的 Terminate 按钮(红色正方形按钮)后，退出 Debug 模式。

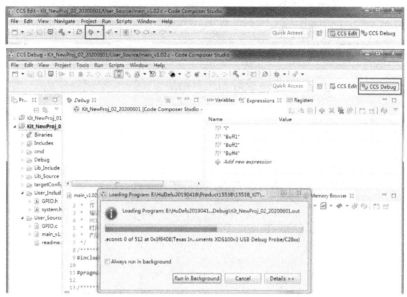

图 5.40　F2812 烧写程序并进入 Debug 模式

图 5.41　F2812 在 Debug 模式中运行

前面提到，在 BU64843 完成硬件复位后它将会进行协议自测试，自测试的结果存放在 BIT 状态寄存器中。为了获得 BU64843 硬件复位的结果，需要读取 BIT 状态寄存器的值，修改 main_v1.02.c 文件的内容，在 main()函数前添加一无符号整型变量 Value_BIT_STATUS_REG 来存放读取的 BIT 状态寄存器的值，在 main()函数中初始化段添加 Xintf 总线的初始化函数：InitXintf()(该函数为 F2812 的库函数，其原型在 DSP281x_Xintf.c 文件中，可在 main_v1.02.c 中直接调用)。将 InitXintf()函数中 Zone 6 的写周期建立时间参数修改为 1(即语句 XintfRegs.XTIMING6.bit.XWRLEAD = 1;)；在 for 循环内增加代码：

```
Value_BIT_STATUS_REG = *(volatile unsigned int *)0x10001C;
```

修改好的 main_v1.02.c 文件如图 5.42 所示。

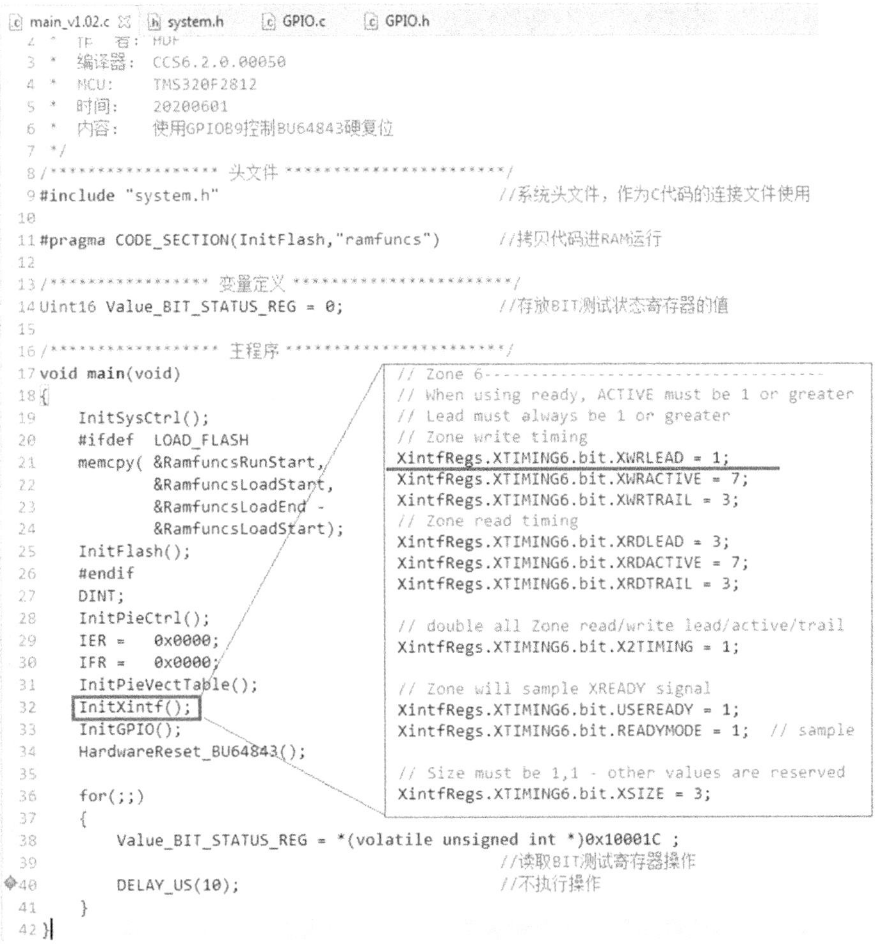

```
main_v1.02.c   system.h   GPIO.c   GPIO.h
 * 作  者： HDF
 * 编译器： CCS6.2.0.00050
 * MCU：    TMS320F2812
 * 时间：   20200601
 * 内容：   使用GPIOB9控制BU64843硬复位
 */
/****************** 头文件 ********************/
#include "system.h"                          //系统头文件，作为C代码的连接文件使用

#pragma CODE_SECTION(InitFlash,"ramfuncs")   //拷贝代码进RAM运行

/***************** 变量定义 *******************/
Uint16 Value_BIT_STATUS_REG = 0;             //存放BIT测试状态寄存器的值

/****************** 主程序 ********************/
void main(void)
{
    InitSysCtrl();
    #ifdef  LOAD_FLASH
    memcpy( &RamfuncsRunStart,
            &RamfuncsLoadStart,
            &RamfuncsLoadEnd -
            &RamfuncsLoadStart);
    InitFlash();
    #endif
    DINT;
    InitPieCtrl();
    IER =   0x0000;
    IFR =   0x0000;
    InitPieVectTable();
    InitXintf();
    InitGPIO();
    HardwareReset_BU64843();

    for(;;)
    {
        Value_BIT_STATUS_REG = *(volatile unsigned int *)0x10001C ;
                                             //读取BIT测试寄存器操作
        DELAY_US(10);                        //不执行操作
    }
}

// Zone 6------------------------------------
// When using ready, ACTIVE must be 1 or greater
// Lead must always be 1 or greater
// Zone write timing
XintfRegs.XTIMING6.bit.XWRLEAD = 1;
XintfRegs.XTIMING6.bit.XWRACTIVE = 7;
XintfRegs.XTIMING6.bit.XWRTRAIL = 3;
// Zone read timing
XintfRegs.XTIMING6.bit.XRDLEAD = 3;
XintfRegs.XTIMING6.bit.XRDACTIVE = 7;
XintfRegs.XTIMING6.bit.XRDTRAIL = 3;

// double all Zone read/write lead/active/trail
XintfRegs.XTIMING6.bit.X2TIMING = 1;

// Zone will sample XREADY signal
XintfRegs.XTIMING6.bit.USEREADY = 1;
XintfRegs.XTIMING6.bit.READYMODE = 1;  // sample

// Size must be 1,1 - other values are reserved
XintfRegs.XTIMING6.bit.XSIZE = 3;
```

图 5.42　Debug 模式中读取 BIT 状态寄存器值的代码

再次连接仿真器和开发板，下载程序后，进入 Debug 模式，在 Debug 模式下找到 Value_BIT_STATUS_REG 变量，选中变量并鼠标右击打开操作菜单，在操作菜单中选

择 Add Watch Expression，将需要查看的变量添加进表达式观察窗中。运行代码后在主循环中打上断点，即可查看变量的值。在 Debug 模式下，读取到 BU64843 中 BIT 状态寄存器的值为 0xA800，和预期值相符，操作过程如图 5.43 所示。

图 5.43　Debug 模式中读取 BIT 状态寄存器的值

5.2　访问寄存器和存储器

4.1.3 节介绍了 F2812 和 BU64843 之间并口总线 XINTF 的连接方式，F2812 利用 XINTF 总线访问 BU64843，相当于 F2812 访问外部 RAM。体现到代码中，即 F2812 直接对内存单元的地址进行读写(BU64843 映射到 F2812 的内存地址)，这也就是 5.1 节中，通过操作 F2812 内存单元 10001CH 的地址，读到的是 BU64843 中 BIT 状态寄存器(地址 R1CH)的值的原理。

学习应用 BU64843 芯片，对于软件人员来说也就是正确访问 BU64843 的寄存器和存储器，下面对 BU64843 的寄存器和存储器进行总体介绍。

5.2.1　寄存器

BU64843 用户可操作寄存器范围为 R00H~R1FH(表 5.5)，其中常用寄存器 24 个，测试寄存器 8 个。BU64843 用户可操作的寄存器较多，每个寄存器涉及的使用场景和大概功能如下。

表 5.5　BU64843 寄存器分类

地址	寄存器分类	描述
R00H～R0FH	可操作寄存器	可被配置
R10H～R17H	测试寄存器	
R18H～R1FH	可操作寄存器	
R20H～R3FH	额外测试寄存器	厂家测试保留

(1) 中断屏蔽寄存器 1(R00H)和 2(R1DH)用来使能不同条件或事件的中断，允许用户 CPU 访问以确定产生中断的原因。

(2) 配置寄存器 1(R01H)和 2(R02H)用来选择芯片的工作模式、内存管理模式以及时间标签寄存器的控制方式等。

(3) 启动/复位寄存器(R03H)以"命令"的方式，控制芯片进行软件复位、清除寄存器值、执行 BC/MT 上线启动或启动自测试等。

(4) BC/RT 命令堆栈指针(非先进 BC 模式下读 R03H)允许主处理器访问以确定当前消息在 RAM 中堆栈描述符的指针位置，BC 指令列表指针寄存器(先进 BC 模式下读 R03H)中存储了先进 BC 模式下当前命令列表的指针。

(5) 当芯片工作在 BC 模式时，CPU 可通过操作 BC 控制字/RT 子地址控制字寄存器(R04H)操作当前或大部分 BC 控制字，以选择当前消息的传输通道、消息格式、屏蔽 RT 状态字位、使能重试和中断等；当芯片工作在 RT 模式时，CPU 可通过操作 BC 控制字/RT 子地址控制字寄存器(R04H)操作当前或大部分 RT 子地址控制字，以控制 RT 中 RAM 内存管理格式以及使能消息中断等。

(6) 时间标签寄存器(R05H)是芯片中实时时钟的当前值，分辨率可设置为 2μs、4μs、8μs、16μs、32μs 和 64μs。

(7) 配置寄存器 3(R07H)、4(R08H)和 5(R09H)用来配置各种"增强模式"(CFG3_REG.15=1)下的增强功能。BC 帧时间寄存器(R0DH)在非先进 BC 模式下用来编程 BC 帧时间，分辨率 100μs、最大可编程时间 6.55s，BC 帧执行过程中，帧的剩余时间存储在 BC 帧剩余时间寄存器(R0BH)中。

(8) BC 消息剩余时间寄存器(R0CH)记录了下一条消息开始的剩余时间。

(9) RT 最后命令寄存器(R0DH)工作在 RT 模式时，记录芯片处理的最后一条(或当前)消息的命令字。MT 触发字寄存器(R0DH)工作在 WMT(字监听)模式下，当接收的 1553B 总线命令字符合该寄存器编程内容时，可触发芯片启动、停止 MT 或产生中断事件。

(10) RT 状态字寄存器(R0EH)和 RT BIT 字寄存器(R0FH)允许用户只读操作，反映芯片的 RT 状态和 BIT 结果。

(11) 配置寄存器 6(R18H)和 7(R19H)用来开启"先进 BC 模式"、"增强 CPU 处理"、配置 RT 的"全局循环缓冲"、"RT/MT 的中断状态队列"、"软件配置 RT 地址"、"时钟频率选择"等功能。

(12) BC 条件码/BC 通用队列标志寄存器(R1BH)和 BC 通用队列指针寄存器(R1FH)在先进 BC 模式下使用，传统 BC 模式(非先进 BC)一般不适用于它们。

(13) BIT 状态寄存器(R1CH)记录了芯片中各种内建的自测试结果(或状态)。

(14) RT、MT 中断状态队列指针寄存器(R1FH)在 RT 或 MT 模式下，提供一个中断状态队列功能，记录芯片产生的中断历史和状态等。

BU64843 中可操作寄存器的具体含义及内容在附录一中做了详细的说明，供读者在使用时查询。

5.2.2　存储器

BU64843 内部含有 4K×16 位的共享 RAM，当 BU64843 工作时，内部 RAM 用来存放消息的配置参数和消息内容，在不同的工作模式(BC、RT、MT)下，内部 RAM 的结构是不一样的。

当 BU64843 工作在 BC 模式时，它的内存结构如表 5.6 所示。M00H～MFFH 的内存段为命令堆栈 A，堆栈 A 中存放 BC 的消息描述符，BC 的消息描述符包括 BC 块状态字、时间标签字、消息间隙字和消息块指针。每条消息都具有 4 个描述符，因此堆栈 A 中最多可存放 64 条消息。M100H 地址固定存放堆栈 A 的指针。M101H 是堆栈 A 的消息计算器，里面用反码的形式存放消息的个数，如 0xFFFE 表示 1 条消息、0xFFFD 表示 2 条消息，依此类推。M102H 和 M103H 在 BC 帧自动重复模式下保存初始化的堆栈 A 指针和消息计算器。M108H～MEFBH 为消息块，存放消息的具体内容。堆栈 B 的内存单元和 A 的功能相同。

表 5.6　BU64843 在传统 BC 模式下 RAM 内存结构

RAM 地址	描述
M00H～MFFH	堆栈 A
M100H	堆栈 A 指针
M101H	消息计数器 A
M102H	初始堆栈指针 A(帧自动重复模式)
M103H	初始消息计数器 A(帧自动重复模式)
M104H	堆栈指针 B
M105H	消息计数器 B
M106H	初始堆栈指针 B(帧自动重复模式)
M107H	初始消息计数器 B(帧自动重复模式)
M108H～M12DH	消息块 0
M12EH～M153H	消息块 1
...	...
MED6H～MEFBH	消息块 93
MEFCH～MEFFH	不用
MF00H～MFFFH	堆栈 B

　　BC 模式下 BU64843 的共享 RAM 是以消息为单位组织的，内存管理方式如图 5.44 所示。当芯片初始化为 BC 时，用户通过配置寄存器 1 选择将要使用的堆栈区域 A 或 B，选定堆栈区域后，与之匹配的堆栈指针和消息计数器等将自动启用，例如，选用了 区域 A，则默认使用堆栈 A、堆栈 A 指针以及消息计数器 A 等。堆栈中存放每条消息 的描述符；BC 在处理消息时，通过堆栈指针来确定需要执行的消息的首个描述符地 址，堆栈描述符中数据块指针指向消息的数据块。

　　在 BC 执行消息前，用户需要编辑堆栈指针和消息计数器来确定 BC 从堆栈中哪条 消息开始执行，以及需要执行的消息个数。此后用户还需要配置堆栈描述符，来设 定消息执行过程中的一些参数，如消息的时间间隔、消息存放的数据块位置等。同 时，还要对相应的消息数据块进行配置，以设置消息的格式和消息的具体内容。完 成上述操作后，通过触发(软件寄存器或硬件引脚)使 BU64843 开始执行消息。当 BC 执行完消息后，用户可以通过读取堆栈描述符的内容来判断每条被执行过的消息的 状态。

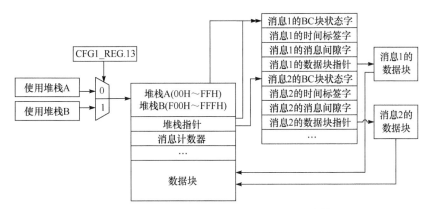

图 5.44　BC 模式下 BU64843 共享 RAM 内存管理

　　当 BU64843 工作在 RT 模式时，它的内存结构如表 5.7 所示。M00H～MFFH 为堆 栈 A，堆栈 A 中存放 RT 的消息描述符，RT 的消息描述符包括 RT 块状态字、时间标 签字、消息块指针和接收的命令字。每条消息在 RT 的堆栈中也具有 4 个描述符，因此 堆栈 A 中最多可存放 64 条消息。M100H 地址固定存放堆栈 A 的指针，指示的是下一 条消息描述符的首地址。M101H 是全局循环缓冲区 A 的指针，当 RT 的子地址配置为 全局循环缓冲时才有效。M108H～M10FH 用来配置 RT 模式码的中断方式。M110H～ M13FH 存放模式码的数据，此部分有效的前提是 BU64843 芯片在 RT 模式下开启了 "增强模式码处理"功能(CFG3_REG.0=1)，若未开启(CFG3_REG.0=0)，则 M110H～ M13FH 段就是普通的 RAM 单元，存放消息的具体内容。M140H～M1BFH 和 M1C0H～M23FH 是 RT 的子地址查找表，用来给 RT 的各子地址分配数据存储区。 M240H～M247H 是 RT 的忙位查找表，用来配置子地址的状态：忙或非忙。M300H～ M3FFH 是命令非法化查找表，用来配置命令的合法性。其他 RAM 段为数据块区，用 来存储消息内容。

表 5.7　　BU64843 在 RT 模式下 RAM 内存结构

RAM 地址	描述
M00H~MFFH	堆栈 A
M100H	堆栈 A 指针
M101H	全局循环缓冲区 A 指针
M102H~M103H	保留
M104H	堆栈 B 指针
M105H	全局循环缓冲区 B 指针
M106H~M107H	保留
M108H~M10FH	模式码中断选择表
M110H~M13FH	模式码数据(增强模式码处理功能开启时有效)
M140H~M1BFH	查找表 A
M1C0H~M23FH	查找表 B
M240H~M247H	忙位查找表
M248H~M25FH	不用
M260H~M27FH	数据块 0
M280H~M2FFH	数据块 1~4
M300H~M3FFH	命令非法化查找表
M400H~M41FH	数据块 5
M420H~M43FH	数据块 6
…	…
MFE0H~MFFFH	数据块 100

　　RT 模式下 BU64843 的内存管理方式如图 5.45 所示。通过配置寄存器 1 来确定使用的堆栈区域 A 或 B(堆栈 B 在 RAM 中没有固定的位置,用户可以自行分配,但不可以覆盖 RAM 区中其他配置单元)。确定使用的堆栈区域 A 或 B 后,相应的堆栈指针和查找表将启用,使用前应做一些配置。

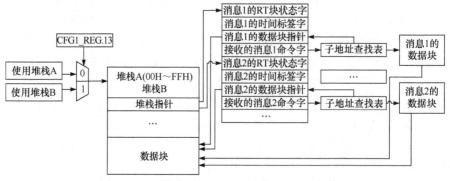

图 5.45　RT 模式下 BU64843 共享 RAM 内存管理

　　以常用的单消息模式为例(除此之外，RT 还有子地址双缓冲模式、循环缓冲模式和全局循环缓冲模式)，BU64843 作为 RT，接收到总线命令字之后，将接收的命令字存入堆栈区中消息的命令字单元内，具体存入哪个单元由堆栈指针确定，堆栈指针为 4 的倍数。RT 接收完命令字后，解析命令字中的子地址段，对照子地址查找表，确定消息的数据块指针，将确定的数据块指针更新进堆栈中的数据块指针单元。此后，芯片根据确定的数据块指针处理消息的数据内容。

　　当 BU64843 工作在 WMT 模式时，它的内存结构如表 5.8 所示。全部 RAM 空间都用来存放芯片监控到的 1553B 字，每个 1553B 字对应存储一个 ID 字，用来记录当时总线的状态。M100H 和 M104H 地址比较特殊，在初始化配置 BU64843 作 WMT 时，它是堆栈指针，该指针所指向的位置将作为记录 1553B 字和 ID 字的首地址，此后该单元将不再起作用，会被 1553B 字或 ID 字覆盖。

表 5.8　BU64843 在 WMT 模式下 RAM 内存结构

RAM 地址	描述
M0H	接收的第一个 1553B 字
M1H	第一个 ID 字
M2H	接收的第二个 1553B 字
M3H	第二个 ID 字
…	…
M100H	堆栈 A 指针(初始化时使用)，工作时被 1553B 字和 ID 字覆盖
…	下一个 ID 字/1553B 字
M104H	堆栈 B 指针(初始化时使用)，工作时被 1553B 字和 ID 字覆盖
…	…
M0FFFH	第 N 个 ID 字

　　当 BU64843 工作在 MMT 模式时，它的内存结构如表 5.9 所示。M102H 为 MMT 命令堆栈指针 A，指向下一条监控消息的堆栈描述符的首地址，MMT 堆栈描述符包含 MMT 块状态字、时间标签字、数据块指针和接收的命令字。M103H 为 MMT 数据堆栈指针 A，指向下一个数据的存储单元。M280H～M2FFH 为 MMT 的查找表，配置 MMT 需要监控的消息命令。M400H～M7FFH 为命令堆栈，存储消息的堆栈描述符，每条消息占用 4 个描述符单元。M800H～MFFFH 为数据堆栈，存储所监控的消息内容。

表 5.9　BU64843 在 MMT 模式下 RAM 内存结构

RAM 地址	描述
M00H～M101H	不用
M102H	MMT 命令堆栈指针 A

RAM 地址	描述
M103H	MMT 数据堆栈指针 A
M104H～M105H	不用
M106H	MMT 命令堆栈指针 B
M107H	MMT 数据堆栈指针 B
M108H～M27FH	不用
M280H～M2FFH	MMT 查找表
M300H～M3FFH	不用
M400H～M7FFH	MMT 命令堆栈 A
M800H～MFFFH	MMT 数据堆栈 A

5.2.3　编写 F2812 访问 BU64843 的软件框架

首先，打开 CCS6.2 的工作空间 CCS6.2WorkSpace(在 5.1.1 节已设置)，复制工程文件夹 Kit_NewProj_02_20200601，将其修改为 Kit_NewProj_03_20200722。

其次，打开工程 Kit_NewProj_03_20200722，选择 ".project" 文件并使用写字板打开，修改<name>段中工程名为 Kit_NewProj_03_20200722，具体操作如图 5.46 所示。

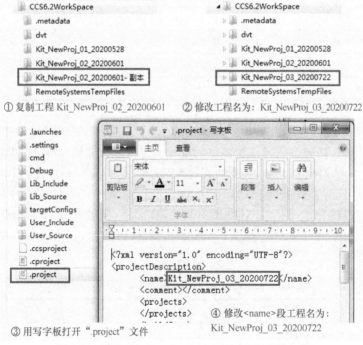

图 5.46　建立 Kit_NewProj_03_20200722 工程文件

　　将新工程 Kit_NewProj_03_20200722 导入 CCS6.2 中，首先在 CCS6.2 的菜单栏中单击 Project 菜单，在弹出的下拉菜单中找到 Import CCS Projects 选项并单击。

　　接着，在弹出的 Import CCS Eclipse Projects 窗口中单击 Browse 按钮，找到 CCS 的工作空间 CCS6.2Workspace，将工作空间下 Kit_NewProj_03_20200722 工程选中，并单击确认导入工程。

　　最后，单击 Import CCS Eclipse Projects 窗口下方的 Finish 按钮完成新工程的导入。

　　导入新工程后，在 CCS6.2 主界面的左侧 Project Explorer 窗口中即可打开工程文件夹，进行代码的编写，操作流程如图 5.47 所示。

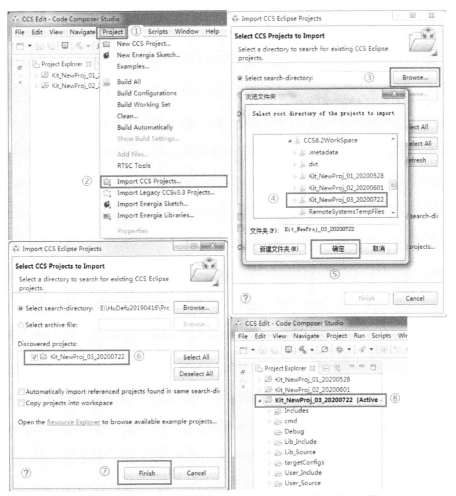

图 5.47　在 CCS6.2 中导入 Kit_NewProj_03_20200722 工程

　　打开 Kit_NewProj_03_20200722 工程，为防止混淆，将 main_v1.02.c 文件名重命名为 main_v1.03.c，在 User_Source 文件夹下新建 BU64843.c 源文件，在 User_Include 文件夹下新建 BU64843.h 头文件，如图 5.48 所示。

　　打开新建的 BU64843.c 源文件，在其中添加#include "system.h"语句；打开 system.h 头文件，将 BU64843.h 头文件的引用添加进用户头文件段，即在 system.h 头文件中添加#include "BU64843.h"语句，完成后的文件内容如图 5.49 所示。

图 5.48　在 Kit_NewProj_03_　　　　　　图 5.49　在新建的文件中添加头文件引用
20200722 工程中新建文件

　　为了方便 F2812 访问 BU64843 的寄存器和存储器，需要将 BU64843 芯片内部的寄存器和存储器地址映射到 BU64843.h 头文件中，具体映射方法在 4.1.3 节中介绍过。操作过程如下：

　　首先，通过宏定义的方法，将 BU64843 的寄存器和存储器基地址映射到 BU64843.h 头文件中，即

```
#define BUREG (volatile unsigned int *)0x100000 //BU64843 寄存器基地址
#define BUMEM (volatile unsigned int *)0x110000 //BU64843 存储器基地址
```

　　其次，通过基址加偏移地址的方式，将各寄存器映射到 BU64843.h 头文件中，举例来说，对于配置寄存器 1，其在芯片中的地址为 01H，即

```
#define CFG1_REG     (volatile unsigned int *)(BUREG+0x01)     //配置寄存器 1
```

　　最后，对存储器进行地址映射，利用偏移地址变量的方法，即

```
#define BUMEM_ADDR(offset_Addr) (volatile unsigned int*)(BUMEM+offset_Addr)
```

　　今后编写代码时，访问 BU64843 的寄存器，则直接对寄存器的指针进行赋值或取值操作即可；访问 BU64843 的存储器，即在 BUMEM_ADDR(offset_Addr)指针的偏移地址中填入实际内存地址即可。例如，给配置寄存器 1 赋值，即

```
*CFG1_REG=0x0001
```

　　给存储器 200H 单元赋值，即

```
*BUMEM_ADDR(0x200) = 0x0001
```

　　将所有需要使用的寄存器都参照上述方法编写进 BU64843.h 文件中，完成后的

BU64843.h 头文件内容如下：

```
/***************************************************************
*        文件名：BU64843.h
* Created on: 2020 年 7 月 22 日
*        Author: Administrator
***************************************************************/
#ifndef _BU64843_H_
#define _BU64843_H_
/****************** 常量定义 *********************/
#define BUREG (volatile unsigned int *)0x100000        //BU64843 寄存器基地址
#define BUMEM (volatile unsigned int *)0x110000        //BU64843 存储器基地址
//寄存器映射 基址+偏移地址
#define INT_MASK1_REG (volatile unsigned int *)(BUREG+0x00)//中断屏蔽寄存器1
#define CFG1_REG     (volatile unsigned int *)(BUREG+0x01)    //配置寄存器1
#define CFG2_REG     (volatile unsigned int *)(BUREG+0x02)    //配置寄存器2
//启动/复位寄存器
#define START_RESET_REG   (volatile unsigned int *)(BUREG+ 0x03)
//非先进 BC 或 RT 堆栈指针//先进 BC 指令列表指针寄存器
#define CMD_POINTER_REG    (volatile unsigned int *)(BUREG+ 0x03)
//BC 控制字寄存器
#define BC_CTLWORD_REG (volatile unsigned int *)(BUREG+0x04)
//RT 子地址控制字寄存器
#define RT_SA_CTLWORD_REG   (volatile unsigned int *)(BUREG+ 0x04)
//时间标签寄存器
#define TIME_TAG_REG (volatile unsigned int *)(BUREG+0x05)
//中断状态寄存器 1
#define INT_STATUS1_REG (volatile unsigned int *)(BUREG+ 0x06)
#define CFG3_REG     (volatile unsigned int *)(BUREG+0x07)    //配置寄存器3
#define CFG4_REG     (volatile unsigned int *)(BUREG+0x08)    //配置寄存器4
#define CFG5_REG     (volatile unsigned int *)(BUREG+0x09)    //配置寄存器5
//RT 或 MT 数据栈地址寄存器
#define RT_MT_DATA_POINTER_REG    (volatile unsigned int *) (BUREG+ 0x0A)
//BC 帧剩余时间寄存器
#define BC_FTR_REG (volatile unsigned int *)(BUREG+0x0B)
//BC 消息剩余时间寄存器
#define BC_MTR_REG (volatile unsigned int *)(BUREG+0x0C)
//非先进 BC 帧时间/先进 BC 初始化指令指针
```

```
#define BC_FTIME_REG        (volatile unsigned int *)(BUREG+0x0D)
//RT 最后命令
#define RT_LASTCMD_REG      (volatile unsigned int *)(BUREG+0x0D)
//MT 触发字寄存器
#define MT_TIGGER_REG       (volatile unsigned int *)(BUREG+0x0D)
//RT 状态字寄存器
#define RT_STATWORD_REG     (volatile unsigned int *)(BUREG+ 0x0E)
//RT BIT 字寄存器
#define RT_BITWODR_REG      (volatile unsigned int *)(BUREG+0x0F)
#define CFG6_REG    (volatile unsigned int *)(BUREG+0x18)    //配置寄存器 6
#define CFG7_REG    (volatile unsigned int *)(BUREG+0x19)    //配置寄存器 7
//BC 条件码寄存器
#define BC_CCODE_REG        (volatile unsigned int *)(BUREG+0x1B)
//BC 通用队列标志寄存器
#define BC_GPF_REG  (volatile unsigned int *)(BUREG+0x1B)
//BIT 状态寄存器
#define BIT_STATUS_REG      (volatile unsigned int *)(BUREG+0x1C)
//中断屏蔽寄存器 2
#define INT_MASK2_REG       (volatile unsigned int *)(BUREG+0x1D)
//中断状态寄存器 2
#define INT_STATUS2_REG     (volatile unsigned int *)(BUREG+ 0x1E)
//BC 通用队列指针寄存器
#define BC_GPQP_REG  (volatile unsigned int *)(BUREG+0x1F)
//RT/MT 中断状态队指针寄存器
#define RT_MT_INTSTAPOT_REG         (volatile unsigned int *)(BUREG+ 0x1F)
//存储器/寄存器映射 基址+偏移地址
#define BUMEM_ADDR(offset_Addr)     (volatile unsigned int *) (BUMEM+offset_
Addr)
#define REG_ADDR(offset_Addr)       (volatile unsigned int *) (BUREG+offset_
Addr)

#endif /* _BU64843_H_ */
/****************** BU64843.h  File End******************/
```

下面通过一个开发板的实例，进一步讲解和使用 BU64843.h 头文件中的映射内容。在 Kit_NewProj_03_20200722 工程中，向 BU64843 的 4K×16 位 RAM 空间逐一写入值，并读取，对写入的值和读取的值进行比较，若读写的值不符，则通过点亮 LED 的方式提示出错。具体操作如下：

首先，在 Kit_NewProj_03_20200722 工程 main_v1.03.c 文件中，定义存放 BU64843
内存单元值的数组缓冲区，大小为 4K：

```
Uint16 Value_MEMBuf[4096] = {0};  //存放 BU64843 内存单元值
```

其次，在 main_v1.03.c 文件的 for 循环中，对 4K RAM 进行赋值和读取操作，读取
的值存放到 Value_MEMBuf 中，并对写入的值和读取的值进行比对，若不相符，则点
亮 LED，代码如下：

```
for(i=0; i<0x1000; i++)
{
        *BUMEM_ADDR(i)=i;                       //对内存单元进行写操作
        Value_MEMBuf[i]=*BUMEM_ADDR(i);         //对内存单元进行读操作
        if(i != Value_MEMBuf[i])                //对读出的内存单元进行比对
        {
                LED = 0;                        //若出错，则点亮 LED
        }
}
```

另外，还需在 GPIO.c 中对被使用的 LED 引脚进行配置，代码如下：

```
void InitGPIO(void)
{
        EALLOW;
        //BU64843 的硬件复位引脚 MSTCLR —— GPIOB9
        GpioMuxRegs.GPBMUX.bit.CAP5Q2_GPIOB9=GPIO_MODE;  //GPIO 做通用 I/O
        GpioMuxRegs.GPBDIR.bit.GPIOB9=GPIO_OUT;           //输出
        //LED —— GPIOB3
        GpioMuxRegs.GPBMUX.bit.PWM10_GPIOB3=GPIO_MODE;   //GPIO 做通用 I/O
        GpioMuxRegs.GPBDIR.bit.GPIOB3=GPIO_OUT;           //输出
        EDIS;
}
```

同时，在 GPIO.h 中将被使用的 LED 引脚进行宏定义封装，代码如下：

```
#define LED   GpioDataRegs.GPBDAT.bit.GPIOB3     //封装 GPIOB3 为 LED 引脚
```

由于代码中定义的 Value_MEMBuf[4096]数组超过了 F2812.cmd 文件中分配的
RAM 空间大小，在编译之前还需要修改 F2812.cmd 文件，在 F2812.cmd 文件中找到
".ebss"段，将该段分配到 RAMH0，操作如图 5.50 所示。

```
128    /* Allocate uninitalized data sections: */
129    .stack          : > RAMM0        PAGE = 1
130//  .ebss           : > RAML1        PAGE = 1
131    .ebss           : > RAMH0        PAGE = 1
132    .esysmem        : > RAMH0        PAGE = 1
```

图 5.50　修改 F2812.cmd 文件

完成上述代码编写后，main_v1.03.c 文件的整体内容如图 5.51 所示，GPIO.c 和 GPIO.h 文件内容如图 5.52 和图 5.53 所示。

```
 main_v1.03.c ⊠
  2  * 作  者:  HDP
  3  * 编译器:  CCS6.2.0.00050
  4  * MCU:     TMS320F2812
  5  * 时间:    20200722
  6  * 内容:    访问BU64843寄存器和存储器
  7  */
  8 /***************** 头文件 *********************/
  9 #include "system.h"                        //系统头文件，作为C代码的连接文件使用
 10
 11 #pragma CODE_SECTION(InitFlash,"ramfuncs")  //拷贝代码进RAM运行
 12 /***************** 变量定义 *******************/
 13 Uint16 Value_BIT_STATUS_REG = 0;            //存放BIT测试状态寄存器的值
 14 Uint16 Value_MEMBuf[4096] = {0};            //存放BU64843内存单元值
 15
 16 /***************** 主程序 *********************/
 17 void main(void)
 18 {
 19     Uint16 i=0;
 20     InitSysCtrl();                          //150MHz-Disable Dog
 21     #ifdef  LOAD_FLASH
 22     memcpy( &RamfuncsRunStart,&RamfuncsLoadStart,\
 23             &RamfuncsLoadEnd -&RamfuncsLoadStart);
 24     InitFlash();                            // 初始化 Flash
 25     #endif
 26     DINT;                                   //禁止中断
 27     InitPieCtrl();                          //初始化PIE控制寄存器
 28     IER =   0x0000;                         //禁止中断使能
 29     IFR =   0x0000;                         //清中断标志
 30     InitPieVectTable();                     //初始化PIE中断向量表
 31     InitXintf();                            //添加 Xintf 总线时序配置
 32     InitGPIO();                             //配置项目中使用的GPIO
 33     HardwareReset_BU64843();                //对BU64843进行硬件复位
 34     for(;;)
 35     {
 36         Value_BIT_STATUS_REG = *BIT_STATUS_REG; //读取BIT测试寄存器操作
 37         DELAY_US(10);                       //不执行操作
 38         for(i=0;i<0x1000;i++)
 39         {
 40             *BUMEM_ADDR(i)=i;               //对内存单元进行写操作
 41             Value_MEMBuf[i]=*BUMEM_ADDR(i); //对内存单元进行读操作
 42             if(i != Value_MEMBuf[i])        //对读出的内存单元进行比对
 43             {
 44                 LED = 0;                    //若出错则点亮LED
 45             }
 46         }
 47     }
 48 }
```

图 5.51　编写 main_v1.03.c 文件内容

```
 1 /*
 2  * GPIO.c        GPIO的驱动源文件
 3  */
 4 /***************** 头文件 ******************/
 5 #include "system.h"
 6
 7 /******************************************/
 8  * 函数功能: 配置工程中使用的GPIO和复用引脚
 9  * 输    入:无
10  * 输    出:无
11 ******************************************/
12 void InitGPIO(void)
13 {
14     EALLOW;
15     //BU64843的硬件复位引脚 MSTCLR  -- GPIOB9
16     GpioMuxRegs.GPBMUX.bit.CAP5Q2_GPIOB9   =   GPIO_MODE;      //GPIO做通用IO
17     GpioMuxRegs.GPBDIR.bit.GPIOB9          =   GPIO_OUT;       //输出
18     //LED
19     GpioMuxRegs.GPBMUX.bit.PWM10_GPIOB3    =   GPIO_MODE;      //GPIO做通用IO
20     GpioMuxRegs.GPBDIR.bit.GPIOB3          =   GPIO_OUT;       //输出
21     EDIS;
22 }
23
24 /******************************************/
25  * 函数功能: 对BU64843进行硬件复位
26  * 输    入:无
27  * 输    出:无
28 ******************************************/
29 void HardwareReset_BU64843(void)
30 {
31     MSTCLR = 0 ;                             //低电平复位
32     DELAY_US(10);                            //复位时间大于100ns,此处10us
33     MSTCLR = 1;                              //结束复位
34     DELAY_US(2000);                          //2ms时间延时使BU64843进行协议自测试
35 }
```

图 5.52　在 GPIO.c 中增加 LED 的引脚配置

```
 1 /*
 2  * GPIO.h        GPIO的驱动头文件
 3  */
 4 #ifndef _GPIO_H_
 5 #define _GPIO_H_
 6 /************* 宏定义 ****************/
 7 #define    MSTCLR      GpioDataRegs.GPBDAT.bit.GPIOB9     //封装GPIOB9为MSTCLR管脚
 8 #define    LED         GpioDataRegs.GPBDAT.bit.GPIOB3     //封装GPIOB3为LED管脚
 9
10 /*********** 类型枚举 ****************/
11 typedef enum { GPIO_IN = 0, GPIO_OUT = 1}GPIOMode_TypeDef;  //IO输入输出 枚举
12 typedef enum { GPIO_MODE = 0, AF_MODE = 1}GPIOMux_TypeDef;  //端口功能 枚举
13
14 void InitGPIO(void);                          //对项目中所使用的GPIO进行初始化
15 void HardwareReset_BU64843(void);             //对BU64843进行硬件复位
16 #endif /* _GPIO_H_ */
```

图 5.53　在 GPIO.h 中增加 LED 引脚的封装

完成上述代码的编写后，对 Kit_NewProj_03_20200722 工程进行编译，编译完成后，连接开发板和仿真器，并给开发板上电，在 CCS6.2 中进入 Debug 模式，运行代码，并从 CCS6.2 中 Expressions 窗口观察 Value_MEMBuf[4096]数组的具体内容，Debug 情况如图 5.54 所示。

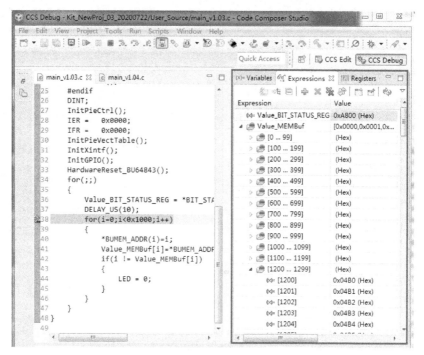

图 5.54　Debug 模式下在线访问 BU64843 内存

5.3　BC 功能配置及应用

回顾 2.1 节中 1553B 总线的拓扑关系，总线节点上的 BC 作为命令的发起者和总线的控制者，在整个 1553B 总线中占据了极其重要的位置。如何配置 BU64843 芯片，使其作为 1553B 总线的 BC；BC 又是如何控制总线中消息传输的，关于这些内容将在本节逐一向大家介绍。

BU64843 芯片可以作为 BC、RT 或 MT，当需要其作为 BC 挂接到总线节点时，需要将 BC64843 芯片配置为 BC，涉及的寄存器有配置寄存器 1(R01H)和配置寄存器 3(R07H)，具体配置情况如表 5.10 所示。

表 5.10　BU64843 模式配置

配置寄存器 1(CFG1_REG)			配置寄存器 3(CFG3_REG)	模式
Bit15	Bit14	Bit12	Bit15	
0	0	X	0	非先进 BC(传统 BC)
0	0	X	1	增强型 BC(传统 BC 增强)
0	1	0	X	WMT(字监听模式)
0	1	1	0	WMT
0	1	1	1	MMT(消息监听模式)

续表

配置寄存器 1(CFG1_REG)			配置寄存器 3(CFG3_REG)	模式
Bit15	Bit14	Bit12	Bit15	
1	0	X	0	非增强型 RT
1	0	0	1	增强型 RT
1	0	1	1	增强型 RT/MWT
1	1	X	X	IDLE(待机)

通常将 BU64843 配置为传统 BC 模式，启用增强功能(CFG3_REG.15=1)，即上述表格中第二项配置。确定了模式配置后要考虑功能项的配置，功能项包括 BC 重试功能、BC 消息错误停止功能、BC 帧错误停止功能、BC 状态置位消息停止功能、BC 状态置位帧停止功能、BC 外部触发功能以及中断方式等。以上这些功能都需要在初始化 BU64843 芯片时配置好，方法为：将配置寄存器 1(附表 1.5，由于篇幅所限，本书附录只列出了部分内容，附表 1.4～附表 1.35 可在网盘资料中查看)和中断屏蔽寄存器 1(附表 1.4)的相关位置 1 即可。

下面通过一个传统 BC 的初始化配置实例来演示如何配置 BU64843，如表 5.11所示。

表 5.11　BU64843 配置 BC 模式实例

寄存器	值(Hex)	含义
START_RESET_REG(R03H)	0001	软复位
CFG3_REG(R07H)	8000	增强模式使能
INT_MASK1_REG(R00H)	0001	使能消息结束中断
CFG1_REG(R01H)	0020	BC 模式，选择 A 区域，使能内部消息间隔定时器
CFG2_REG(R02H)	0400	256 字边界失效
CFG4_REG(R08H)	1060	使能扩展 BC 控制字，BC 判据使能(附表 1.17)
CFG5_REG(R09H)	0A00	使能扩展过零点(附表 1.18)，BC 超时时间 22.5μs

完成上述配置后，BU64843 即被初始化为 BC 模式。此时 BU64843 已经具备执行总线命令的发送和控制 1553B 总线的能力，但若要利用 BC 向总线发送命令以及完成消息，则还需要了解以下几个方面的内容，包括 BC 内存管理、BC 描述符堆栈、BC 消息格式、BC 控制字以及命令字等，下面将逐一介绍这些内容。

5.3.1　BC 内存管理及描述符堆栈

使用 BC 发送消息之前需要提前将消息写入 BU64843 芯片的 4K 共享 RAM 中，并且告知芯片在启动发送之后需要执行消息的数目，以及从 RAM 中哪个地址开始处理消息的具体内容。

5.2.2 节已经介绍了传统 BC 模式下 4K RAM 的内存结构(表 5.6),在 M00H~MFFH 的描述符堆栈中存储了消息的描述符(初始化时选择了 A 区域),每条消息具有 4 个描述符占用 4 个堆栈单元。

消息描述符的第一个描述符单元存储了该消息的 BC 块状态字(BC_BlockStatus_Word,见附表 1.33),BC 在执行完一条消息后,BC 块状态字中更新当前消息的执行状态,这些状态包括消息正在执行(SOM)或者消息已经执行完毕(EOM)、消息传输的通道 A 或 B、是否有错误、是否有状态置位、数据有效或无效等,用户可以通过读取堆栈描述符中各条消息的 BC 块状态字来查看消息的执行情况。

消息描述符的第二个描述符单元为时间标签字,记录 BC 发送消息的时刻,当 BC 开始执行消息时,BC 逻辑会将时间标签寄存器(R05H)的值复制进堆栈描述符中,指示本条消息发送的时刻。

消息描述符的第三个描述符单元为内部消息间隙定时器,在配置寄存器 1 中使能(CFG1_REG.5=1),使能之后它控制一帧消息中当前执行的消息的时间间隙,分辨率为 1μs。消息的时间间隙是指各条消息头到头的时间,如图 5.55 所示,例如,BC 正在执行消息 1,消息 1 的间隙时间定时器中写入了 0x64 的值(100μs),则 BC 从开始执行消息 1 到开始执行消息 2 的时间间隙为 100μs。消息间隙定时器只在帧中起作用,也就是说,若一帧中只含有一条子消息,则该子消息的间隙定时器是不起作用的,用户可以重新启动 BC 执行消息打断前一帧消息的时间间隙。

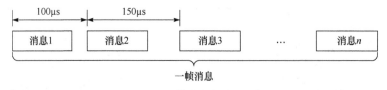

图 5.55　BC 一帧消息中消息时间间隔

消息描述符的第四个描述符单元存储的是消息的数据块指针,指向消息的具体内容。在启动 BC 发送消息之前,消息的数据块中需要用户预先配置好消息的数据内容。

启动 BC 发送消息后,BU64843 将从消息计数器(M101H)获知需要执行消息的个数,从堆栈指针(M100H)指向的堆栈中取出第一条消息的描述符。通过解析堆栈描述符,BC 获知消息具体存储的数据块位置,找到消息的数据块后,根据数据块中的内容执行消息,执行消息后堆栈指针(M100H)自动加 4,消息计数器(M101H)自动加 1。且 BC 在执行消息时,将按照消息的间隙定时器中配置的时间间隔字进行延时,延时到达后再从堆栈指针(M100H)指向的堆栈中取出下一条消息描述符,依次发送,直至消息计数器(M101H)指示的消息个数为 0(消息计数器记满 0xFFFF)。

5.3.2　BC 消息格式

不同种类的 1553B 消息的消息数据块的格式是不一样的,具体来说有 10 种,在 2.2 节中已介绍了三种,在此将所有消息格式汇总,如表 5.12 和表 5.13 所示。

表 5.12　BC 模式消息数据块中消息的格式 1

BC→RT	RT→BC	RT→RT	模式码无数据	Tx 模式码带数据
BC 控制字	BC 控制字	BC 控制字	BC 控制字	BC 控制字
Rx 命令字	Tx 命令字	Rx 命令字	模式码命令字	Tx 模式码命令字
数据 1	Tx 命令字回还	Tx 命令字	模式码命令字回还	模式码命令字回还
数据 2	接收的 RT 状态字	Tx 命令字回还	接收的状态字	接收的状态字
…	数据 1	发送的 RT 状态字	接收的状态字	数据
最后数据字	数据 2	数据 1		
最后数据字回还	…	数据 2		
接收的 RT 状态字	最后数据字	…		
		最后数据字		
		接收的 RT 状态字		

表 5.13　BC 模式消息数据块中消息的格式 2

Rx 模式码带数据	BC→RTs(广播)	RT→RTs(广播)	广播模式码无数据	广播模式码带数据
BC 控制字	BC 控制字	BC 控制字	BC 控制字	BC 控制字
Rx 模式码命令字	广播命令字	Rx 广播命令字	广播模式码命令字	广播模式码命令字
数据	数据 1	Tx 命令字	广播模式码命令字回还	数据字
数据字回还	数据 2	Tx 命令字回还		数据字回还
接收的 RT 状态字	…	发送的 RT 状态字		
	最后数据字	数据 1		
	最后数据字回还	数据 2		
		…		
		最后数据字		

　　常用的消息格式有 BC→RT、RT→BC、BC→RTs(广播)、Tx 模式码带数据四种。以 BC→RT 为例，若 BC 发送此格式的消息，则在完成 5.3.2 节中的相关内容后，需要参照表 5.12 中的 BC→RT 格式，在消息的数据块中依次填写 BC 控制字、Rx 命令字和数据字。当 BC 在执行消息发送时，数据块中紧跟最后一个数据字的两个单元将记录最后一个数据字的回还和 RT 发送的状态字。

5.3.3　BC 控制字

　　BC 控制字存在于 BC 消息数据块中的首个存储单元中，控制 BC 执行消息的方式，包括选择执行消息的通道 A 或 B、选择执行消息的协议 1553B/A、使能消息结束后产生中断(end of message，EOM)、使能重试、选择消息格式(模式码、广播、RT→RT)等，BC 控制字不在总线上传输。

每条消息均需要配置一个 BC 控制字，当 BC 在处理一条消息时，此消息的 BC 控制字将会被加载到 BC 控制字寄存器(R04H)中，具体的含义见附表 1.12。BC 控制字中的屏蔽位(BC_Ctrl_Word.14/13/12/11/10/9)和 BC 接收到的 RT 状态字中相对应的状态位(RT_Status_Word.10/8/3/2//0/7/6/5)，将影响 BC 块状态字中的状态置位位(BC_BlockStatus_Word.11)，具体影响如表 5.14 所示。

表 5.14　BC 控制字屏蔽位的操作

BC_Ctrl_Word (Bit 14/13/12/11/10/9)	RT_Status_Word (Bit 10/8/3/2//0/7/6/5)	是否产生状态置位条件 BC_BlockStatus_Word.11
0	0	No
0	1	Yes
1	X	No

此外，BC 控制字中的屏蔽广播位(BC_Ctrl_Word.5)和 BC 接收到的 RT 状态字中的广播命令接收位(RT_Status_Word.4)，也将影响 BC 控制字中的状态置位位(BC_BlockStatus_Word.11)，具体影响如表 5.15 所示。

表 5.15　BC 控制字屏蔽广播位的操作

CFG3_REG.15	CFG4_REG.11	BC_Ctrl_Word.5	RT_Status_Word.4	是否产生状态置位条件 BC_BlockStatus_Word.11
0 或 X	X 0	0	0	No
		0	1	Yes
		1	0	Yes
		1	1	No
1	1	0	0	No
		0	1	Yes
		1	X	No

BC 重试的条件有以下几种，如表 5.16 所示。

表 5.16　BC 重试的条件(竖看)

CFG3_REG.15	0	X	X	X	X	X	1	1	1
CFG4_REG.12	X	0	X	X	X	X	1	1	1
CFG1_REG.4	X	X	0	X	X	X	1	1	1

续表

BC_Ctrl_Word.8	X	X	X	0	X	X	1	1	1
超时或错误	X	X	X	X	0	0	1	X	X
CFG4_REG.10	X	X	X	X			X	1	X
BC_Ctrl_Word.3	X	X	X	X	有 0	有 0	X	1	X
RT_Status_Word.10	X	X	X	X			X	1	X
CFG4_REG.9	X	X	X	X	0	X	X	X	1
BC_BlockStatus_Word.11	X	X	X	X	X	0	X	X	1
是否重试(结果)	No	No	No	No	No	No	Yes	Yes	Yes

5.3.4 命令字

由表 5.12 和表 5.13 可知，一条消息在确定了 BC 控制字内容后，还需要获取消息的命令字(Cmd_Word，见附表 2.1)。命令字是每条消息的开始字，由 BC 发起，通过总线传输给 RT 节点，指示总线节点完成应答动作。

命令字中的 D[15:11]高 5 位为 RT 地址位，指示期望应答的 RT 终端，全 1 的 RT 地址规定为广播地址，全 0 的 RT 地址一般保留不使用(若使用全 0 的 RT 地址进行总线通信，则 BC 接收的 RT 应答的状态字为全 0，不利于 BC 判断通信状态，所以一般保留不用)。

命令字中的 D10 位为 T/R 位，指示 RT 传输方向：若 T/R=0，则需要 RT 收数据；若 T/R=1，则需要 RT 发数据。T/R=0 的命令字称为"Rx 命令字"，T/R=1 的命令字称为"Tx 命令字"。在解析命令字时，其传输方向应站在 RT 的角度。

命令字中的 D[9:5]位为 RT 子地址位，当 BC 向 RT 发送数据时，必须告知 RT 需要向哪个接收子地址中发送数据；同样，当 BC 向 RT 索要数据时，也必须告知 RT 需要取哪个发送子地址中的数据。RT 的子地址分为三类：接收子地址(Rx_SubAddress)、发送子地址(Tx_SubAddress)和广播子地址(Bcst_SubAddress)。用户可以通过子地址查找表(表 5.7)预先给需要使用的子地址分配相应的数据块，使数据块与子地址号相对应，如图 5.56 所示。另外，RT 子地址全 0 或全 1(即子地址 0 和子地址 31)表示该命令为模式码。模式码是 1553B 协议定义的一些指令性质的操作码，关于模式码的详细内容可查阅附表 3.1。

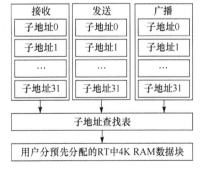

图 5.56 RT 子地址组织图

命令字中的 D[4:0]位为消息数据的长度位或模式码位(当子地址域为全 0 或全 1 时)，由此可见，标准 1553B 协议中，一条消息可携带的有效数据量的最大长度为 32 个字(32 个 16 位数)。

命令字是 1553B 通信协议的核心内容，例如，当 BC 向 1553B 总线上发送了一条消息，总线上各 RT 在接收到该消息的命令字之后，会去解析 RT 地址位，只有 RT 地址号与之相符的终端才会响应 BC 的命令，RT 地址号不相符的终端则对该命令透明处理(广播除外)。另外，RT 可由命令字的 D10 位确定是需要接收数据还是发送数据。进一步，RT 根据命令字的 D[9:5]位确认该消息需要动用的子地址类型和序号，根据用户预先定义好的子地址查找表，找到对应的数据块以存储或发送数据。所处理的数据长度又是由命令字的 D[4:0]位确定的。图 5.57 为 BC 发送 Rx 命令和 Tx 命令的信息数据流程情况。

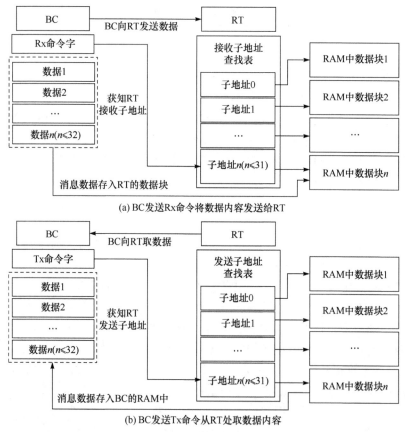

图 5.57　Rx 命令和 Tx 命令中子地址的作用

5.3.5　BC 启动发送

一般完成 BC 模式的初始化和 BC 消息配置(消息个数、消息的堆栈描述符以及消息的内容)后，需要启动 BC 发送功能，将用户已配置的消息发送出去。BC 启动发送在 BU64843 芯片中可由启动/复位寄存器(START_RESET_REG.1=1)软件控制，也可由外部引脚 EXT_TRIG(Pin37)的上升沿硬件控制。BC 启动发送方式由配置寄存器 1 的 6、7 和 8 位控制，配置寄存器 1 的详细含义见附表 1.5，具体控制方式如表 5.17 所示。

表 5.17　BC 启动发送方式选择

帧自动重试 (CFG1_REG.8=1)	外部触发使能 (CFG1_REG.7=1)	内部触发使能 (CFG1_REG.6=1)	BC 启动发送方式(结果)
0	0	X	单帧模式，软件启动发送，发送前写堆栈指针 M100H(M104H)和消息计数器 M101H(M105H)
0	1	X	单帧模式，软件和外部启动发送，发送前写堆栈指针 M100H(M104H)和消息计数器 M101H(M105H)
1	0	0	单帧模式，软件启动发送，发送前写初始化堆栈指针 M102H(M106H)和初始化消息计数器 M103H(M107H)
1	0	1	帧自动重试模式，首帧由软件启动，后续重试帧由内部帧定时器(BC_FTIME_REG)启动，发送前写初始化堆栈指针 M102H(M106H) 和初始化消息计数器 M103H(M107H)
1	1	0	单帧模式，软件和外部启动发送，发送要写初始化堆栈指针 M102H(M106H) 和初始化消息计数器 M103H(M107H)
1	1	1	帧自动重试模式，首帧由软件或硬件启动，后续重试帧由内部帧定时器(BC_FTIME_REG)启动，发送前写堆栈指针 M100H(M104H)和消息计数器 M101H(M105H)并复制至初始化堆栈指针 M102H(M106H)和初始化消息计数器 M103H(M107H)

5.3.6　BC 单帧模式

BC 单帧模式是指：BC 启动发送一次，只发送一帧消息，一帧消息中可以包含多条子消息。下面通过一个开发板实验介绍 BC 单帧模式的具体操作。开发板实验的具体内容如下。

(1) 开发板上电后，处理器完成 BU64843 的初始化配置，将 BU64843 初始化为 BC 模式，BC 功能项配置有：使用软件启动 BC 发送、中断方式为消息结束中断 EOM、消息重试功能关闭、内部消息间隙定时器开启、BC 响应超时时间设置为 22.5μs。各寄存器配置情况见表 5.11。

(2) 主控程序进入主循环后，等待串口指令，当接收到有效的串口指令(若接收字节为 0x01，则认为需要 BC 发送消息)后，CPU 对 BC 进行消息配置，配置的消息内容如下：消息 1 命令字为 RT1_Rx_Sa5_Cn2(含义：RT 地址 1、T/R 位为 0、子地址 5、字长为 2，即向 RT1 的接收子地址 5 发送 2 个 1553B 字)，消息 2 命令字为 RT1_Tx_Sa3_Cn1(含义：RT 地址 1、T/R 位为 1、子地址 3、字长为 1，即向 RT1 的发送子地址 3 取 1 个 1553B 字)。

(3) 完成消息配置后通过软件启动 BC 发送消息，发送完成后，程序在主循环中继续等待下一次串口指令，流程如图 5.58 所示。

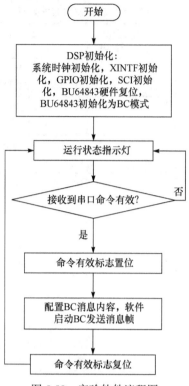

图 5.58　实验软件流程图

在编写代码前，将 CPU 配置 BC 消息内容的编程思路用伪码的形式整理如表 5.18 所示。其步骤为：在 BC 的共享 RAM 中，依次写入消息的堆栈描述符，初始化消息的堆栈指针和消息计数器，再在消息的数据块处依据消息格式填入消息的具体内容，包括 BC 控制字、命令字和数据等。

表 5.18　BC 消息内容配置伪码实例

配置内容	RAM 单元	写入值	含义
消息 1 的堆栈描述符	M0H	0	清零，执行消息后 BC 逻辑写入消息 1 的 BC 块状态字和时间标签字
	M1H	0	
	M2H	0x64	消息 1 时间间隔 100μs，单位 1μs
	M3H	0x0108	消息 1 的数据块指针
消息 2 的堆栈描述符	M4H	0	清零，执行消息后 BC 逻辑写入消息 2 的 BC 块状态字和时间标签字
	M5H	0	
	M6H	0x64	消息 2 时间间隔 100μs，单位 1μs
	M7H	0x010E	消息 2 的数据块指针
堆栈指针 A	M0100H	0	将堆栈指针指向消息 1 的描述符首地址
消息计数器 A	M0101H	0xFFFD	配置 2 条消息，反码形式
消息 1 的数据块	M0108H	0x80	消息 1 的 BC 控制字：A 通道发送

续表

配置内容	RAM 单元	写入值	含义
消息 1 的数据块	M0109H	0x08A2	消息 1 的 Rx 命令字：RT1_Rx_Sa5_Cn2
	M010AH	0x1111	消息 1 的数据字 1：0x1111
	M010BH	0x2222	消息 1 的数据字 2：0x2222
	M010CH	0	清零，执行消息后 BC 逻辑写入消息 1 的最后一个数据字的回还字
	M010DH	0	清零，执行消息后 BC 逻辑写入消息 1 中 RT 返回的状态字
消息 2 的数据块	M010EH	0x80	消息 2 的 BC 控制字：A 通道发送
	M010FH	0x0C61	消息 2 的 Tx 命令字：RT1_Tx_Sa3_Cn1
	M0110H	0	清零，执行消息后 BC 逻辑写入消息 2 的 Tx 命令字回还字
	M0111H	0	清零，执行消息后 BC 逻辑写入接收的 RT 状态字
	M0112H	0	清零，执行消息后 BC 逻辑写入接收的 RT 数据字
启动发送	R03H	0x0020	软件启动 BC 执行一次发送，单帧中包含消息 1 和消息 2

在 5.2.3 节 Kit_NewProj_03_20200722 工程的基础上建立新工程 Kit_NewProj_04_20200724，并编写软件代码。

首先，打开 CCS6.2WorkSpace 空间，复制 Kit_NewProj_03_20200722 工程并将其重命名为 Kit_NewProj_04_20200724。

然后，使用写字板打开工程 Kit_NewProj_04_20200724 后找到".project"文件将其中<name>段工程名修改为 Kit_NewProj_04_20200724，操作如图 5.59 所示。

图 5.59　从模板复制建立新工程

　　将新建好的工程 Kit_NewProj_04_20200724 导入 CCS6.2 中，导入工程后，修改主程序文件名为 main_v1.04.c，步骤参考图 5.47，这里不再赘述。

　　新工程中需要编写的软件分成两个模块：一块为 BC 段程序，另一块为 SCI 串口段程序。BC 段程序主要实现 BC 的初始化、BC 消息配置和发送功能；SCI 串口段程序主要实现 SCI 串口初始化、串口接收以及发送功能。

　　首先编写 BC 段程序，在 BU64843.c 文件中编写 BU64843 的初始化函数 Init64843AsBC()，并在 BU64843.h 中声明函数。初始化配置过程和表 5.11 相同，BC_Send1Fram() 为 BC 消息配置函数，配置形式和表 5.18 相同。

```
/*******************************************************
*        文件名：BU64843.c
*   Created on: 2020 年 7 月 22 日
*      Author: Administrator
*******************************************************/
#include "system.h" //包含系统头文件及内部驱动文件
/*****************************************
* 函数功能：BU64843 的 BC 初始化程序：将 BU64843 初始化为传统 BC 增强模式
* 输  入：无
* 输  出：无
*****************************************/
void Init64843AsBC(void)
{
    Uint16 i=0;
    *START_RESET_REG = 0x0001;  //BU64843 软复位
    *CFG3_REG = 0x8000;          //增强模式
    *INT_MASK1_REG = 0x0001;    //消息结束中断
    *CFG1_REG = 0x0020;          //使能消息间隙定时器
    *CFG2_REG = 0x0400;          //中断请求电平，禁止 256 字边界
    *CFG4_REG = 0x1060;          //使能扩展的 BC 控制字
    *CFG5_REG = 0x0A00;          //使能扩展的过零点，响应超时 22.5μs
    *CFG6_REG = 0x4000;          //增强 CPU 处理
    *TIME_TAG_REG = 0;           //时间标签清零
    for(i=0;i<0x1000;i++)        //4K RAM 清零
    {
        *BUMEM_ADDR(i)= 0;
    }
    DELAY_US(10);
}
/*******************************************************
```

```
 *  函数功能：BU64843 的 BC 发送特定消息函数
 *  输    入：无
 *  输    出：无
 ***********************************************/
void BC_Send1Fram(void)
{
        *BUMEM_ADDR(0x100)= 0;              //堆栈指针 A 指向 0000H
        *BUMEM_ADDR(0x101)= 0xFFFD;         //消息计数器 A，指示 2 条消息
        //描述符堆栈
        *BUMEM_ADDR(0)  = 0;                //消息 1 BC 块状态字清零
        *BUMEM_ADDR(1)  = 0;                //消息 1 时间标签字清零
        *BUMEM_ADDR(2)  = 0x64;             //消息 1 消息间隙定时器为 100μs
        *BUMEM_ADDR(3)  = 0x108;            //消息 1 数据块指针指向 108H 地址
        *BUMEM_ADDR(4)  = 0;                //消息 2 BC 块状态字清零
        *BUMEM_ADDR(5)  = 0;                //消息 2 时间标签字清零
        *BUMEM_ADDR(6)  = 0x64;             //消息 2 消息间隙定时器为 100μs
        *BUMEM_ADDR(7)  = 0x10E;            //消息 2 数据块指针指向 10EH 地址
        //数据块
        *BUMEM_ADDR(0x108)= 0x80;           //消息 1 BC 控制字
        *BUMEM_ADDR(0x109)= 0x08A2;         //消息 1 Rx 命令字：RT1_Rx_Sa5_Cn2
        *BUMEM_ADDR(0x10A)= 0x1111;         //消息 1 数据字 1
        *BUMEM_ADDR(0x10B)= 0x2222;         //消息 1 数据字 2
        *BUMEM_ADDR(0x10C)= 0;              //消息 1 数据字 2 的回还位置清零
        *BUMEM_ADDR(0x10D)= 0;              //消息 1 接收的 RT 状态字清零
        *BUMEM_ADDR(0x10E)= 0x80;           //消息 2 BC 控制字
        *BUMEM_ADDR(0x10F)= 0x0C61;         //消息 2 Tx 命令字：RT1_Tx_Sa3_Cn1
        *BUMEM_ADDR(0x110)= 0;              //消息 2 Tx 命令字回还位置清零
        *BUMEM_ADDR(0x111)= 0;              //消息 2 接收的 RT 状态字清零
        *BUMEM_ADDR(0x112)= 0;              //消息 2 数据字清零
        *START_RESET_REG  = 0x0002;         //启动 BC 发送消息
        DELAY_US(10);
}
/****************** BU64843.c  File End*******************/
```

在 BU64843.h 头文件中，对 BU64843.c 中编写的函数进行声明，内容如下：

```
/***********************************************************
 *      文件名：BU64843.h
```

```
 *   Created on: 2020 年 7 月 22 日
 *       Author: Administrator
 *************************************************************/
#ifndef _BU64843_H_
#define _BU64843_H_
```

/****************** 常量定义　**********************/

```
#define BUREG        (volatile unsigned int *)0x100000 //BU64843 寄存器基地址
#define BUMEM        (volatile unsigned int *)0x110000 //BU64843 存储器基地址
```

//寄存器映射　基址+偏移地址

```
#define INT_MASK1_REG(volatile unsigned int *)(BUREG+0x00)//中断屏蔽寄存器 1
#define CFG1_REG     (volatile unsigned int *)(BUREG+0x01)    //配置寄存器 1
#define CFG2_REG     (volatile unsigned int *)(BUREG+0x02)    //配置寄存器 2
```

//启动/复位寄存器

```
#define START_RESET_REG    (volatile unsigned int *)(BUREG+ 0x03)
```

//非先进 BC 或 RT 堆栈指针 //先进 BC 指令列表指针寄存器

```
#define CMD_POINTER_REG    (volatile unsigned int *)(BUREG+ 0x03)
```

//BC 控制字寄存器

```
#define BC_CTLWORD_REG        (volatile unsigned int *)(BUREG+0x04)
```

//控制字寄存器

```
#define RT_SA_CTLWORD_REG (volatile unsigned int *)(BUREG+ 0x04)//RT 子地址
```

//时间标签寄存器

```
#define TIME_TAG_REG (volatile unsigned int *)(BUREG+0x05)
```

//中断状态寄存器 1

```
#define INT_STATUS1_REG (volatile unsigned int *)(BUREG+ 0x06)
#define CFG3_REG     (volatile unsigned int *)(BUREG+0x07)    //配置寄存器 3
#define CFG4_REG     (volatile unsigned int *)(BUREG+0x08)    //配置寄存器 4
#define CFG5_REG     (volatile unsigned int *)(BUREG+0x09)    //配置寄存器 5
```

//RT 或 MT 数据栈地址寄存器

```
#define RT_MT_DATA_POINTER_REG    (volatile unsigned int *)(BUREG+0x0A)
```

//BC 帧剩余时间寄存器

```
#define BC_FTR_REG   (volatile unsigned int *)(BUREG+0x0B)
```

//BC 消息剩余时间寄存器

```
#define BC_MTR_REG   (volatile unsigned int *)(BUREG+0x0C)
```

//非先进 BC 帧时间/先进 BC 初始化指令指针

```
#define BC_FTIME_REG      (volatile unsigned int *)(BUREG+0x0D)
```

//RT 最后命令

```
#define RT_LASTCMD_REG      (volatile unsigned int *)(BUREG+0x0D)
```

//MT 触发字寄存器

```
#define MT_TIGGER_REG        (volatile unsigned int *)(BUREG+0x0D)
//RT 状态字寄存器
#define RT_STATWORD_REG     (volatile unsigned int *)(BUREG+ 0x0E)
//RT BIT 字寄存器
#define RT_BITWODR_REG      (volatile unsigned int *)(BUREG+0x0F)
#define CFG6_REG    (volatile unsigned int *)(BUREG+0x18)    //配置寄存器 6
#define CFG7_REG    (volatile unsigned int *)(BUREG+0x19)     //配置寄存器 7
//BC 条件码寄存器
#define BC_CCODE_REG        (volatile unsigned int *)(BUREG+0x1B)
//BC 通用队列标志寄存器
#define BC_GPF_REG  (volatile unsigned int *)(BUREG+0x1B)
//BIT 状态寄存器
#define BIT_STATUS_REG      (volatile unsigned int *)(BUREG+0x1C)
//中断屏蔽寄存器 2
#define INT_MASK2_REG       (volatile unsigned int *)(BUREG+0x1D)
//中断状态寄存器 2
#define INT_STATUS2_REG     (volatile unsigned int *)(BUREG+ 0x1E)
//BC 通用队列指针寄存器
#define BC_GPQP_REG  (volatile unsigned int *)(BUREG+0x1F)
//RT/MT 中断状态队指针寄存器
#define RT_MT_INTSTAPOT_REG       (volatile unsigned int *)(BUREG+ 0x1F)
//存储器/寄存器映射 基址+偏移地址
#define BUMEM_ADDR(offset_Addr) (volatile unsigned int *) (BUMEM+offset_
Addr)
#define REG_ADDR(offset_Addr) (volatile unsigned int *) (BUREG+offset_
Addr)


/*******************函数声明*********************/
void Init64843AsBC(void);
void BC_Send1Fram(void);


#endif /* _BU64843_H_ */
/****************** BU64843.h  File End*****************/
```

其次编写 SCI 段程序，SCI 段函数在 SCI.c 文件中编写并在 SCI.h 中声明，在工程中新建 SCI.c 源文件和 SCI.h 头文件，如图 5.60 所示。

图 5.60　在工程中新建 SCI.c 和 SCI.h 文件

SCI.c 中 InitSCIa()为 SCIA 外设的初始化函数，配置 SCIA 的波特率为 115200、8 个数据位、1 个奇校验位和 1 个停止位，使能和开启串口接收中断，并绑定中断服务子程序入口 SCIAReceive_ISR()，在中断服务子程序 SCIAReceive_ISR()中接收串口的命令字节，另外 SCIASendWord(unsigned char_word)为串口单字节发送函数，CheckandResetSCIA()为 SCIA 状态复位函数，以上各函数均在 SCI.h 中声明。

```
/*********************************************************
*       文件名：SCI.c
*   Created on: 2020 年 7 月 24 日
*       Author: Administrator
**********************************************************/
#include "system.h"        //包含系统头文件及内部驱动文件
unsigned char SciData =0;  //串口接收指令字节
/*********************************************
* 函数功能：初始化 SCIa 函数   8Bit 1Odd 1Stop
* 输    入：无
* 输    出：无
*********************************************/
void InitSCIa(void)
```

```
{
    EALLOW;
    SciaRegs.SCICTL1.bit.SWRESET =0;
    SciaRegs.SCICCR.all =0x27;              //8O1/使能奇校验/空闲线协议
    SciaRegs.SCICTL1.all =0x03;             //禁错误中断/使能休眠/使能发送与接收
    SciaRegs.SCICTL2.bit.TXINTENA =1;  //关闭 TXRDY 中断
    SciaRegs.SCICTL2.bit.RXBKINTENA =1;//使能 RXRDY 中断
    SciaRegs.SCIHBAUD = 0x00;               //波特率 115200
    SciaRegs.SCILBAUD = 0x29;
    SciaRegs.SCICTL1.bit.SWRESET=1;    // 重启 SCI
    PieVectTable.RXAINT = &SCIAReceive_ISR;//配置 SCI 收中断子程序入口
    EDIS;
    PieCtrlRegs.PIEIER9.bit.INTx1 = 1; //使能 PIE 中断向量——SCIRXINTA
    PieCtrlRegs.PIEIER9.bit.INTx2 = 0; //使能 PIE 中断向量——SCITXINTA
    IER |= M_INT9;                          //使能 CPU 中断——第 9 组 Group9
    EINT;
    ERTM;
}
/*********************************************
 * 函数功能：SCIA 接收中断程序
 * 输    入：无
 * 输    出：无
 *********************************************/
interrupt void SCIAReceive_ISR(void)
{
    DINT;                               //禁止中断
    if(SciaRegs.SCIRXST.bit.RXRDY==1)
    {
        SciData =SciaRegs.SCIRXBUF.all;   //接收串口字节
    }
    PieCtrlRegs.PIEACK.bit.ACK9=1;        //清除 PIE 中第 9 组的应答位
    EINT;
}
/*********************************************
 * 函数功能：SCIA 发送单字节 word
 * 输    入：char 型 _word
 * 输    出：无
 *********************************************/
```

```c
void SCIASendWord(unsigned char _word)
{
        if(SciaRegs.SCICTL2.bit.TXRDY == 1)
        {
                while(SciaRegs.SCICTL2.bit.TXEMPTY==0);
                SciaRegs.SCITXBUF= _word;
        }
}
/********************************************
 * 函数功能：SCIA 模块错误复位函数检查 SCIA 状态若出现错误则复位 SCI
 * 输    入：无
 * 输    出：无
 ********************************************/
void CheckandResetSCIA(void)
{
        if(SciaRegs.SCIRXST.bit.RXERROR==1)  //检测到 SCIA 状态出错，复位 SCIA
        {
                SciaRegs.SCICTL1.bit.SWRESET =0;  //写 0 所有操作标志位置复位状态
                SciaRegs.SCICTL1.bit.SWRESET =1;  //写 1 重启 SCIA
        }
}
/**********************SCI.c  File End********************/
```

SCI.h 的具体内容如下：

```c
/****************************************************************
 *       文件名：SCI.h
 *  Created on: 2020 年 7 月 24 日
 *      Author: Administrator
 ****************************************************************/
#ifndef _SCI_H_
#define _SCI_H_
/******************变量声明********************/
extern unsigned char SciData;        //串口接收指令字节

/******************函数声明********************/
void InitSCIa(void);
interrupt void SCIAReceive_ISR(void);
void SCIASendWord(unsigned char _word);
```

```
void CheckandResetSCIA(void);
#endif /* _SCI_H_ */
/*********************SCI.h  File End*********************/
```

　　由于使用了 F2812 的 SCIA 外设，因此要对 SCIA 的引脚进行配置，配置为串口的收发引脚。具体配置操作在 GPIO.c 文件中 InitGPIO()函数中进行，具体代码如下：

```
/*************************************************************
 *       文件名: GPIO.c
 *  Created on: 2020 年 7 月 24 日
 *      Author: Administrator
 *************************************************************/
#include "system.h"          //包含系统头文件及内部驱动文件
Uint32 RunNum=0;             //定义 32 位计数器


/***********************************************
 * 函数功能: 配置工程中使用的 GPIO 和复用引脚
 * 输    入: 无
 * 输    出: 无
 ***********************************************/
void InitGPIO(void)
{
    EALLOW;
    //BU64843 的硬件复位引脚 MSTCLR --  GPIOB9
    GpioMuxRegs.GPBMUX.bit.CAP5Q2_GPIOB9=GPIO_MODE; //GPIO 做通用 I/O
    GpioMuxRegs.GPBDIR.bit.GPIOB9=GPIO_OUT;              //输出
    //LED
    GpioMuxRegs.GPBMUX.bit.PWM10_GPIOB3=GPIO_MODE; //GPIO 做通用 I/O
    GpioMuxRegs.GPBDIR.bit.GPIOB3=GPIO_OUT;             //输出
    GpioMuxRegs.GPBMUX.bit.PWM11_GPIOB4=GPIO_MODE; //GPIO 做通用 I/O
    GpioMuxRegs.GPBDIR.bit.GPIOB4=GPIO_OUT;             //输出
    GpioMuxRegs.GPBMUX.bit.PWM12_GPIOB5=GPIO_MODE; //GPIO 做通用 I/O
    GpioMuxRegs.GPBDIR.bit.GPIOB5=GPIO_OUT;             //输出
    GpioMuxRegs.GPBMUX.bit.T3PWM_GPIOB6=GPIO_MODE; //GPIO 做通用 I/O
    GpioMuxRegs.GPBDIR.bit.GPIOB6=GPIO_OUT;             //输出
    GpioMuxRegs.GPBMUX.bit.T4PWM_GPIOB7=GPIO_MODE; //GPIO 做通用 I/O
    GpioMuxRegs.GPBDIR.bit.GPIOB7=GPIO_OUT;             //输出
    //SCIA 的引脚配置--F4 F5
```

```
    GpioMuxRegs.GPFMUX.bit.SCITXDA_GPIOF4=AF_MODE;        //串口 GPIO 复选
    GpioMuxRegs.GPFMUX.bit.SCIRXDA_GPIOF5=AF_MODE;        //串口 GPIO 复选
    EDIS;
}
/*********************************************
 * 函数功能：对 BU64843 进行硬件复位
 * 输    入：无
 * 输    出：无
 *********************************************/
void HardwareReset_BU64843(void)
{
    MSTCLR = 0 ;            //低电平复位
    DELAY_US(10);          //复位时间大于 100ns，此处 10μs
    MSTCLR = 1;            //结束复位
    DELAY_US(2000);        //2ms 时间延时使 BU64843 进行协议自测试
}
/*********************************************
 * 函数功能：板卡运行状态指示
 * 输    入：无
 * 输    出：无
 *********************************************/
void BoardRun(void)
{
    RunNum++;              //计数
    if(RunNum % 80000 == 0)//一定次数 LED 闪烁
    {
        LED4 = !LED4;
    }
}
/********************GPIO.c  File End********************/
```

代码中 GPIO_OUT、GPIO_MODE 和 AF_MODE 为枚举类型，在 GPIO.h 文件中定义，代码如下：

```
/*************************************************************
 *      文件名：GPIO.h
 * Created on: 2020 年 7 月 24 日
 *      Author: Administrator
 *************************************************************/
```

```
#ifndef _GPIO_H_
#define _GPIO_H_
/****************** 宏定义 *********************/
#define  MSTCLR GpioDataRegs.GPBDAT.bit.GPIOB9  //封装 GPIOB9 为 MSTCLR 引脚
#define  LED GpioDataRegs.GPBDAT.bit.GPIOB3   //封装 GPIOB3 为 LED 引脚
#define  LED1 GpioDataRegs.GPBDAT.bit.GPIOB4  //封装 GPIOB4 为 LED1 引脚
#define  LED2 GpioDataRegs.GPBDAT.bit.GPIOB5  //封装 GPIOB5 为 LED2 引脚
#define  LED3 GpioDataRegs.GPBDAT.bit.GPIOB6  //封装 GPIOB6 为 LED3 引脚
#define  LED4 GpioDataRegs.GPBDAT.bit.GPIOB7  //封装 GPIOB7 为 LED4 引脚


/*************** 类型枚举 ******************/
typedef enum{ GPIO_IN = 0, GPIO_OUT = 1}GPIOMode_TypeDef;//I/O 输入输出 枚举
typedef enum{ GPIO_MODE = 0, AF_MODE = 1}GPIOMux_TypeDef;//端口功能 枚举


/*****************变量声明*****************/
extern Uint32 RunNum;


/*****************函数声明*******************/
void InitGPIO(void);              //对项目中所使用的 GPIO 进行初始化
void HardwareReset_BU64843(void); //对 BU64843 进行硬件复位
void BoardRun(void);              //板卡运行状态指示 Run
#endif /* _GPIO_H_ */
/******************GPIO.h  File End*****************/
```

对增加的 SCI.c 和 SCI.h 文件进行链接，在 system.h 文件中添加 SCI.h 的引用语句：#include "SCI.h"。

```
/***********************************************
 *     文件名: system.h
 *  Created on: 2020 年 7 月 24 日
 *     Author: Administrator
 ***********************************************/
#ifndef _SYSTEM_H_
#define _SYSTEM_H_
/*************** 库头文件 ******************/
#include "DSP281x_Device.h"
#include "DSP281x_Examples.h"
/*************** 用户头文件 ******************/
#include "GPIO.h"
```

```
#include "BU64843.h"
#include "SCI.h"
/****************** 常量定义 ***********************/
#define  LOAD_FLASH //flash 烧写时加上这行, 并将 RAM_lnk.cmd 换成 F2812.cmd 文件

#endif /* _SYSTEM_H_ */
/*******************system.h  File End********************/
```

编写 main_v1.04.c 主程序, 主程序流程参考图 5.58, 主程序代码如下:

```
/*********************************************************
/*      版  本: V1.04
 *      作  者: HDF
 *      编译器:CCS6.2.0.00050
 *      MCU: TMS320F2812
 *      时  间: 20200724
 *      内  容: F2812 控制 BU64843 做 BC 发送单帧消息
 *********************************************************/
/*************** 头文件 ******************/
#include "system.h"                        //系统头文件, 作为 C 代码的链接文件使用
#pragma CODE_SECTION(InitFlash,"ramfuncs")        //复制代码进 RAM 运行
/***************** 变量定义 *******************/
Uint16 Value_MEMBuf[300] = {0};                //存放 BU64843 内存单元值


/***************** 主程序 *******************/
void main(void)
{
     Uint16 i=0;
     InitSysCtrl();                //150MHz-Disable Dog
     #ifdef  LOAD_FLASH
          memcpy(&RamfuncsRunStart,&RamfuncsLoadStart,\
             &RamfuncsLoadEnd -&RamfuncsLoadStart);
          InitFlash(); //初始化 Flash
     #endif
     DINT;                        //禁止中断
     InitPieCtrl();                //初始化 PIE 控制寄存器
     IER = 0x0000;                //禁止中断使能
     IFR= 0x0000;                //清中断标志
     InitPieVectTable();          //初始化 PIE 中断向量表
```

```
    InitXintf();                //添加 XINTF 总线时序配置
    InitGPIO();                 //配置项目中使用的 GPIO
    HardwareReset_BU64843();    //对 BU64843 进行硬件复位
    DELAY_US(10000);            //等待 10ms
    Init64843AsBC();            //将 BU64843 配置为 BC 模式
    InitSCIa();                 //初始化 SCIa 串口
    for(;;)                     //主循环
    {
        BoardRun();             //运行灯，闪烁
        CheckandResetSCIA();    //一旦检测到 SCIA 状态出错，复位 SCIA
        if(SciData == 0x01) //串口指令 01 发送 BC 帧
        {
            BC_Send1Fram();         //执行 BC 发送 1 帧消息
            SCIASendWord(SciData);  //执行的指令返回串口
            SciData = 0;            //指令清零
        }
        if(SciData == 0x02)         //串口指令 02 读取 BC 内存状态
        {
            for(i=0;i<300;i++)
            {
                Value_MEMBuf[i] = *BUMEM_ADDR(i);
            }
            SCIASendWord(SciData);  //执行命令返回串口
            SciData = 0;            //指令清零
        }
    }
}
/********************main_v1.04.c  File End********************/
```

编写完上述代码后，对代码进行编译，确认无错误后连接开发板和仿真器，将代码下载进开发板，进入 Debug 模式。连接开发板上的串口至计算机，使用串口调试助手发送串口指令，如图 5.61 所示。

利用示波器测量 1553B 总线波形以及 BU64843 芯片产生的中断信号。通过串口调试助手向开发板下发指令 "0x01"，下发指令后采集 1553B 总线波形，如图 5.62 所示。从波形上可以看到，BC 发送了两条消息，在消息结束时产生了两次中断(CH1 通道为总线波形，CH2 通道为 BU64843 芯片的中断信号波形)。消息 1 起始位置到消息 2 的起始位置时间为 100μs，为堆栈描述符中消息间隙定时器的配置值。两次消息结束后，大约 28μs 产生了中断信号(由于配置的 BC 判断响应超时时间为 22.5μs，因此中断在超时时

间之后产生)。因为总线上不存在 RT1 的终端，所以 BC 发送的两条消息均未接收到 RT
的回复波形。

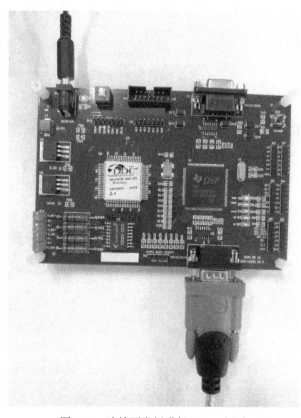

图 5.61　连接开发板进行 Debug 调试

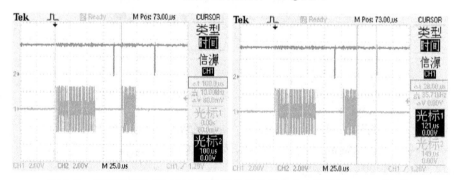

图 5.62　开发板接收串口指令后发送的单帧消息和中断信号(RT1 不在线)

在主循环中 "0x02" 指令的代码下打上断点，通过串口调试助手向开发板下发指令
"0x02"，查看 BU64843 中 4K RAM 中前 300 个内存单元的值，如图 5.63 所示。

将程序中读到的前 300 个 BC 内存单元的值汇总到表 5.19 中。消息 1 的 BC 块状态
字为 0x9200，查阅附表 1.33 可知，消息结束位置 1，并且由于 RT1 未响应该命令错误
位置 1。消息 2 也是同样的情况，另外消息 2 也没有取回 RT 的数据。

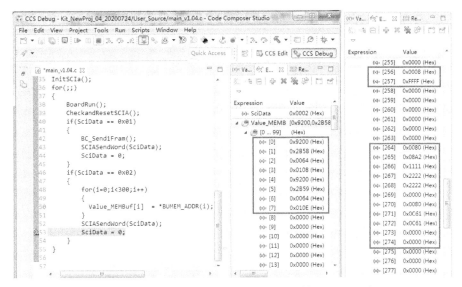

图 5.63　BC RAM 中前 300 个内存单元的值(RT1 不在线)

表 5.19　BC 执行单帧消息后内存单元的值(RT1 不在线)

配置内容	RAM(Hex)	读出值(Hex)	含义
消息 1 的堆栈描述符	0	9200	读出的消息 1 的 BC 块状态字(见附表 1.33)和时间标签字
	1	2B58	
	2	64	消息 1 时间间隙 100μs,单位 1μs
	3	0108	消息 1 的数据块指针
消息 2 的堆栈描述符	4	9200	读出的消息 2 的 BC 块状态字(见附表 1.33)和时间标签字
	5	2B59	
消息 1 的堆栈描述符	6	64	消息 2 时间间隙 100μs,单位 1μs
	7	010E	消息 2 的数据块指针
堆栈指针 A	0100	0008	指针指向了下一条消息的描述符首地址
消息计数器 A	0101	FFFF	消息计数器增加到了 FFFF
消息 1 的数据块	0108	0080	消息 1 的 BC 控制字:A 通道发送
	0109	08A2	消息 1 的 Rx 命令字:RT1_Rx_Sa5_Cn2
	010A	1111	消息 1 的数据字 1:0x1111
	010B	2222	消息 1 的数据字 2:0x2222
	010C	2222	BC 逻辑写入消息 1 的最后一个数据字的回还字
	010D	0	BC 逻辑写入的消息 1 中 RT 返回的状态字,由于没有 RT1 终端,因此未收到
消息 2 的数据块	010E	0080	消息 2 的 BC 控制字:A 通道发送
	010F	0C61	消息 2 的 Tx 命令字:RT1_Tx_Sa3_Cn1
	0110	0C61	BC 逻辑写入消息 2 的 Tx 命令字回还字
	0111	0	BC 逻辑写入的消息 2 中 RT 返回的状态字,由于没有 RT1 终端,因此未收到
	0112	0	BC 逻辑写入接收的 RT 数据字,由于没有 RT1 终端,因此未收到

在 1553B 总线上挂接终端节点 RT1(此部分只是向读者展示，有对应 RT 终端时 BC 端执行消息后的状态，具体操作将在后续章节中讲解)，再次执行串口命令"0x01"，利用示波器采集 1553B 总线上的消息波形，如图 5.64 所示(CH1 通道为总线波形，CH2 通道为 BU64843 芯片的中断信号波形)。当 RT1 在线且接收到合法的 BC 命令时，将会在合适的时候回复总线命令，如图 5.64 中的 CH1 通道上 RT 回复的状态字和数据内容。

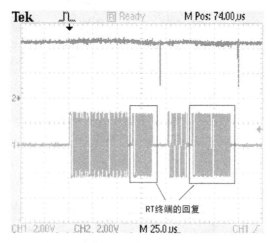

图 5.64　开发板接收串口指令后发送的单帧消息和中断信号(RT1 在线)

在主循环中"if(SciData==0x02)"语句下打上断点，通过串口调试助手向开发板下发指令"0x02"指令，待程序运行至断点处停止时，再次查看 BU64843 中 4K RAM 中前 300 个内存单元的值，如图 5.65 所示。读取的值汇总进表 5.20 中。

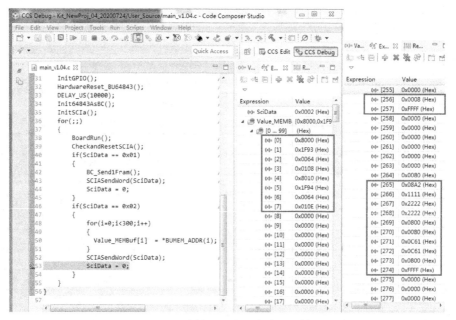

图 5.65　BC RAM 中前 300 个内存单元的值(RT1 在线)

表 5.20　BC 执行单帧消息后内存单元的值(RT1 在线)

配置内容	RAM(Hex)	读出值(Hex)	含义
消息 1 的堆栈描述符	0	8000	读出的消息 1 的 BC 块状态字(见附表 1.33)和时间标签字
	1	1F93	
	2	64	消息 1 时间间隔 100μs，单位 1μs
	3	0108	消息 1 的数据块指针
消息 2 的堆栈描述符	4	8010	读出的消息 2 的 BC 块状态字(见附表 1.33)和时间标签字
	5	1F94	
	6	64	消息 2 时间间隔 100μs，单位 1μs
	7	010E	消息 2 的数据块指针
堆栈指针 A	0100	0008	指针指向了下一条消息的描述符首地址
消息计数器 A	0101	FFFF	消息计数器增加到了 FFFF
消息 1 的数据块	0108	0080	消息 1 的 BC 控制字：A 通道发送
	0109	08A2	消息 1 的 Rx 命令字：RT1_Rx_Sa5_Cn2
	010A	1111	消息 1 的数据字 1：0x1111
	010B	2222	消息 1 的数据字 2：0x2222
	010C	2222	BC 逻辑写入消息 1 的最后一个数据字的返回字
	010D	0800	BC 逻辑写入的消息 1 中 RT 返回的状态字，见附表 1.37
消息 2 的数据块	010E	0080	消息 2 的 BC 控制字：A 通道发送
	010F	0C61	消息 2 的 Tx 命令字：RT1_Tx_Sa3_Cn1
	0110	0C61	BC 逻辑写入消息 2 的 Tx 命令字返回字
	0111	0800	BC 逻辑写入的消息 2 中 RT 返回的状态字，见附表 1.37
	0112	FFFF	BC 逻辑写入接收的 RT 数据字

5.3.7　BC 常见中断方式

在 Kit_NewProj_04_20200724 工程中，修改 BC 中断方式的配置，下载到开发板中，学习 BU64843 芯片中 BC 模式下一些中断的含义。具体操作如下：将表 5.11 中中断屏蔽寄存器 1 依表 5.21 做相应修改，其他配置方式不变。修改后将代码更新进 Kit_NewProj_04_20200724 工程中(网盘中 Kit_NewProj_04_20200724_1_FrmeInterrupt 为 BC 帧结束中断软件代码、Kit_NewProj_04_20200724_2_CtlWordInterrupt 为 BC 控制字中断软件代码)，并下载到开发板测试。

表 5.21　BC 中断方式

更改项	消息结束 EOM	BC 帧结束中断	BC 控制字中断
INT_MASK1_REG (R00H)	0x0001	0x0008	0x0010
消息 1 BC 控制字(M108H)	0x0080	0x0080	0x0090(中断)
消息 2 BC 控制字(M10EH)	0x0080	0x0080	0x0080

经过测试，BC 的三种中断情况如图 5.66 所示(CH1 通道为总线波形，CH2 通道为 BU64843 芯片的中断信号波形)，BC 消息结束中断(EOM)将会在每条消息结束后产生一个中断信号，无论消息传输是否成功；BC 帧结束中断将在 BC 帧结束时产生，也无论帧中消息传输是否成功，但帧中间的子消息无中断；BC 控制字中断是指 BC 的中断方式由 BC 控制字中的消息结束中断位(EOM)(BC_Ctrl_Word.4)确定，由于每条消息都具有一个 BC 控制字，因此每条消息都将有自己的中断开启方式。

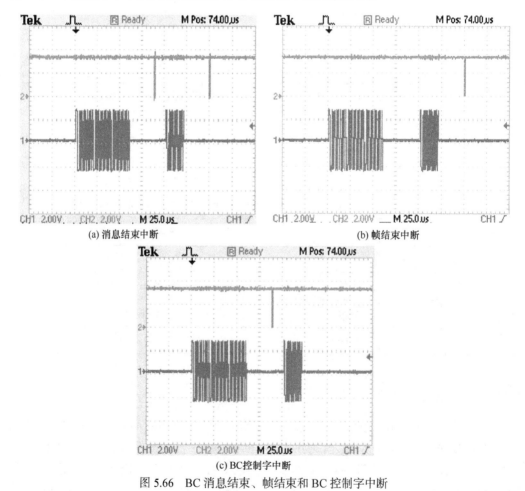

(a) 消息结束中断　　　(b) 帧结束中断

(c) BC控制字中断

图 5.66　BC 消息结束、帧结束和 BC 控制字中断

5.3.8　BC 消息重试

BC 消息重试功能是指当 BC 发送的消息传输失败(RT 响应超时或消息产生错误)时将重

试此消息。重试产生的条件见表 5.16。在 Kit_NewProj_04_20200724 工程的基础上，参照表 5.22 修改消息重试项的配置情况(网盘中 Kit_NewProj_04_20200724_3_Msg1Retry1 为消息 1 相同通道重试 1 次软件代码、Kit_NewProj_04_20200724_4_Msg2Retry2 为消息 2 相同通道重试 2 次软件代码、Kit_NewProj_04_20200724_5_Msg1Retry1OnOtherChannel 为消息 1 另外通道重试 1 次软件代码)，并下载到开发板进行测试。

表 5.22　BC 消息重试方式

更改项	消息 1 相同通道重试 1 次	消息 2 相同通道重试 2 次	消息 1 另外通道重试 1 次
CFG1_REG(R01H)	0x0030	0x0038	0x0030
消息 1 BC 控制字(M108H)	0x0180	0x00080	0x0180
消息 2 BC 控制字(M10EH)	0x0080	0x0180	0x0080
CFG4_REG(R08H)	0x1060	0x1060	0x1160

经过测试，BC 的三种重试情况如图 5.67 所示(CH1 通道为总线 A 波形，CH2 通道为 BU64843 芯片的中断信号波形，CH3 通道为总线 B 波形)。

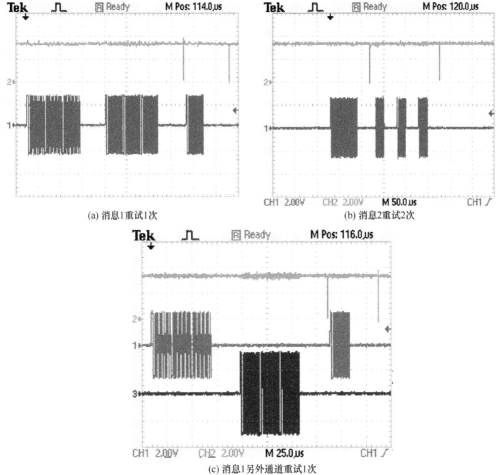

(a) 消息1重试1次　　　　　　　　　　(b) 消息2重试2次

(c) 消息1另外通道重试1次

图 5.67　BC 消息重试波形

5.3.9　BC 帧自动重复模式

BC 帧自动重复模式是指 BC 在执行消息时，将 RAM 中已配置好的单帧消息按照一定的时间间隔，重复执行下去。表 5.17 中列举了进入 BC 帧自动重复模式的配置，在 BC 帧自动重复模式下，首帧消息的发送需要用户通过软件或硬件启动，一旦启动了BC 首帧发送功能，则 BC 将无限制地重复内存中配置的帧，各帧之间的间隔由非先进BC 帧时间(R0DH)控制，该寄存器分辨率为 100μs。

在 Kit_NewProj_04_20200724 工程的基础上，参照表 5.23 修改帧自动重复模式的配置情况(网盘中 Kit_NewProj_04_20200724_6_FramRetry 为 BC 帧自动重复模式软件代码)，将该代码下载到开发板进行测试。

表 5.23　BC 帧自动重复模式配置方式

更改项	涉及函数	BC 帧重试模式
CFG1_REG(R01H)	Init64843AsBC( )	0x0150
BC_FTIME_REG(R0DH)		0x000A
消息 1 BC 控制字(M108H)	BC_Send1Fram()	0x0080
消息 2 BC 控制字(M10EH)		0x0080
消息堆栈指针 A(M100H)		0
消息计数器 A(M101H)		0
初始化消息堆栈指针 A(M102H)		0
初始化消息计数器 A(M103H)		0xFFFD

经过测试，BC 的帧自动重复情况如图 5.68 所示，开发板运行后，串口发送"0x01"启动帧自动重复，每帧消息以 1ms 的间隔自动重发(CH1 通道为总线波形，CH2通道为 BU64843 消息结束的中断信号)。

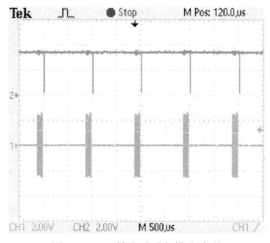

图 5.68　BC 帧自动重复模式波形

5.4 RT 功能配置及应用

1553B 总线节点上的 RT 是总线中各终端子系统的入口：一方面 RT 是 1553B 总线的受控者和响应者；另一方面 RT 也是用户 CPU 的受控者，负责用户信息的输入和输出，配置 RT 的方式已在表 5.10 中介绍过，本节将着重讲解其中增强型 RT 的相关功能和应用。

将 BU64843 配置为增强型 RT 后，需要配置的功能项目有子地址查找表、中断方式、增强型功能使能、广播数据是否和自有 RT 地址数据分离、增强型 RT 内存管理功能是否启用、子地址忙查找表是否启用、命令非法化功能是否开启、是否启用软件配置RT 地址功能等。

通过一个将 BU64843 配置为 RT 的伪码实例来感受下具体操作步骤，如表 5.24 所示。配置 RT 除了需要配置寄存器区，还需要对存储器区中的相关功能区进行配置，功能区包括堆栈指针、子地址查找表、子地址控制字、子地址忙查找表和命令非法化表等。

表 5.24 配置 BU64843 为 RT 的伪码案例

配置内容		单元(Hex)	配置值(Hex)	含义
寄存器区		3	0001	软件复位 BU64843
		7	8000	使能增强模式(需要首先开启，才能配置其他寄存器的相关增强功能)
		0	0010	使用 RT 子地址控制字中断
		2	B803	增强中断，忙查找表使能，子地址双缓冲使能，广播数据分离，增强 RT 内存管理
		7	801D	命令非法化表使能，关闭非法 Rx 命令和子地址忙 Rx 命令数据的接收功能
		8	2008	软件配置 RT 地址
		18	4020	增强型 CPU 处理，RT 地址来自软件配置
		9	0802	扩展过零点使能，配置 RT 地址 1
存储器区	4KRAM	0~FFF	0	4K RAM 清零
	Rx 子地址 0	140	0400	Rx 子地址 0 的数据块指针配置为 0400H
	Rx 子地址 1	141	0420	Rx 子地址 1 的数据块指针配置为 0420H
	…	…	…	Rx 子地址 n 的数据块指针配置为 0400H+n×20H
	Rx 子地址 31	15F	07E0	Rx 子地址 31 的数据块指针配置为 07E0H
	Tx 子地址 0	160	0800	Tx 子地址 0 的数据块指针配置为 0800H
	Tx 子地址 1	161	0820	Tx 子地址 1 的数据块指针配置为 0820H
	…	…	…	Tx 子地址 n 的数据块指针配置为 0800H+n×20H
	Tx 子地址 31	17F	0BE0	Tx 子地址 31 的数据块指针配置为 0BE0H
	Bcst 子地址 0	180	0C00	Bcst 子地址 0 的数据块指针配置为 0C00H

续表

配置内容		单元(Hex)	配置值(Hex)	含义
存储器区	Bcst 子地址 1	181	0C20	Bcst 子地址 1 的数据块指针配置为 0C20H
	…	…	…	Bcst 子地址 *n* 的数据块指针配置为 0C00H+*n*×20H
	Bcst 子地址 31	19F	0FE0	Bcst 子地址 31 的数据块指针配置为 0FE0H
	子地址控制字 0	1A0	0200	接收/发送/广播子地址全部配置为单消息模式；中断方式为 Rx 消息结束中断
	子地址控制字 1	1A1	0200	
	…	…	0200	
	子地址控制字 31	1BF	0200	
	忙查找表	240~247	0000	子地址的忙查找表配置为非忙
	命令非法化表	300~3FF	0000	全部命令配置为合法命令
寄存器		01	8F80	配置为 RT 模式

按照表 5.24 配置完 BU64843 后，芯片即被初始化为增强型 RT 模式。要正确使用 RT 进行数据的接收和发送，还需要了解 BU64843 做 RT 的相关细节内容，包括 RT 内存管理、RT 子地址控制字、单消息模式、RT 子地址双缓冲模式、RT 子地址循环缓冲模式、全局循环缓冲模式、RT 描述符堆栈、RT 中断方式、RT 子地址忙配置、命令非法化配置以及 RT 模式码内存管理等各种知识。

5.4.1　RT 内存管理

当 BU64843 工作在 RT 模式时，它的内存结构如表 5.7 所示，相关内容在 5.2.2 节已做过介绍。其中 M108H~M13FH 与模式码相关，M108H~M10FH 为模式码中断选择表，M110H~M13FH 为模式码数据的固定存储区。模式码中断选择表用来配置模式码的中断，模式码数据的固定存储区为 RT 存储模式码数据的固定位置，RT 也可以选择不在此区域存储模式码数据(见后续章节)。M140H~M1BFH 和 A 区域子地址存储区划分相关，M1C0H~M23FH 和 B 区域子地址存储区划分相关，具体含义如表 5.25 所示， A/B 区域在初始化 RT 时，由配置寄存器 1 的 D13 位选择，指示芯片完成初始化后将启用哪个区域的堆栈来处理消息。

表 5.25　RT 子地址查找表和 RT 子地址控制字查找表

区域 A	区域 B	描述	说明
M140H~M15FH	M1C0H~M1DFH	Rx/(Bcst) SA0~Rx/(Bcst) SA31	接收(/广播)子地址指针查找表 0~31
M160H~M17FH	M1E0H~M1FFH	Tx SA0~Tx SA31	发送地址指针查找表 0~31
M180H~M19FH	M200H~M21FH	Bcst SA0~Bcst SA31	广播子地址指针查找表 0~31
M1A0H~M1BFH	M220H~M23FH	SACW SA0~SACW SA31	子地址控制字查找表 0~31

子地址查找表分为接收(/广播)子地址查找表、发送子地址查找表和广播子地址查找

表，分别用来设置接收(/广播)、发送和广播子地址从 0～31 所对应的数据块首单元的指针。子地址控制字从 0～31 分别用来控制对应的子地址的数据块大小和中断方式，其含义如表 5.26 所示。

表 5.26 RT 子地址控制字含义

位	含义
15	Rx：双缓冲使能或全局循环缓冲使能
14	Tx：消息结束中断
13	Tx：循环缓冲中断
12	Tx：内存管理 2(MM2)
11	Tx：内存管理 1(MM1)
10	Tx：内存管理 0(MM0)
9	Rx：消息结束中断
8	Rx：循环缓冲中断
7	Rx：内存管理 2(MM2)
6	Rx：内存管理 1(MM1)
5	Rx：内存管理 0(MM0)
4	Bcst：消息结束中断
3	Bcst：循环缓冲中断
2	Bcst：内存管理 2(MM2)
1	Bcst：内存管理 1(MM1)
0	Bcst：内存管理 0(MM0)

RT 子地址控制字含义如表 5.27 所示。

表 5.27 RT 子地址控制字含义

Bit15	MM2	MM1	MM0	描述	
0	0	0	0	单消息	
1	0	0	0	接收/广播：双缓冲；发送：单消息	
0	0	0	1	128 字	
0	0	1	0	256 字	
0	0	1	1	512 字	
0	1	0	0	1024 字	子地址循环缓冲大小
0	1	0	1	2048 字	
0	1	1	0	4096 字	
0	1	1	1	8192 字	
1	1	1	1	只对接收和广播子地址有效；全局循环缓冲，由配置寄存器 6 控制，大小可设置为 128～8192 字，全局循环缓冲区的指针存储在 M101H(区域 A)或 M105H(区域 B)	

RT 内存管理是指在初始化 RT 时考虑如何划分 RT 的内存数据块，使其适应使用要求。例如：RT 可以选择是否将接收的数据按照广播命令和非广播命令分开存储；对接收/发送/广播子地址 RT 可以选择分配一个数据块(32 个存储单元，每个单元 16 位)与之对应(单消息模式)或选择分配 2 个数据块与之对应(双缓冲模式)；对于接收子地址，RT 可以分配一定大小的数据块用于数据的存储(即接收子地址循环缓冲方式)，数据块大小从 128 字到 8192 字可编程；RT 也可以将部分或者全部接收子地址分配到共用的全局循环缓冲区，数据块大小与子地址循环缓冲方式类似，也是从 128 字到 8192 字可编程；另外，由于 RT 处理的相当一部分模式码是带有数据的，RT 可以选择将特定模式码的数据存储到内存数据块中的固定位置，也可以选择将其存储到分配的位置，这些都是RT 内存管理的相关内容，各模式配置方式如表 5.28 所示。

表 5.28　RT 内存不同模式功能配置

配置	功能							
	接收/发送/广播子地址全单消息模式	所有发送子地址单消息，所有接收子地址双缓冲使能	广播分离	个别子地址循环缓冲，不覆盖无效数据	个别子地址循环缓冲，覆盖无效数据	接收/广播接收数据全局循环缓冲，不覆盖无效数据	接收/广播接收数据全局循环缓冲，覆盖无效数据	个别接收/广播子地址双缓冲，不覆盖无效数据
子地址双缓冲使能 CFG2_REG.12	0	1	X	X	X	X	X	1
全局循环缓冲使能 CFG6_REG.12	0	0	X	X	X	1	1	X
覆盖无效数据 CFG2_REG.11	0	0	X	0	1	0	1	X
增强 RT 内存管理 CFG2_REG.1	0	0	X	1	1	1	1	1
分离广播数据 CFG2_REG.0	0	X	1	X	X	X	X	X
增强模式 CFG3_REG.15	0	1	X	X	X	1	1	1

对 RT 子地址存储数据块的划分，关系到 RT 的使用，对于 1553B 总线上远程终端子系统的设计者，必须要掌握 RT 的内存管理及 RT 子地址数据块的分配方式。总体来说，同一个 RT 中不同的 RT 子地址可以配置不同方式的缓冲模式，具体有 4 种存储模式：单消息模式、接收子地址双缓冲模式、子地址循环缓冲模式以及子地址全局循环缓冲模式。

单消息模式，是指 RT 中接收、发送和广播子地址所占用的存储空间固定为单消息最大存储容量，即 32 个 16 位存储单元。单消息模式下，相应子地址的数据块指针由查找表配置，确定后查找表中的指针不再变化，RT 接收或发送的数据固定存在数据块中，对于接收的数据每次都从数据块的第一个单元开始存放，覆盖前一次消息内容。例如, 将查找表中接收子地址 1(区域 A 下为 M141H, 区域 B 下为 M1C1H)的数据块指针指向数据块 M420H 地址, 则子地址 1 接收到的消息将会存储在 M420H~M43FH 这 32个存储单元内, 且每次存储都从 M420H 开始存放数据。

接收子地址双缓冲模式, 是指接收子地址分配的存储单元为 2 个单消息最大存储容量, 即 2×32 个 16 位存储单元。双缓冲模式下, 初始子地址的数据块指针由查找表配置, 此后子地址查找表中的数据块指针将在接收消息完成后自动切换, 切换方式为初始配置的数据块指针的 D5 位(D[15:0])在 1 和 0 之间"乒乓"置换。例如, 将接收子地址 1 配置为双缓冲模式, 且初始化查找表指针为 M420H, 则接收子地址 1 在接收到首条消息时, 数据内容将存放在 M420H~M43FH 之中, 接收完成后接收子地址 1 查找表中的指针变为 M400H(D5 变为 0), 下一条消息的数据内容将存储在 M400H~M41FH 中, 然后接收子地址 1 查找表指针将再次切换为 M420H, 如此反复下去。

子地址循环缓冲模式, 是指子地址分配的存储单元大小可编程配置为 128×16 位、256×16 位、512×16 位、1024×16 位、2048×16 位、4096×16 位或 8192×16 位大小, 一般用于接收子地址。在 BU64843 中, 由于内部 RAM 空间只有 4K, 因此很少使用超过512×16 位的循环缓冲配置方式。循环缓冲区采用固定空间的分配方式, 如表 5.29 所示。例如, 将接收子地址 1 配置为循环缓冲模式, 将查找表中接收子地址 1 的数据块指针指向数据块 M400H 地址, 通过子地址控制字 1 配置接收循环缓冲区大小为 128×16位单元, 则子地址 1 接收消息的数据将存储在 M400H~M47FH 中, 每接收完一条消息后, 查找表中接收子地址 1 的数据块指针将自动更新至下一个空单元起始位置, 依次增加, 直至 128 个单元存储满后, 数据将从循环缓冲区的首地址开始存放。循环缓冲区在使用前需要配置 1 次, 使用中 RT 芯片内部逻辑自动维护, 不用再配置。另外, 需要注意的是, 若查找表指针指向的地址非数据块的首地址, 则接收子地址在循环缓冲区中存放数据的首单元位置将会改变, 但是循环缓冲区的位置依然固定不变; 例如, 将查找表中接收子地址 1 的指针指向数据块 M400H~M47FH 中的 M413H 位置, 则接收子地址 1接收数据后将从 M413H 开始存放数据, 循环缓冲区依然为 M400H~M47FH 固定不变。

表 5.29　循环缓冲区大小分配

128×16		256×16
M00H~M7FH	M800H~M87FH	M00H~MFFH
M80H~MFFH	M880H~M8FFH	M100H~M1FFH
M100H~M17FH	M900H~M97FH	M200H~M2FFH
M180H~M1FFH	M980H~M9FFH	M300H~M3FFH
M200H~M27FH	MA00H~MA7FH	M400H~M4FFH
M280H~M2FFH	MA80H~MAFFH	M500H~M5FFH
M300H~M37FH	MB00H~MB7FH	M600H~M6FFH
M380H~M3FFH	MB80H~MBFFH	M700H~M7FFH
M400H~M47FH	MC00H~MC7FH	M800H~M8FFH
M480H~M4FFH	MC80H~MCFFH	M900H~M9FFH

续表

128×16		256×16
M500H~M57FH	MD00H~MD7FH	MA00H~MAFFH
M580H~M5FFH	MD80H~MDFFH	MB00H~MBFFH
M600H~M67FH	ME00H~ME7FH	MC00H~MCFFH
M680H~M6FFH	ME80H~MEFFH	MD00H~MDFFH
M700H~M77FH	MF00H~MF7FH	ME00H~MEFFH
M780H~M7FFH	MF80H~MFFFH	MF00H~MFFFH
512×16	**1024×16**	**2048×16**
M00H~M1FFH	M00H~M3FFH	M00H~M7FFH
M200H~M3FFH	M400H~M7FFH	M800H~MFFFH
M400H~M5FFH	M800H~MBFFH	
M600H~M7FFH	MC00H~MFFFH	
M800H~M9FFH		
MA00H~MBFFH		
MC00H~MDFFH		
ME00H~MFFFH		

全局循环缓冲模式和子地址循环缓冲模式类似，若将子地址的存储方式配置为全局循环缓冲模式，则其数据块将存储在公共的全局循环缓冲区中，全局循环缓冲区的指针存放在 M101H 中，每处理一条消息后，M101H 中的指针将自动累加或翻转(若遇到全局循环缓冲区的下边界)，全局循环缓冲区和子地址循环缓冲区分配方式相同，如表 5.29 所示。

RT 子地址的缓冲模式配置分为两步：

第一步，在增强模式开启的情况下(CFG3_REG.15=1)由配置寄存器 2 和 6 使能接收子地址双缓冲功能和全局循环缓冲功能，配置情况由表 5.28 确定。

第二步，通过子地址控制字来对每一个子地址的缓冲情况进行精确配置，配置情况由表 5.26 和表 5.27 确定。例如：若需要将接收子地址 1 配置为单消息模式，数据块为 M400H~M41FH，则需将子地址 1 控制字中的 D15 位和 Rx 控制位 D[5:7]都配置为 0，即单消息模式，此外在接收子地址 1 的查找表 M141H 中写入数据块的首地址 M400H；若需要将接收子地址 2 配置为双缓冲模式，数据块为 M440H~M45FH 和 M460H~M47FH，则首先需要在增强模式下(CFG3_REG.15=1)使能接收子地址双缓冲功能(CFG2_REG.12=1)，其次将接收子地址 2 的子地址控制字中 D15 位配置为 1，D[5:7]都配置为 0，即接收子地址双缓冲模式，最后在接收子地址 2 的查找表 M142H 中写入数据块首地址 M440H 或 M460H 即可。

关于"256 字边界失效"(CFG2_REG.10)的问题，在此做一些介绍。在 RT 模式下，256 字边界用来控制 RT 在数据块存储操作时的逻辑。举例来说，当 256 字边界有效(CFG2_REG.10=0)时，若单消息模式的接收子地址 x 接收了一条消息，开始向数据块存放数据，恰好接收子地址 x 的数据块分配的空间是跨 256 字边界的(假设给接收子地址 x 查找表中写入的数据块指针为 M5FEH，跨 M600H 边界)，则当接收子地址 x 接收第三个数据时，遇到了 256 字边界，此时内部逻辑数据字计数器将翻转为 0，数据存储地址翻转至 M500H，即数据块并不是预期中的 M5FEH～M61DH，而变成 M5FEH～M5FFH 加 M500H～M51DH，跨边界存储。对于循环缓冲模式子地址 x，若 256 字边界失效(CFG2_REG.10=1)，则所有循环缓冲区都将无效，即若子地址 x 配置的循环缓冲区大小为 128×16 位，假设缓冲区数据块首地址 M400H，当子地址 x 的数据内容存满 128个内存单元时，下一个数据存储单元将不再翻转回 M400H，而是存入 M480H，依次向下存储，即所有循环缓冲区下边界都将失效。因此，在 RT 模式下，"256 字边界失效"位应配置为 0，保持 256 字的边界有效(CFG2_REG.10=0)，以免出现数据区存储交叠、有效数据被覆盖等错误。

5.4.2 RT 描述符堆栈

RT 描述符堆栈在 4K RAM 中地址区间为 M00H～MFFH，和 BC 描述符堆栈地址相同，如表 5.7 所示。RT 描述符堆栈记录 RT 消息的特征如图 5.45 所示，从上到下依次为：RT 块状态字(见附表 1.34)、时间标签字(消息开始时间标签寄存器的值，见附表1.14)、数据块指针(指向消息数据区的首地址)以及命令字。每条消息占用 4 个堆栈中描述符存储单元，RT 描述符堆栈可以记录 64 条消息的描述符，当描述符堆栈存满时，将自动翻转至堆栈的顶部开始存储。当前消息描述符的首个地址存放在描述符堆栈指针中(M100H)，每条消息结束时，描述符堆栈指针自动加 4，直至加到 MFCH 后，再次加 4将翻转至 M00H。

RT 的描述符堆栈中记录的消息特征在处理 RT 消息时非常重要，例如，可以通过RT 堆栈描述符中的 RT 块状态字(EOM 标志)来确认消息是否已传输结束，通过数据块指针可以找到消息数据的存储位置，通过命令字来解析 BC 对 RT 发送了何种命令。通过堆栈描述符指针(M100H)中存放的地址，可以快速找到当前消息的描述符在堆栈中的具体位置。

5.4.3 RT 中断

常用的 RT 中断主要有以下几种：消息结束中断(EOM，由中断屏蔽寄存器 1 的 D0位开启)、RT 子地址控制字中断(由中断屏蔽寄存器 1 的 D4 位使能，由各子地址的控制字相应位开启，包括发送/接收/广播消息结束中断(EOM)和循环缓冲区翻转中断)以及模式码中断(由中断屏蔽寄存器 1 的 D1 位开启，且在"增强模式"(CFG3_REG.15=1)下，若开启了"增强 RT 内存管理"功能(CFG2_REG.1=1)，则 RT 可以通过 M108H～M10FH，配置模式码中断)。此外，RT 模式下不常用的中断有 RT 发送器超时中断、RT命令堆栈翻转中断、RT 地址校验位错误中断、时间标签翻转中断、RT 循环缓冲区翻转溢出中断等。

RT 模式消息结束中断(EOM)，顾名思义，即 RT 在处理完一条消息后将会产生一个中断信号，中断信号由 $\overline{\text{INT}}$ 脚输出至 CPU(电平或脉冲)。RT 子地址控制字中断，即由各子地址控制字来决定各子地址的相关命令是否产生中断信号，这些中断包括接收/发送/广播中断和循环缓冲区翻转中断，如表 5.26 所示。

5.4.4　RT 命令非法化

RT 可以通过命令非法化的功能来屏蔽某些不期望接收的命令。RT 的命令非法化功能通过配置寄存器 3 的 D7 位开启(默认为 0，开启状态)，开启了命令非法化后，4K RAM 中的 M300H～M3FFH 段将作为非法化配置表使用。非法化配置表中各单元的具体控制内容见附表 5.1。每个子地址对应的命令(常规命令或模式码)由两个单元的非法化配置表配置。当命令被配置为非法时，且非法接收功能关闭(CFG3_REG.4=1)，则当 RT 接收到相关非法命令时，将回复的状态字"消息错误"位置 1 以响应该命令，且该命令的数据字不会被 RT 存储到数据块中。

5.4.5　RT 忙位查找表

RT 可以选择将某些子地址配置为忙的状态来保护某些子地址数据块内容或屏蔽某些不期望接收的(子地址的)命令。RT 的忙功能由配置寄存器 2 的 D13 位控制(默认为 0，关闭状态)，在增强模式下(CFG3_REG.15=1)向该位写 1 使能 RT 忙位查找表功能。RT 忙位查找表位于 4K 共享 RAM 中 M240H～M247H 共 8 个存储单元，每个存储单元的含义见附表 4.1，M240H 和 M241H 管理自有 RT 地址(非广播 RT 地址)的接收子地址忙位状态配置，M242H 和 M243H 管理自有 RT 地址的发送子地址忙位状态配置，M244H～M245H 管理广播地址的接收子地址忙位状态配置，M246H～M247H 管理广播地址的发送子地址(实际无广播发送子地址，因此该配置单元在应用中不起作用)忙位状态配置，配置列表见附表 4.2 和附表 4.3。

5.4.6　增强模式码处理

RT 的"增强模式码处理"功能由配置寄存器 3 的 D0 位控制(默认为 0，关闭状态)，"增强模式码处理"功能主要影响 RT 收发模式码数据时的存储方式，具体说来有以下三方面影响：

(1) 对于非模式码或模式码，若"增强模式码处理"功能未开启(CFG3_REG.0=0)，则 RT 堆栈中第三个描述符为数据块指针，指向开始存储数据单元的首地址。

(2) 对于带数据的模式码，若"增强模式码处理"功能开启(CFG3_REG.0=1)，则 RT 堆栈中第三个描述符为模式码消息传输的实际数据，而不是数据块指针。对于不带数据的模式码，RT 堆栈中第三个描述符不更新。

(3) 当"增强模式码处理"功能开启(CFG3_REG.0=1)时，对于带数据的模式码(发送或接收命令 10000～11111)，1553B 协议芯片将从 RAM 中固定区域存储或读取模式码的数据，具体地址分布如下：接收模式码数据存储在 M110H～M11FH 中，对应模式码的 D3～D0 位；发送模式码数据将从 M120H～M12FH 固定区域读取，对应模式码的 D3～D0 位；若分离广播数据功能开启(CFG2_REG.0=1)，则广播模式码接收数据将存储在 M130H～M13FH 之中，若分离广播数据功能未开启(CFG2_REG.0=0)，则广播模式码接收数据将和非广播接收数据存储在一起，存储位置也在 M110H～M11FH。

RT "增强模式码处理"功能开启(CFG3_REG.0=1) 时，4K 共享 RAM 的 M110H～M13FH 作为模式码数据的固定存储区，具体存储细节如表 5.30 所示。

表 5.30　"增强模式码处理"开启时对应模式码数据存储位置

地址	模式码	地址	模式码	地址	模式码
M110H	未定义	M120H	发送矢量字	M130H	未定义广播
M111H	同步带数据	M121H	未定义	M131H	广播同步带数据
M112H	未定义	M122H	发送最后命令	M132H	未定义广播
M113H	未定义	M123H	发送 BIT 字	M133H	未定义广播
M114H	已选的发送器关闭	M124H	未定义	M134H	广播已选的发送器关闭
M115H	覆盖发送器关闭	M125H	未定义	M135H	广播覆盖发送器关闭
M116H～M11FH	保留(接收)	M126H～M12FH	保留(发送)	M136H～M13FH	保留(广播)

RT 的 "增强模式码处理" 功能除了影响模式码数据的存储，还影响模式码的中断。具体来说，当 RT 的 "增强模式码处理" 功能开启，并且 "RT 模式码中断" 功能开启(CFG3_REG.0=1，INT_MASK1_REG.1=1)时，共享 RAM 的 M108H～M10FH 将作为模式码的中断查找表使用，如表 5.31 所示。该表用来配置模式码的中断，具体配置内容如表 5.32 所示。例如，若要配置 "发送状态字" 模式码中断，则需经过以下三步骤：

(1) 开启 "RT 模式码中断"，即 INT_MASK1_REG.1=1。

(2) 开启 "RT 增强模式码处理" 功能，即 CFG3_REG.0=1。

(3) 由于 "发送状态字" 模式码为不带数据的发送模式码 0～15，则配置 M10AH 单元中的 D2 位为 1。

表 5.31　模式码中断查找表

地址	模式码
M108H	接收模式码 0～15(未定义)
M109H	接收模式码 16～31(带数据)
M10AH	发送模式码 0～15(不带数据)
M10BH	发送模式码 16～31(带数据)
M10CH	广播接收模式码 0～15(未定义)
M10DH	广播接收模式码 16～31(带数据)
M10EH	广播发送模式码 0～15(不带数据)
M10FH	广播发送模式码 16～31(带数据)

表 5.32　模式码中断查找表配置参数含义

位	解释
D15	
D14	
D13	保留模式码
D12	
D11	
D10	
D9	保留模式码
D8	复位远程终端
D7	覆盖禁止终端标志
D6	禁止终端标志
D5	覆盖发送器关闭
D4	发送器关闭
D3	初始化自测试
D2	发送状态字
D1	同步
D0	动态总线控制

5.4.7　RT 块状态字和 RT 状态字

RT 块状态字位于 RT 的描述符堆栈中，反映 RT 接收命令的状态。RT 处理的每条消息在描述符堆栈中都有一个 RT 块状态字与之对应。RT 块状态字的含义见附表 1.34，它是 1553B 协议芯片作为 RT 时处理消息的内部状态，该字不经过总线传输。

RT 状态字可通过 RT 状态字寄存器(R0EH)读取，在 BC 和 RT 进行非广播消息通信时，RT 通过发送 RT 状态字(通过总线传输)来告知 BC 此条消息的状态。BU64843 提供两种模式的 RT 状态字，一种为标准 1553B 的 RT 状态字或称"非交互 RT 状态字"(其中的内容由附表 1.6 配置寄存器 1 的相关位控制)，另一种为非 1553B 标准的 RT 状态字或称"交互的 RT 状态字"(其中的内容由附表 1.7 配置寄存器 1 的相关 S 位控制，由用户自定义)。对于标准 1553B 总线传输，默认选用标准 1553B 的 RT 状态字，非 1553B 标准的 RT 状态字是留给其他协议(1553A，McAir 等)使用的。RT 状态字经过总线进行传输时各位的含义如表 5.33 所示。

表 5.33　RT 状态字(标准/非标准)含义及操作

位	含义(标准)	操作(标准)	操作(非标准)
1～3(MSB)	同步区	同步区	同步区
4～8	RT 地址	RT 地址	RT 地址

续表

位	含义(标准)	操作(标准)	操作(非标准)
9	消息错误	置 1：接收消息数据区出错或非法的命令	由 S10 控制 (CFG1_REG.11)，当 RT 接收到非法命令时置 1
10	仪器/设备	0	由 S9 控制(CFG1_REG.10)
11	服务请求	由"服务请求"位(CFG1_REG.9)控制，接收到"发送矢量字"模式码时自动清除	由 S8 控制(CFG1_REG.9)
12	保留	0	由 S7 控制(CFG1_REG.8)
13		0	由 S6 控制(CFG1_REG.7)
14		0	由 S5 控制(CFG1_REG.6)
15	广播命令接收	接收到有效的广播命令时置 1，若下一条指令为"发送状态字"或"发送最后命令"模式码，则 RT 状态字该位也为 1；若下一条为其他非广播指令，则该位为 0	由 S4 控制(CFG1_REG.5)
16	忙	由"忙"位(CFG1_REG.10)和忙查找表控制，若 RT 接收到编程为忙的命令，则返回的状态字中忙位置 1，若 RT 关闭了忙子地址的存储功能，则当 RT 接收到忙的命令时不存储其数据	由 S3 控制(CFG1_REG.4)
17	子系统标志	由"子系统标志"位(CFG1_REG.8)和 $\overline{SSFLAG}$ 输入引脚控制，若"子系统标志"位置 0 或 $\overline{SSFLAG}$ 引脚采样为 0(RT 接收命令后大约 4μs)，则 RT 状态字中该位置 1	由 S2 控制(CFG1_REG.3)
18	接受动态总线控制	由"动态总线控制"位(CFG1_REG.11)控制，若"动态总线控制"置 0，且当 RT 响应"动态总线控制"模式码，则 RT 状态字中该位置 1	由 S1 控制(CFG1_REG.2)
19	终端标志	在增强模式下(CFG3_REG.15=1)，由"RT 标志"位(CFG1_REG.7)控制，当 RT 进行了一次失败的在线自测试(回还测试、发送器超时、内建协议自测试)时，该位置 1	由 S0 控制(CFG1_REG.1)
20(LSB)	校验	奇校验	奇校验

5.4.8 RT 内建自测试

RT 具有两种 BIT 字的实现方式，一种为内部 BIT 字，另一种为外部 BIT 字，BIT 字的含义见附表 1.24。当 RT 接收到"发送 BIT 字"模式码时，RT 将在发送状态字之后发送 BIT 字，该 BIT 字若为内部 BIT 字实现方式，则 RT 将发送内部 BIT 字寄存器 (R0FH)的值；若 RT 选择外部 BIT 字实现方式，则 RT 发送的 BIT 字存储在 4K 共享 RAM 中，由用户软件编程控制。

在非增强模式下(CFG3_REG.15=0)或"外部 BIT(内置测试)字使能"关闭(CFG4_REG.15=0)，RT 将会选择内部 BIT 字实现方式。

若增强模式开启(CFG3_REG.15=1)并且"外部 BIT(内置测试)字使能"开启(CFG4_REG.15=1)，则 RT 将会选择从共享 RAM 选中读取需要发送的 BIT 字。在这种情况下，若"增强模式码处理"功能关闭(CFG3_REG.0=0)，则 BIT 字由查找表中发送子地址 0 或发送子地址 31(取决于模式码的子地址域是 0 还是 31)所指向的内存单元存储；需要注意的是，这种配置下，RT 对于"发送 BIT 字"模式码和"发送矢量字"模式码，都将在该存储单元取数。若"增强模式码处理"功能开启(CFG3_REG.0=1)，则 RT 的模式码数据表(M110H～M13FH)将启用，外部 BIT 字存储在M123H 单元。

另外需要指出的是，在增强模式下(CFG3_REG.15=1)，若 RT 配置了"发送 BIT字"模式码忙(发送子地址 0 或发送子地址 31 忙)，并且"若 RT 忙，则禁止 BIT 字传输"功能开启(CFG4_REG.14=1)，则 RT 将不会发送 BIT 字。

5.4.9　RT 消息开始和消息结束传输序列

当 RT 接收到总线传输过来的命令字后，在命令字校验位过零点约 1.25μs 后，RT将执行消息开始(start of message，SOM) 序列；在消息的最后一个数据传输完成后约6μs 时，RT 将执行消息结束(end of message，EOM)序列。

SOM 序列执行过程主要有以下几个步骤：

(1) 若命令非法化启用，则芯片协议将读取相应命令对应的非法化查找表配置。

(2) 芯片协议读取命令堆栈指针(A 区域读 M100H，B 区域读 M104H)。

(3) 若可选的子地址忙功能启用，则芯片协议将读取相应命令对应的忙查找表配置。

(4) 若"增强 RT 内存管理"功能开启(CFG2_REG.1=1)，则芯片协议将从 RT 查找表中读取相关的子地址的控制字。

(5) 对于预期的不带数据的模式码，或模式码消息"增强模式码处理"功能开启，则芯片协议将从相关 RT 查找表中读取数据块地址。

(6) 芯片协议将命令字写入描述符堆栈中第四个描述符。

(7) 对于预期的不带数据的模式码，或模式码"增强模式码处理"功能开启，则芯片协议将数据块地址写入描述符堆栈中第三个描述符。

(8) 芯片协议将时间标签字写入描述符堆栈中第二个描述符。

(9) 芯片协议将 RT 块状态字写入描述符堆栈中第一个描述符，写入的值为0x4000(消息开始)。

(10) 第 2 步读取的堆栈指针自增 4，并写入当前有效区域(A/B)的堆栈指针中(A 区域写 M100H，B 区域写 M104H)。

EOM 序列执行过程主要有以下几个步骤：

(1) 若当前消息使用循环缓冲或双缓冲，则芯片协议将读取 RT 查找表中的相应 RT子地址控制字。

(2) 若当前消息使用接收子地址双缓冲，则芯片协议将从 RT 查找表中读取数据块的地址；若当前消息是带数据的模式码并且"增强模式码处理"功能开启，则发送或接收的模式码数据将会被写入堆栈描述符中第三个描述符(数据块指针)；若当前消息为不带数据的模式码并且"增强模式码处理"功能开启,则堆栈描述符中第三个描述符不写入值。

(3) 若当前消息使用循环缓冲或双缓冲,则 RT 查找表中数据块指针将需要更新,芯片协议将更新后的数据块指针写入相应 RT 查找表中。

(4) 芯片协议在堆栈描述符中第二个描述符位置更新时间标签值。

(5) 芯片协议在堆栈描述符中第一个描述符位置更新 RT 块状态字。

RT 在处理消息时 SOM 和 EOM 序列是芯片内部的处理逻辑,读者可不需要过多关心,了解即可,在以后的使用中遇到了相关的疑问可以再深入研究这方面的内容。

5.4.10　RT 异常情况

作为 1553B 总线的远程终端,RT 在总线上处理消息时,不同消息或不同时刻有着不同的状态,这些状态一般通过内部的中断状态寄存器、BIT 字寄存器、RT 状态字或 RT 块状态字等形式向使用者反馈,读者在查询这些反馈的字后即可得知此时终端所处的状态。不同异常场景下 RT 的状态汇总如表 5.34 所示。

表 5.34　RT 异常情况

RT 所处异常场景	RT 状态字及响应	RT 块状态字	BIT 字(R0FH)	中断状态
无效命令字	无响应(忽略消息)	无	无	无
RT 地址校验错	RT 不响应自有地址的("非广播")命令;RT 可接收广播命令("广播关闭"未开启(CFG5_REG.7=0)),RT 内部状态字寄存器(R0EH)的广播命令接收位将置 1	对于自有 RT 地址的命令无块状态字,对于广播命令具有正常的块状态字(EOM)	无	RT 地址校验错误中断(若使能)
在有效的命令字后接收到数据字的同步头为命令字同步头	不响应,RT 内部状态字寄存器(R0EH)的消息错误位将置 1,若该消息为广播命令,则 RT 内部状态字寄存器(R0EH)的广播命令接收位也将置 1	EOM、错误标志、格式错误、错误数据同步、无效字	错误的同步接收	EOM,格式错误,RT 子地址控制字,RT 模式码(若使能)
在有效的命令字后跟随无效数据字(编码、位计数、校验等错误)		EOM、错误标志、格式错误、无效字	校验/接收的曼彻斯特码错误	
在有效的命令字后跟随的字出现个数错误		EOM、错误标志、格式错误、字计数错误	高的字计数、低的字计数	
在 RT→RT 传输中作为接收端 RT	正常的 RT 状态字响应,如果 Rx 命令字的地址为广播地址,则 RT 内部状态字寄存器(R0EH)的广播命令接收位将置 1	EOM、RT→RT 格式	无	EOM,RT 子地址控制字,RT 模式码(若使能)
RT→RT 传输超时:作为接收端 RT,且发送端 RT 未在规定时间内响应命令	不响应,RT 内部状态字寄存器(R0EH)的消息错误位将置 1,若该消息为广播命令,则 RT 内部状态字寄存器(R0EH)的广播命令接收位也将置 1	EOM、错误标志、RT→RT 格式、(超时)无响应	RT→RT 无响应错误	EOM,格式错误,RT 子地址控制字,RT 模式码(若使能)

续表

RT 所处异常场景	RT 状态字及响应	RT 块状态字	BIT 字(R0FH)	中断状态
"增强模式"关闭或"增强模式码处理"关闭；已定义的模式码(包括保留模式码)接收有效	若为"发送状态字"或"发送最后命令"模式码，则 RT 状态字为前一条消息的状态字内容，且内部 RT 状态字寄存器不更新，否则将影响 RT 状态字的位有消息错误(若非法)、忙、接受动态总线控制、终端标志；若该消息为广播命令，则 RT 内部状态字寄存器(R0EH)的广播命令接收位也将置 1。子地址 0/31 的查找表指针将存储到堆栈中第三个描述符位置，对于"发送最后命令"和"发送 BIT 字"模式码，其数据从内部寄存器读取(除非"外部 BIT 字"开启)，对于其他模式码，其数据指针由子地址 0/31 查找表指针决定	EOM、非法(若命令非法)	终端标志屏蔽，发送器关闭 B，发送器关闭 A (若使用)	EOM，RT 子地址控制字(若使能)
"增强模式"开启且"增强模式码处理"开启；已定义的模式码(包括保留模式码)接收有效	若为"发送状态字"或"发送最后命令"模式码，则 RT 状态字为前一条消息的状态字内容，且内部 RT 状态字寄存器不更新，否则将影响 RT 状态字的位有消息错误(若非法)、忙、接受动态总线控制、终端标志；若该消息为广播命令，则 RT 内部状态字寄存器(R0EH)的广播命令接收位也将置 1。对于"发送最后命令"和"发送 BIT 字"模式码，其数据从内部寄存器读取(除非"外部 BIT 字"开启)，对于其他模式码，其数据存储在 M110H～M13FH 固定位置，另外接收和发送的数据将同时存储于堆栈中第三个描述符	EOM、非法(若命令非法)	终端标志屏蔽，发送器关闭 B，发送器关闭 A (若使用)	EOM，RT 模式码(若使能，且配置了模式码中断查找表 M108H～M10FH)
回还测试失败：发送字的回还接收部分无效(编码、位、校验)	若"增强模式"开启且"$\overline{RTFAIL}$ / $\overline{RTFLAG}$ 隐藏使能"为 1，则 RT 状态字中"终端标志"位将置 1 以响应下一条非广播命令	EOM、错误标志、回还测试失败	回还测试失败 A/B	EOM，格式错误，RT 子地址控制字，RT 模式码(若使能)
发送器超时：发送器发送长度超过 668μs 触发发送器超时保护看门狗	因响应超时而终止。若"增强模式"开启"$\overline{RTFAIL}$ / $\overline{RTFLAG}$ 隐藏使能"为 1，则 RT 状态字中"终端标志"位将置 1 以响应下一条非广播命令。发送器超时对 RT 响应下一条消息无影响	EOM	发送器超时	EOM，RT 子地址控制字，RT 模式码(若使能)
握手失败：SOM 或数据字读写时序(RT 的 EOM 不会产生握手失败)。DMA 模式下，当1553B 协议芯片输出 DTREQ 信号后，主处理器未及时处理 DTGRT 信号；或透明模式处理器在1553B 协议芯片输出 READY 信号后，保持 STRBD 信号时间过长	若在 RT 的 SOM 时序时出现握手失败，则 1553B 协议芯片将中断正在进行的消息；消息将被忽略(堆栈中不更新描述符)。存储命令字和数据字以及发送的响应数据时产生握手超时则芯片将终止传输	若在 SOM 时序时出现握手失败，则无状态位设置(消息将被完全忽略)。若在数据字传输时出现握手失败，则 EOM，错误标志将置 1	握手失败	握手失败(若使能)

续表

RT 所处异常场景	RT 状态字及响应	RT 块状态字	BIT 字(R0FH)	中断状态
"增强模式"开启且被配置为非法的 Rx 命令字有效接收	RT 响应的 RT 状态字中消息错误位置 1。内部的 RT 状态字寄存器中消息错误位置 1。若消息为广播，则内部的 RT 状态字寄存器中广播命令接收位置 1。若"非法接收功能关闭"为 0(不关闭)，则接收的数据字将被存储到共享	EOM，非法命令，格式错误	无	EOM，格式错误，RT 子地址控制字，模式码(若使能)
"增强模式"开启且被配置为非法的 Rx 命令字有效接收	RAM 中，若"非法接收功能关闭"为 1(关闭)，则接收的数据字将不存储到 RAM 中	EOM，非法命令，格式错误	无	EOM，格式错误，RT 子地址控制字，模式码(若使能)
"增强模式"开启且被配置为非法的 Tx 命令字有效接收	RT 响应的 RT 状态字中消息错误位置 1。内部的 RT 状态字寄存器中消息错误位置 1。若消息为广播，则内部的 RT 状态字寄存器中广播命令接收位置 1。无数据字发送	EOM，非法命令	无	EOM，RT 子地址控制字，模式码(若使能)
"增强模式"开启且被配置为 RT 子地址忙的 Rx 命令有效接收	RT 响应的 RT 状态字中忙位置 1。内部的 RT 状态字寄存器中忙位置 1。若消息为广播，则内部的 RT 状态字寄存器中广播命令接收位置 1。若"忙接收功能关闭"为 0，则接收的数据字将被存储在共享 RAM 中，若"忙接收功能关闭"为 1，则接收的数据字将不存储到 RAM 中	EOM，错误标志，格式错误	无	EOM，格式错误，RT 子地址控制字，模式码(若使能)
"增强模式"开启且被配置为 RT 子地址忙的 Tx 命令有效接收	RT 响应的 RT 状态字中忙位置 1。内部的 RT 状态字寄存器中忙位置 1。若消息为广播，则内部的 RT 状态字寄存器中广播命令接收位置 1。无数据字发送	EOM，非法命令	无	EOM，RT 子地址控制字，模式码(若使能)
"增强模式"开启且芯片在 RT→RT 传输中做接收 RT；"间隙检查使能"为 1，且 RT 发送响应字节时间间隙小于 2μs；回复的 RT 状态字中由错误的同步类型或格式错误(编码、位或校验)；RT 发送的 RT 状态字中 RT 地址与命令字中 RT 地址不相符	无 RT 响应，内部的 RT 状态字寄存器中消息错误位置 1。若消息为广播，则内部的 RT 状态字寄存器中广播命令接收位置 1。无数据字发送	EOM，错误标志，RT 到 RT 格式，格式错误，RT→RT 间隙/同步/地址错	RT→RT 间隙/同步/地址错	EOM，格式错误，RT 子地址控制字或 RT 模式码(若使能)
"增强模式"开启且芯片在 RT→RT 传输中做接收 RT；发送 RT 的命令字中存在错误(T/R 位=0，子地址为00000/11111，或 RT 地址和接受 RT 相同)	无 RT 响应，内部的 RT 状态字寄存器中消息错误位置 1。若消息为广播，则内部的 RT 状态字寄存器中广播命令接收位置 1。无数据字发送	EOM，错误标志，RT 到 RT 格式，格式错误，RT→RT 第二个命令字错误	RT→RT 第二个命令字错误	EOM，格式错误，RT 子地址控制字或 RT 模式码(若使能)

RT 所处异常场景	RT 状态字及响应	RT 块状态字	BIT 字(R0FH)	中断状态
"增强模式"开启、芯片在 RT→RT 传输中做接收 RT 发送且 RT 响应中出现以下错误:同步、编码、位数、校验、字数。发送 RT 回复的状态字中有消息错误、忙等标志,并且没有数据字	无 RT 响应,内部的 RT 状态字寄存器中消息错误位置 1。若消息为广播,则内部的 RT 状态字寄存器中广播命令接收位置 1。无数据字发送	EOM,错误标志,RT 到 RT 格式、格式错误;或者有字计数错误、错误数据同步或无效字	高的字计数,低的字计数,错误的同步接收,校验/接收的曼彻斯特码错误(之一)	EOM,格式错误,RT 子地址控制字或 RT 模式码(若使能)
"增强模式"开启且命令字包含错误:"广播关闭"为 0 且命令字为非模式码广播 Tx 命令,或"广播关闭"为 0 且消息为广播模式码但未允许作为广播,或"覆盖模式码 T/R 位错误"为 0 且命令字的 T/R 位为 0,命令字的子地址域为 00000/11111,且模式码域为 00000~01111	无 RT 响应,内部的 RT 状态字寄存器中消息错误位置 1。若消息为广播,则内部的 RT 状态字寄存器中广播命令接收位置 1。无数据字发送	EOM,错误标志,RT 到 RT 格式、格式错误,命令字包含错误	命令字包含错误	EOM,格式错误,RT 子地址控制字或 RT 模式码(若使能)
作废消息:RT 在接收到一条有效的消息后,最大时间间隔 6μs 或 10μs 内,在相同总线或另一条总线上接收到一条未完成的消息;或 RT 正在响应 Tx 消息时从另一条总线上接收到了有效消息	RT 将中断处理的第一条消息,响应第二条消息。若消息为广播,则内部的 RT 状态字寄存器中广播命令接收位置 1。若第二条消息非广播、发送状态字或发送最后命令模式码,则内部的 RT 状态字寄存器中广播命令接收位置 0	在 SOM 时作废消息,则作废消息的 RT 块状态字中 SOM 为 1,EOM 为 0;第二个消息的块状态字正常有效	无	第一条消息无中断,第二条消息为 EOM,RT 子地址控制字或 RT 模式码(若使能)

对于 RT 的异常状态,同样不必深究,在以后的应用过程中,遇到相关问题再来查询即可。

5.4.11　模式码

RT 模式码是标准 1553B 总线制定的、简短的终端控制命令,是常用命令的补充。1553B 总线利用模式码来完成常用命令无法完成的任务,如 BC 取 RT 的矢量字、BC 与总线 RT 之间进行时间同步、BC 控制 RT 远程复位等任务。

模式码见附表 3.1,一般应用中模式码使用较少,相对来说常用的模式码有发送矢量字、发送状态字和发送最后命令。下面简单介绍这三条相对来说较常用模式码的消息时序和 RT 响应状态。

"发送矢量字"模式码消息时序如下:首先 BC 发送"发送矢量字"命令字,其次 RT 响应并发送 RT 状态字,最后 RT 发送矢量字。矢量字的内容由芯片配置决定(若

"增强模式码处理"开启(CFG3_REG.0=1)，则矢量字在 RT 共享 RAM 中的 M120H 位置；若"增强模式码处理"未开启(CFG3_REG.0=0)，则矢量字在 RT 中的位置取决于子地址 00000/11111 的查找表指针)，在执行命令前由用户软件提前更新好。矢量字作为用户数据将通过该模式码被 BC 取走。

"发送状态字"模式码消息时序如下：首先 BC 发送"发送状态字"模式码命令字，其次 RT 发送该命令所需的 RT 状态字(该状态字为前一条消息(非"发送状态字"和非"发送最后命令")的状态字)。RT 发送完状态字后，其内部的 RT 状态字寄存器(R0EH)不更新。

"发送最后命令"模式码消息时序如下：首先 BC 发送"发送最后命令"模式码命令字，其次 RT 响应并发送 RT 状态字，最后 RT 发送最后一条消息的命令字。RT 发送的最后命令字为上一条有效消息的命令字(非"发送最后命令")。

为了方便查询，本书已将模式码的消息时序做了总结供读者查询，见附表 3.2。

5.4.12　RT 初始化配置软件实现

学习了 BU64843 芯片做 RT 时的相关知识后，本节将编写开发板的具体实例来实现 RT 的初始化配置。

开发板所需实现的功能如下：

(1) 开发板上电后，CPU 将 BU64843 初始化为增强型 RT 模式，使用软件配置 RT 的地址为 1，开启"增强模式码管理"功能，使能 RT 子地址控制字中断方式，使用区域 A，开启广播数据分离功能，关闭忙和非法化功能。

(2) 分配存储单元 M400H～M41FH 给发送子地址 1，分配存储单元 M420H～M43FH 给发送子地址 2，分配存储单元 M440H～M45FH 给发送子地址 3，其他发送子地址不使用，不使用的发送子地址分配数据块指针 MF00H；在发送子地址 1 的数据块中 32 个单元内填入初始值 0x1111，在发送子地址 2 的数据块中 32 个单元内填入初始值 0x2222，在发送子地址 3 的数据块中 32 个存储单元内填入初始值 0x3333。

(3) 分配存储单元 M500H～M51FH 给接收子地址 1(单消息模式)，分配存储单元 M540～M57F 给接收子地址 2(双缓冲模式)，分配存储单元 M580H～M5FFH 给接收子地址 3(128 字循环缓冲模式)，其他接收子地址不使用，不使用的接收子地址分配数据块指针 MF20H(单消息模式)；使用子地址控制字配置接收子地址 1、2 和 3 的消息结束中断。

(4) 分配存储单元 M600H～M61FH 给广播子地址 1(单消息模式)，其他广播子地址不使用，不使用的广播子地址分配数据块指针 MF40H(单消息模式)。

(5) 初始化完成 RT 配置后，程序进入主循环，此时 RT 可响应 1553B 总线的相关有效指令。

在编写代码前，将 CPU 配置 RT 的编程思路用伪码的形式整理如表 5.35 所示。

表 5.35 初始化 RT 的伪码实例

配置内容	单元	写入值	含义
配置寄存器为 RT 模式	R3H	0x01	BU64843 软复位
	R7H	0x8000	开启"增强模式"
	R0H	0x10	由子地址控制字配置中断
	R2H	0x9803	关闭忙,使能接收子地址双缓冲功能,配置时间标签寄存器分辨率 64μs,开启"增强 RT 内存管理",分离广播数据
	R7H	0x809D	关闭非法化,开启"增强模式码处理"
	R08H	0x2008	软件配置 RT 地址
配置寄存器为 RT 模式	R18H	0x4020	开启"增强 CPU 处理",内部 RT 地址源
	R9H	0x0802	配置 RT 地址为 1
	R5H	0	时间标签清零
存储器清零	M0H~M0FFFH	0	4K 共享 RAM 清零
配置区域 A 接收子地址查找表指针	M140H	0x0F20	接收地址 0 不使用,分配指针 M0F20H
	M141H	0x0500	接收地址 1,分配指针 M0500H
	M142H	0x0540	接收地址 2,分配指针 M0540H
	M143H	0x0580	接收地址 3,分配指针 M0580H
	M144H~M15FH	0x0F20	不使用的接收子地址分配指针 M0F20H
配置区域 A 发送子地址查找表指针	M0160H	0x0F00	发送地址 0 不使用,分配指针 M0F00H
	M0161H	0x0400	发送地址 1,分配指针 M0400H
	M0162H	0x0420	发送地址 2,分配指针 M0420H
	M0163H	0x0440	发送地址 3,分配指针 M0440H
	M0164H~M17FH	0x0F00	不使用的发送子地址分配指针 M0F00H
配置区域 A 广播子地址查找表指针	M0180H	0x0F40	不使用的广播子地址分配指针 M0F40H
	M0181H	0x0600	广播子地址 1,分配指针 M0600H
	M0182H~M019F	0x0F40	不使用的广播子地址分配指针 M0F40H
配置区域 A 子地址控制字	M01A0H	0	子地址 0 的子地址控制字为 0
	M01A1H	0x0200	接收地址 1 消息结束中断
	M01A2H	0x8200	接收子地址 2 双缓冲模式,接收地址 2 消息结束中断
	M01A3H	0x0220	接收子地址 3 循环缓冲模式,接收子地址 3 消息结束中断
	M01A4H~M01BF	0	其他子地址控制字为 0
忙查找表	M0240H~M0247H	0	忙查找表功能关闭,忙位查找表无作用
非法化	M0300H~M03FFH	0	非法化表功能关闭,非法化表无作用

续表

配置内容	单元	写入值	含义
发送子地址 1 预置数据	M0400H～M041FH	0x1111	发送子地址 1 的数据块中，预置 32 个 0x1111 数据
发送子地址 2 预置数据	M0420H～M043FH	0x2222	发送子地址 2 的数据块中，预置 32 个 0x2222 数据
发送子地址 3 预置数据	M0440H～M045FH	0x3333	发送子地址 3 的数据块中，预置 32 个 0x3333 数据
RT 启动	R01H	0x8F80	RT 模式启动并上线

第一步，在 Kit_NewProj_04_20200724 的基础上建立 Kit_NewProj_05_20200730_RT 工程。首先，在 CCS6.2 工作空间 CCS6.2WorkSpace 下复制 Kit_NewProj_04_20200724 工程，并重命名为 Kit_NewProj_05_20200730_RT。

第二步，打开 Kit_NewProj_05_20200730_RT 工程文件夹找到 ".project" 文件，使用记事本打开该文件，在该文件中修改<name>段名称为工程名(Kit_NewProj_05_20200730_RT)。

第三步，在 Kit_NewProj_05_20200730_RT 工程文件夹中找到 User_Source 文件夹，将其中的 main_v1.04.c 文件修改为 main_v1.05.c，操作过程如图 5.69 所示。

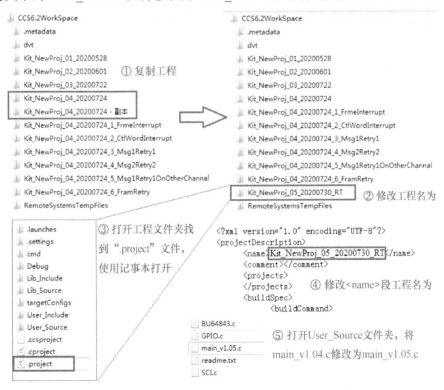

图 5.69　新建 Kit_NewProj_05_20200730_RT 工程

  将新建好的工程 Kit_NewProj_05_20200730_RT 导入 CCS6.2，在 CCS6.2 中单击 Project 菜单栏命令，在下拉菜单中选择 Import CCS Projects，在弹出的 Import CCS Eclipse Projects 窗口中单击 Browse 按钮，在弹出的浏览框中找到 CCS6.2WorkSpace 工作空间，选中其中需要导入的工程文件夹后单击"确定"按钮。回到 Import CCS Eclipse Projects 窗口单击 Finish 按钮即可完成工程导入。导入步骤如图 5.70～图 5.72 所示。

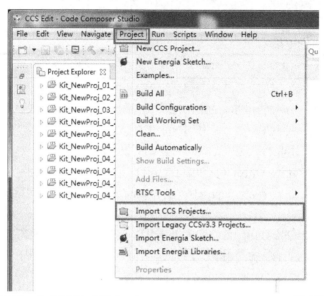

图 5.70 在 CCS6.2 中导入 Kit_NewProj_05_20200730_RT 工程步骤 1

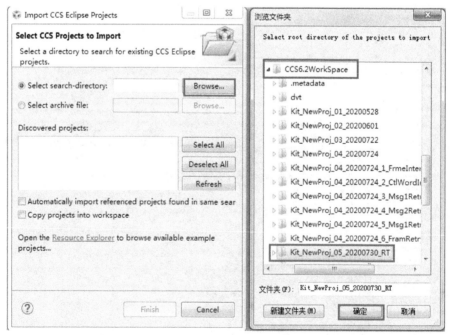

图 5.71 在 CCS6.2 中导入 Kit_NewProj_05_20200730_RT 工程步骤 2

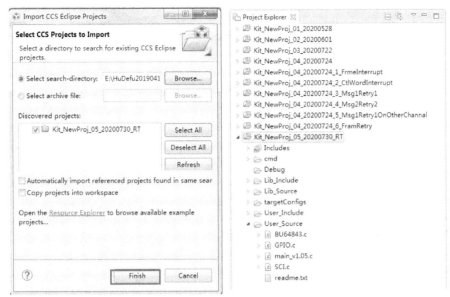

图 5.72 在 CCS6.2 中导入 Kit_NewProj_05_20200730_RT 工程步骤 3

编写软件代码，首先在 BU64843.c 中编写 RT 的初始化函数 Init64843AsRT()，BU64843.c 文件内容如下：

```
/*************************************************
*       文件名: BU64843.c
*   Created on: 2020 年 7 月 22 日
*       Author: Administrator
*************************************************/
#include "system.h" //包含系统头文件及内部驱动文件
/**********************************************
* 函数功能: BU64843 的 BC 初始化程序: 将 BU64843 初始化为传统 BC 增强模式
* 输     入: 无
* 输     出: 无
**********************************************/
void Init64843AsBC(void)
{
        Uint16 i=0;
        *START_RESET_REG = 0x0001; //BU64843 软复位
        *CFG3_REG = 0x8000;         //增强模式
        *INT_MASK1_REG = 0x0001;    //消息结束中断
        *CFG1_REG = 0x0020;         //使能消息间间隔定时器
        *CFG2_REG = 0x0400;         //中断请求电平，禁止 256 字边界
        *CFG4_REG = 0x1060;         //使能扩展的 BC 控制字
```

```
    *CFG5_REG = 0x0A00;          //使能扩展的过零点，响应超时 22.5μs
    *CFG6_REG = 0x4000;          //增强 CPU 处理
    *TIME_TAG_REG = 0;           //时间标签清零
    for(i=0;i<0x1000;i++)        //4K RAM 清零
    {
            *BUMEM_ADDR(i)= 0;
    }
    DELAY_US(10);
}
/***********************************************
 * 函数功能：BU64843 的 BC 发送特定消息函数
 * 输    入：无
 * 输    出：无
 ***********************************************/
void BC_Send1Fram(void)
{
    *BUMEM_ADDR(0x100)= 0;         //堆栈指针 A 指向 0000H
    *BUMEM_ADDR(0x101)= 0xFFFD;    //消息计数器 A，指示 2 条消息
    //描述符堆栈
    *BUMEM_ADDR(0) = 0;            //消息 1 BC 块状态字清零
    *BUMEM_ADDR(1) = 0;            //消息 1 时间标签字清零
    *BUMEM_ADDR(2) = 0x64;         //消息 1 消息间隔定时器为 100μs
    *BUMEM_ADDR(3) = 0x108;        //消息 1 数据块指针指向 108H 地址
    *BUMEM_ADDR(4) = 0;            //消息 2 BC 块状态字清零
    *BUMEM_ADDR(5) = 0;            //消息 2 时间标签字清零
    *BUMEM_ADDR(6) = 0x64;         //消息 2 消息间隔定时器为 100μs
    *BUMEM_ADDR(7) = 0x10E;        //消息 2 数据块指针指向 10EH 地址
    //数据块
    *BUMEM_ADDR(0x108)= 0x80;      //消息 1 BC 控制字
    *BUMEM_ADDR(0x109)= 0x08A2;    //消息 1 Rx 命令字：RT1_Rx_Sa5_Cn2
    *BUMEM_ADDR(0x10A)= 0x1111;    //消息 1 数据字 1
    *BUMEM_ADDR(0x10B)= 0x2222;    //消息 1 数据字 2
    *BUMEM_ADDR(0x10C)= 0;         //消息 1 数据字 2 回还清零
    *BUMEM_ADDR(0x10D)= 0;         //消息 1 接收的 RT 状态字清零
    *BUMEM_ADDR(0x10E)= 0x80;      //消息 2 BC 控制字
    *BUMEM_ADDR(0x10F)= 0x0C61;    //消息 2 Tx 命令字：RT1_Tx_Sa3_Cn1
    *BUMEM_ADDR(0x110)= 0;         //消息 2 Tx 命令字回还位置清零
    *BUMEM_ADDR(0x111)= 0;         //消息 2 接收的 RT 状态字清零
```

```
        *BUMEM_ADDR(0x112)= 0;                //消息 2 数据字清零
        *START_RESET_REG = 0x0002;            //启动 BC 发送消息
        DELAY_US(10);
}
/**************************************************
 * 函数功能：BU64843 的 RT 初始化程序
 * 输    入：无
 * 输    出：无
**************************************************/
void Init64843AsRT(void)
{
        Uint16 i=0;
        *START_RESET_REG = 0x0001;            //BU64843 复位
        *CFG3_REG = 0x8000;                   //增强模式
        *INT_MASK1_REG = 0x0010;              //RT 子地址控制字中断
        *CFG2_REG = 0x9803;                   //增强中断，关忙，双缓冲使能，
                                              //广播数据分离，增强 RT 内存管理
        *CFG3_REG = 0x809D;                   //关非法化，禁止 256 字边界
        *CFG4_REG = 0x2008;                   //消息出错忙且无数据响应也有效，
                                              //使能扩展的 BC 控制字
        *CFG6_REG = 0x4020;                   //增强 CPU 处理
        *CFG5_REG = 0x0802;                   //使能扩展的过零点，响应超时 22.5μs
        *TIME_TAG_REG = 0;                    //时间标签清零
        //接收子地址对应的数据空间大小分配
        *BUMEM_ADDR(0x0140)=0x0F20;           //不使用的子地址分配 0x0F20
        *BUMEM_ADDR(0x0141)=0x0500;           //子地址 1 数据块首地址 0x500
        *BUMEM_ADDR(0x0142)=0x0540;           //子地址 2 数据块首地址 0x540
        *BUMEM_ADDR(0x0143)=0x0580;           //子地址 3 数据块首地址 0x580
        for(i=0;i<28;i++)                     //余下的接收子地址分配
        {
                *BUMEM_ADDR(0x0144+i)=0x0F20;       //不使用的子地址分配 0x0F20
        }
        //发送子地址对应的数据空间大小分配
        *BUMEM_ADDR(0x0160)=0x0F00;           //不使用的子地址分配 0x0F00
        *BUMEM_ADDR(0x0161)=0x0400;           //子地址 1 数据块首地址 0x400
        *BUMEM_ADDR(0x0162)=0x0420;           //子地址 2 数据块首地址 0x420
        *BUMEM_ADDR(0x0163)=0x0440;           //子地址 3 数据块首地址 0x440
        for(i=0;i<28;i++)                     //余下的发送子地址分配
```

```
{
        *BUMEM_ADDR(0x0164+i)=0x0F00;
}
//广播子地址对应的数据空间大小分配
*BUMEM_ADDR(0x0180)=0x0F40;          //不使用的子地址分配 0x0F40
*BUMEM_ADDR(0x0181)=0x0600;          //子地址 1 数据块首地址 0x600
for(i=0;i<30;i++)                    //余下的发送子地址分配
{
        *BUMEM_ADDR(0x0182+i)=0x0F40;
}
//子地址控制字
*BUMEM_ADDR(0x01A0)=0;               //无中断
*BUMEM_ADDR(0x01A1)=0x0200;          //子地址 1 接收消息中断
*BUMEM_ADDR(0x01A2)=0x8200;          //子地址 2 接收消息中断,接收子地址双缓冲
*BUMEM_ADDR(0x01A3)=0x0220;          //子地址 3 接收消息中断,接收子地址循环缓冲
for(i=0;i<28;i++)
{
        *BUMEM_ADDR(0x01A4+i)=0;     //无中断
}
for(i=0;i<8;i++)                     //忙位查询表
{
        *BUMEM_ADDR(0x0240+i)=0x0000;
}
for(i=0;i<256;i++)                   //指令非法化表
{
        *BUMEM_ADDR(0x0300+i)=0;
}
*CFG1_REG    =    0x8F80;            //配置为 RT 模式
DELAY_US(10);
//发送子地址 1 中存入 32 个 0x1111
for(i=0;i<32;i++)
{
        *BUMEM_ADDR(0x0400+i)=0x1111;
}
//发送子地址 2 中存入 32 个 0x2222
for(i=0;i<32;i++)
{
        *BUMEM_ADDR(0x0420+i)=0x2222;
```

```
    }
    //发送子地址 3 中存入 32 个 0x3333
    for(i=0;i<32;i++)
    {
            *BUMEM_ADDR(0x0440+i)=0x3333;
    }
}
/****************** BU64843.c  File End********************/
```

BU64843.h 头文件内容如下，增加 Init64843AsRT()的函数声明：

```
/************************************************************
 *      文件名: BU64843.h
 * Created on: 2020 年 7 月 22 日
 *      Author: Administrator
 ************************************************************/
#ifndef _BU64843_H_
#define _BU64843_H_
/***************** 常量定义 ********************/
#define BUREG        (volatile unsigned int *)0x100000 //BU64843 寄存器基地址
#define BUMEM        (volatile unsigned int *)0x110000 //BU64843 存储器基地址
//寄存器映射 基址+偏移地址
//中断屏蔽寄存器 1
#define INT_MASK1_REG     (volatile unsigned int *)(BUREG+0x00)
#define CFG1_REG    (volatile unsigned int *)(BUREG+0x01)    //配置寄存器 1
#define CFG2_REG    (volatile unsigned int *)(BUREG+0x02)    //配置寄存器 2
//启动/复位寄存器 栈指针 先进 BC 指令列表指针寄存器
#define START_RESET_REG    (volatile unsigned int *)(BUREG+0x03)
//非先进 BC 或 RT 堆
#define CMD_POINTER_REG    (volatile unsigned int *)(BUREG+0x03)
//BC 控制字寄存器
#define BC_CTLWORD_REG     (volatile unsigned int *)(BUREG+0x04)
//RT 子地址控制字寄存器
#define RT_SA_CTLWORD_REG   (volatile unsigned int *)(BUREG+0x04)
//时间标签寄存器
#define TIME_TAG_REG     (volatile unsigned int *)(BUREG+0x05)
//中断状态寄存器 1
#define INT_STATUS1_REG    (volatile unsigned int *)(BUREG+0x06)
#define CFG3_REG     (volatile unsigned int *)(BUREG+0x07)    //配置寄存器 3
```

```
#define CFG4_REG      (volatile unsigned int *)(BUREG+0x08)    //配置寄存器 4
#define CFG5_REG      (volatile unsigned int *)(BUREG+0x09)    //配置寄存器 5
//RT 或 MT 数据栈地址寄存器
#define RT_MT_DATA_POINTER_REG (volatile unsigned int *)(BUREG+0x0A)
//BC 帧剩余时间寄存器
#define BC_FTR_REG   (volatile unsigned int *)(BUREG+0x0B)
//BC 消息剩余时间寄存器
#define BC_MTR_REG   (volatile unsigned int *)(BUREG+0x0C)
//非先进 BC 帧时间/先进 BC 初始化指令指针
#define BC_FTIME_REG      (volatile unsigned int *)(BUREG+0x0D)
//RT 最后命令
#define RT_LASTCMD_REG     (volatile unsigned int *)(BUREG+0x0D)
//MT 触发字寄存器
#define MT_TIGGER_REG      (volatile unsigned int *)(BUREG+0x0D)
//RT 状态字寄存器
#define RT_STATWORD_REG    (volatile unsigned int *)(BUREG+0x0E)
//RT BIT 字寄存器
#define RT_BITWODR_REG     (volatile unsigned int *)(BUREG+0x0F)
#define CFG6_REG     (volatile unsigned int *)(BUREG+0x18)    //配置寄存器 6
#define CFG7_REG     (volatile unsigned int *)(BUREG+0x19)    //配置寄存器 7
//BC 条件码寄存器
#define BC_CCODE_REG       (volatile unsigned int *)(BUREG+0x1B)
//BC 通用队列标志寄存器
#define BC_GPF_REG   (volatile unsigned int *)(BUREG+0x1B)
//BIT 状态寄存器
#define BIT_STATUS_REG     (volatile unsigned int *)(BUREG+0x1C)
//中断屏蔽寄存器 2
#define INT_MASK2_REG      (volatile unsigned int *)(BUREG+0x1D)
//中断状态寄存器 2
#define INT_STATUS2_REG    (volatile unsigned int *)(BUREG+0x1E)
//BC 通用队列指针寄存器
#define BC_GPQP_REG  (volatile unsigned int *)(BUREG+0x1F)
//RT/MT 中断状态队指针寄存器
#define RT_MT_INTSTAPOT_REG     (volatile unsigned int *)(BUREG+0x1F)
//存储器/寄存器映射  基址+偏移地址
#define BUMEM_ADDR(offset_Addr)  (volatile unsigned int *) (BUMEM+offset_
Addr)
#define REG_ADDR(offset_Addr)    (volatile unsigned int *) (BUREG+offset_
```

```
Addr)
/*****************函数声明********************/
void Init64843AsBC(void);
void BC_Send1Fram(void);
void Init64843AsRT(void);
#endif /* _BU64843_H_ */
/***************** BU64843.h  File End******************/
```

　　编写完 BU64843.c 文件内容后，修改 main_v1.05.c 文件内容，在主程序中增加 RT 的初始化函数，具体代码如下：

```
/*********************************************************
/*      版本：   V1.05
 *      作者：   HDF
 *      编译器：CCS6.2.0.00050
 *      MCU:    TMS320F2812
 *      时间：   20200730
 *      内容：   F2812 控制 BU64843 做 RT，完成 RT 的初始化
 ********************************************************/
/***************** 头文件 *******************/
#include "system.h"                    //系统头文件，作为 C 代码的链接文件使用
#pragma CODE_SECTION(InitFlash,"ramfuncs")       //复制代码进 RAM 运行
/**************** 变量定义 *******************/
Uint16 Value_MEMBuf[600] = {0};                //存放 BU64843 内存单元值
Uint16 Value_REGBuf[20] = {0};                 //存放 BU64843 寄存器单元值
/***************** 主程序 *******************/
void main(void)
{
    Uint16 i=0;
    InitSysCtrl();        //150MHz-Disable Dog
    #ifdef  LOAD_FLASH
        memcpy(&RamfuncsRunStart,&RamfuncsLoadStart,\
            &RamfuncsLoadEnd -&RamfuncsLoadStart);
        InitFlash();          //初始化 FLASH
    #endif
    DINT;                     //禁止中断
    InitPieCtrl();            //初始化 PIE 控制寄存器
    IER = 0x0000;             //禁止中断使能
    IFR=0x0000;               //清中断标志
```

```
    InitPieVectTable();        //初始化 PIE 中断向量表
    InitXintf();               //添加 Xintf 总线时序配置
    InitGPIO();                //配置项目中使用的 GPIO
    HardwareReset_BU64843();   //对 BU64843 进行硬件复位
    DELAY_US(10000);           //等待 10ms
    Init64843AsRT();           //将 BU64843 配置为 RT 模式
    InitSCIa();                //初始化 SCIa 串口
    for(;;)                    //主循环
    {
        BoardRun();            //运行灯, 闪烁
        CheckandResetSCIA();   //一旦检测到 SCIA 状态出错, 复位 SCIA
        if(SciData == 0x02)    //串口指令 02 读取 RT 内存状态
        {
            for(i=0;i<20;i++)  //DEBUG 下可查看前 20 个寄存器的值
            {
                Value_REGBuf[i] = *REG_ADDR(i);
            }
            for(i=0;i<600;i++) //DEBUG 下可查看前 600 个 RAM 地址中数据
            {
                Value_MEMBuf[i] = *BUMEM_ADDR(i);
            }
            SCIASendWord(SciData);     //执行命令返回串口
            SciData = 0;
        }
    }
}
/*******************main_v1.05.c  File End*******************/
```

工程中 GPIO.c、GPIO.h、SCI.c、SCI.h 以及 system.h 文件和 5.3.6 节工程 Kit_NewProj_04_20200724 中相同, 已在 5.3.6 节列出, 在此不再赘述。

编译通过后将工程下载到开发板, 在 Debug 模式下, 利用串口发送"0x02"指令(波特率 115200, 8 数据位, 奇校验, 1 停止位), 查看 Value_REGBuf 和 Value_MEMBuf 两个数组中的数据, 如图 5.73 所示(图中地址要转化为十进制, 如查找表 M140H 地址对应地址号为 320), 可以看到相关配置已被正确写入 BU64843 中, 且配置寄存器 1 的值为 0x8F80, 表明 RT 模式已上线。

RT 上线后, 若 1553B 总线上传输的命令字的 RT 地址域(命令字高 5 位)与 RT 自身的 RT 地址相符, 则 RT 将响应并处理该命令。例如, 本例中已通过软件配置的方法将 RT 地址设置为 1, 则它将响应总线上所有 RT 地址域为 1 的非广播命令, 另外 RT 也会响应 RT 地址域为 31 的广播命令。

寄存器：0-19

Expression	Value
▲ ▣ Value_REGBuf	[0x0010,0x8F80,…
(x)= [0]	0x0010 (Hex)
(x)= [1]	0x8F80 (Hex)
(x)= [2]	0x9803 (Hex)
(x)= [3]	0x0000 (Hex)
(x)= [4]	0x0000 (Hex)
(x)= [5]	0xCE07 (Hex)
(x)= [6]	0x00C0 (Hex)
(x)= [7]	0x809D (Hex)
(x)= [8]	0x2008 (Hex)
(x)= [9]	0x0842 (Hex)
(x)= [10]	0x0000 (Hex)
(x)= [11]	0x0000 (Hex)
(x)= [12]	0x0000 (Hex)
(x)= [13]	0x0000 (Hex)
(x)= [14]	0x0000 (Hex)
(x)= [15]	0x0000 (Hex)
(x)= [16]	0x0000 (Hex)
(x)= [17]	0x0000 (Hex)
(x)= [18]	0x0000 (Hex)
(x)= [19]	0x0000 (Hex)

查找表接收子地址：0-6

Expression	Value
(x)= [320]	0x0F20 (Hex)
(x)= [321]	0x0500 (Hex)
(x)= [322]	0x0540 (Hex)
(x)= [323]	0x0580 (Hex)
(x)= [324]	0x0F20 (Hex)
(x)= [325]	0x0F20 (Hex)

查找表发送子地址：0-6

Expression	Value
(x)= [352]	0x0F00 (Hex)
(x)= [353]	0x0400 (Hex)
(x)= [354]	0x0420 (Hex)
(x)= [355]	0x0440 (Hex)
(x)= [356]	0x0F00 (Hex)
(x)= [357]	0x0F00 (Hex)

查找表广播子地址：0-6

Expression	Value
(x)= [384]	0x0F40 (Hex)
(x)= [385]	0x0600 (Hex)
(x)= [386]	0x0F40 (Hex)
(x)= [387]	0x0F40 (Hex)
(x)= [388]	0x0F40 (Hex)
(x)= [389]	0x0F40 (Hex)

子地址控制字：0-6

Expression	Value
(x)= [416]	0x0000 (Hex)
(x)= [417]	0x0200 (Hex)
(x)= [418]	0x8200 (Hex)
(x)= [419]	0x0220 (Hex)
(x)= [420]	0x0000 (Hex)
(x)= [421]	0x0000 (Hex)

图 5.73　Debug 模式下在线访问 BU64843 寄存器和内存

在本例中，RT 接收子地址 1 被配置为单消息模式，且在消息结束时会产生中断 (500ns 低电平脉冲信号)，RT 接收到总线命令 RT1_Rx_Sa1_Cn2(命令字 0x0822)的状态如图 5.74 所示。

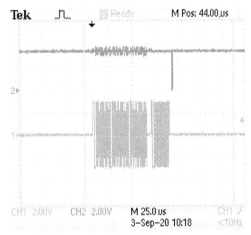

图 5.74　RT 响应总线命令 RT1_Rx_Sa1_Cn2 波形

从示波器图中可以看到，通道 1 为总线波形，通道 2 为 RT 中断信号，在总线上首先传输的为 BC 发送的命令字，其次为 BC 发送的 2 个数据字，最后一个为 RT 响应的状态字。当 RT 发送完状态字后，BU64843 芯片(RT)进入消息结束 EOM 队列，在消息结束后产生中断信号通知 CPU。

当 RT 接收了 3 条 RT1_Rx_Sa1_Cn2 命令后，查看 RT 的堆栈如图 5.75 所示，堆栈中记录了三条消息的堆栈描述符。根据 5.4.2 节的内容可以知道，三条消息的数据块指针均为 M0500H，即三条消息的内容都存储在 M0500H 开始的数据块中，也就是说在单

Expression	Value
⊿ 🖳 Value_MEMBuf	[0x8000,0xFE9D...
⊿ 🖳 [0 ... 99]	(Hex)
(x)= [0]	0x8000 (Hex)
(x)= [1]	0xFE9D (Hex)
(x)= [2]	0x0500 (Hex)
(x)= [3]	0x0822 (Hex)
(x)= [4]	0x8000 (Hex)
(x)= [5]	0x7369 (Hex)
(x)= [6]	0x0500 (Hex)
(x)= [7]	0x0822 (Hex)
(x)= [8]	0x8000 (Hex)
(x)= [9]	0x0CA0 (Hex)
(x)= [10]	0x0500 (Hex)
(x)= [11]	0x0822 (Hex)
(x)= [12]	0x0000 (Hex)
(x)= [13]	0x0000 (Hex)
(x)= [14]	0x0000 (Hex)

图 5.75　RT 接收 3 条 RT1_Rx_ Sa1_
Cn2 消息后堆栈状态

消息模式下，接收子地址中消息的内容是覆盖存储的，后一条消息的数据将覆盖前一条消息的数据。在应用中应评估好 RT 端 CPU 处理消息的时间，确保下一条总线消息到来之前，CPU 能够将前一条消息的内容全部处理完，否则存储块中的数据内容将在下一条消息到达时改变。

若将总线命令改为 RT1_Rx_Sa2_Cn2(0x0842)，则连续三条消息后，RT 的堆栈状态如图 5.76 所示。RT 堆栈中三条消息的数据块指针分别为 M0540H、M0560H 和 M0540H，这是因为 RT 的接收子地址 2 配置为双缓冲模式，在双缓冲模式下，接收子地址 2 有两个数据块用来存放消息。每条消息都以查找表指示的数据块指针为首地址开始存储，查找表指针在处理完一条消息事务后自动切换，切换方式为：数据块指针 D5 位的 0 和 1 跳变，即查找表的指针在每条消息后跳变到下一条消息的存储块首地址。显然，相邻两条消息存储在了不同的数据块中，这样做延长了每条消息的生存时间，使得 CPU 有更长的时间处理接收的数据。

再次修改总线消息为 RT1_Rx_Sa3_Cn2(0x0862)，执行三条该总线消息后，RT 的堆栈状态如图 5.77 所示。堆栈描述符中记录的三条消息数据块指针分别为 M0580H、M0582H 和 M0584H，显然数据块指针跟随存储长度依次下移，这是由于 RT 的接收子地址 3 配置为了循环缓冲模式，缓冲区为 M580H～5FFH 的 128 个存储单元。对于接收

Expression	Value
(x)= [12]	0x8000 (Hex)
(x)= [13]	0xAF3C (Hex)
(x)= [14]	0x0540 (Hex)
(x)= [15]	0x0842 (Hex)
(x)= [16]	0x8000 (Hex)
(x)= [17]	0xD7E4 (Hex)
(x)= [18]	0x0560 (Hex)
(x)= [19]	0x0842 (Hex)
(x)= [20]	0x8000 (Hex)
(x)= [21]	0xA85A (Hex)
(x)= [22]	0x0540 (Hex)
(x)= [23]	0x0842 (Hex)
(x)= [24]	0x0000 (Hex)
(x)= [25]	0x0000 (Hex)
(x)= [26]	0x0000 (Hex)

图 5.76　RT 接收 3 条 RT1_Rx_Sa2_Cn2 消息后堆
栈状态

Expression	Value
(x)= [24]	0x8000 (Hex)
(x)= [25]	0xC1AD (Hex)
(x)= [26]	0x0580 (Hex)
(x)= [27]	0x0862 (Hex)
(x)= [28]	0x8000 (Hex)
(x)= [29]	0xD604 (Hex)
(x)= [30]	0x0582 (Hex)
(x)= [31]	0x0862 (Hex)
(x)= [32]	0x8000 (Hex)
(x)= [33]	0xCBCA (Hex)
(x)= [34]	0x0584 (Hex)
(x)= [35]	0x0862 (Hex)
(x)= [36]	0x0000 (Hex)
(x)= [37]	0x0000 (Hex)

图 5.77　RT 接收 3 条 RT1_Rx_Sa3_Cn2 消息后堆
栈状态

子地址 3 的消息数据，RT 将依次按数据长度存放，且每条消息后更新查找表指针，指针指向下一条消息数据存储的首地址。当循环缓冲区数据存满时，数据转回缓冲区首地址循环存放。显然，只要循环缓冲区足够大，在循环缓冲区存满一轮之前，接收到的所有消息内容都将存储在 RAM 中，不被覆盖，这给应用者和 CPU 带来了更多的处理时间。

对于 RT 的发送子地址，在应用时多以单消息模式配置即可，总线上每条 Tx 命令的消息执行前要确保 RT 的 CPU 已完成了发送子地址中数据的更新。

由于 1553B 标准中未制定广播 Tx(发送)命令，只有广播 Rx(接收)命令，因此广播子地址的考虑应参考接收子地址来处理，合理考虑分配单消息模式、双缓冲模式和循环缓冲模式等。

5.5 MT 功能配置和应用

BU64843 具有三种监听模式：字监听模式(WMT)、可选消息监听模式(MMT)以及联合 RT/可选消息监听模式(RT/MMT)，它们之间的区别如下：

(1) WMT 模式下 BU64843 监听并存储总线上传输的每一个命令字、数据字以及状态字，WMT 每在共享 RAM 中存储一个总线传输的 1553B 字后会紧跟着存储一个监控 ID 字，这个 ID 字包含了当前存储的字传输的总线通道、有效性、字之间的间隙时间等信息。

(2) MMT 模式下 BU64843 监听并存储总线上传输的消息，所监控的消息内容可通过配置进行过滤，MMT 的监控和存储都是以消息的方式进行的。所监听的消息命令字存储在共享 RAM 中的命令堆栈中，消息的状态字以及消息的数据字等内容存储在共享 RAM 中的数据堆栈中。MMT 的命令堆栈中具有 MMT 监听消息的堆栈描述符，该描述符记录了监听消息的相关信息。

(3) RT/MMT 模式下 BU64843 既做 RT 又做 MMT，在这种模式下，BU64843 会被配置一个 RT 地址，如 RT5，则 BU64843 将以 RT 的身份响应总线上一切有关 RT5 的命令，对于其他 RT 地址的命令，BU64843 将作为 MMT 进行监控。RT/MMT 模式下，BU64843 将具有两个命令堆栈，一个为 RT 的堆栈，存储 RT 的消息描述符，另一个为 MMT 的堆栈，存储 MMT 的堆栈描述符；同样共享 RAM 中将存在 RT 所需的子地址查找表、忙位查找表、模式码中断表、模式码数据存储区以及非法化表等 RT 所需的配置单元，此外共享 RAM 中还具有 MMT 所需的数据堆栈区来存储 MMT 监听的消息内容。

这三种监听模式在应用中 WMT 和 MMT 使用较多，而 RT/MMT 模式较少使用。

5.5.1 WMT 模式

若使 BU64843 配置为 WMT 模式，则用户需要配置寄存器 1 的 15、14 和 12 位，具体配置如表 5.10 所示。配置完 WMT 模式后，通过将启动/复位寄存器的 D1 位置 1

来使 WMT 上线,"增强模式"(CFG3_REG.15=1)下, WMT 也可以通过外部"EXT_TRIG"脚的上升沿启动("外部触发使能"开启(CFG1_REG.7=1)时)。

WMT 的 RAM 内存结构如表 5.8 所示,全部 RAM 地址用来存储监听到的总线字。M100H(区域 A)和 M104H(区域 B)地址比较特殊,在初始化时它是堆栈指针,指向的位置将作为记录 1553B 字的首地址,当 WMT 启动后该单元将不再起指针作用,会被1553B 字或 ID 字覆盖。

WMT 每存储一个总线字都会相应存储一个 ID 字, ID 字的含义如表 5.36 所示。

表 5.36　WMT 模式 ID 字

位	含义	描述
D15	间隙时间 7	若 D1 位为 1,则间隙时间无效;若 D1 位为 0,则间隙时间有效,表明前一个字结束,到当前字开始的时间间隔,分辨率为 0.5μs,最大计数 127.5μs;若间隔时间大于
...	...	127.5μs,则 D[15:8]位到 0xFF 后不再增加。
D8	间隙时间 0	注意:若前一个字由另一条总线传输,则接收到当前字的时间间隙的真实值要比记录的间隙早大约 20μs,若当前字的时间间隙小于 20μs,则表明两条总线传输的前一个字和当前字之间可能存在重叠情况
D7	字标志	所有 ID 字的字标志位均为 1
D6	本 RT	若接收的字有效,该字包含命令字/状态字的同步头类型,且该字中 RT 地址域和芯片外部 RTAD[4:0]+RTADP 引脚的电平相符(RT 地址相符),则该位置 0,否则置 1
D5	广播	若接收的字有效,该字包含命令字/状态字的同步头类型,且该字中 RT 地址域为 31,则该位置 0,否则置 1
D4	错误	若接收的字通过了 MIL-STD-1553 标准规定的所有有效判据,则该位置 0,否则置 1,表明可能出现编码、校验、同步类型或位计数等错误
D3	命令/数据	若接收的字包含命令字/状态字的同步头类型,则该位置 1;若接收的字包含数据字的同步头类型,则该位置 0
D2	通道 A/B	若从 A 通道接收字则该位置 0,若从 B 通道接收字则该位置 1
D1	连续/间隙	若接收的字和前一个字之间间隙小于 2μs,则该位置 1,同时间隙时间无效;若接收的字和前一个字之间间隙大于 2μs,则该位置 0,同时间隙时间有效
D0	模式码	若接收的字有效,该字包含命令字/状态字的同步头类型,且该字中 RT 子地址域为 0 或 31,则该位置 0,否则该位置 1

WMT 具有模式识别触发功能,该功能通过将配置寄存器 1 的"触发字使能"位置1 开启(CFG1_REG.11=1)。开启该功能需要做如下设置:

(1) "增强模式"开启(CFG3_REG.15=1);

(2) WMT 模式选择配置方式为 CFG1_REG.15/14/12/11=0/1/0/1(表 5.10);

(3) 在 MT 触发字寄存器(R0DH)中配置了触发字。

模式识别触发功能的效果如表 5.37 所示。

表 5.37　WMT 模式识别功能

触发开始 (CFG1_REG.10)	触发结束 (CFG1_REG.9)	外部触发使能 (CFG1_REG.7)	WMT 效果
0	0	0	软件启动，WMT 存储所有总线上监听的字
0	0	1	软件或引脚启动，WMT 存储所有总线上监听的字
0	1	0	软件启动，WMT 存储所有总线上监听的字，当监听的命令字和触发字相同时停止存储数据(此命令字会存储到 RAM 中)
0	1	1	软件或引脚启动，WMT 存储所有总线上监听的字，当监听的命令字和触发字相同时停止存储(此命令字会存储到 RAM 中)
1	0	0	软件启动，当 WMT 接收的命令字和触发字相同时开始存储所有总线上传输的字
1	0	1	软件或引脚启动，当 WMT 接收的命令字和触发字相同时开始存储所有总线上传输的字
1	1	0	软件启动，WMT 只存储和触发字相同的命令字，不存储其他字
1	1	1	软件或引脚启动，WMT 只存储和触发字相同的命令字，不存储其他字

　　WMT 的模式识别功能除了可以触发 WMT 监听的启动和停止，还能触发模式识别的中断，具体操作为：通过中断屏蔽寄存器 1 的 D1 位置 1(INT_MASK1_REG.1=1)配置 MT 模式识别中断，若 WMT 监听到与设置的触发字相匹配的命令字时将产生中断信号。

　　下面编写一个开发板应用实例，来实现 BU64843 的 WMT 模式初始化配置。需要实现的 WMT 模式采用软件触发的方式启动，具备模式识别功能，当 WMT 监听到与触发字相匹配的命令字时停止监听并产生中断信号。

　　在编写软件代码之前，将实现上述 WMT 功能的伪码列于表 5.38 中。

表 5.38　初始化 WMT 的伪码实例

配置内容	单元	写入值	含义
配置寄存器为 WMT 模式	R3H	0x01	BU64843 软复位
	R7H	0x8000	开启"增强模式"
	R0H	0x02	WMT 模式识别中断
	R1H	0x4A00	WMT 模式，监听到触发字时停止
	RDH	0x0821	触发字 0x0821(命令字)
	R18H	0x4000	开启"增强 CPU 处理"
	R5H	0	时间标签清零

配置内容	单元	写入值	含义
存储器清零	M0H~M0FFFH	0	4K 共享 RAM 清零
WMT 启动	R03H	0x0002	WMT 模式软件启动并上线

第一步，在工程 Kit_NewProj_05_20200730_RT 的基础上建立本节 CCS6.2 工程 Kit_NewProj_06_20200903_WMT。首先在 CCS6.2 工作空间 CCS6.2WorkSpace 下复制 Kit_NewProj_05_20200730_RT 工程，并将其重命名为 Kit_NewProj_06_20200903_WMT。

第二步，打开 Kit_NewProj_06_20200903_WMT 工程文件夹找到 ".project" 文件，使用记事本打开该文件，在该文件中修改<name>段名称为工程名(Kit_NewProj_06_20200903_WMT)。

第三步，在 Kit_NewProj_06_20200903_WMT 工程文件夹中找到 User_Source 文件夹，将其中的 main_v1.05.c 文件修改为 main_v1.06.c，操作过程如图 5.78 所示。

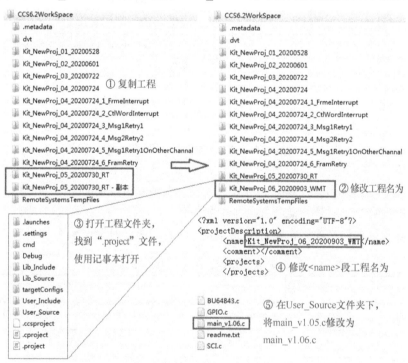

图 5.78 新建 Kit_NewProj_06_20200903_WMT 工程

将新建好的工程 Kit_NewProj_06_20200903_WMT 导入 CCS6.2，在 CCS6.2 中单击 Project 菜单栏，在下拉菜单中选择 Import CCS Projects，在弹出的 Import CCS Eclipse Projects 窗口中单击 Browse 按钮，在弹出的浏览框中找到 CCS6.2WorkSpace 工作空间，选中其中需要导入的工程文件夹后单击 "确定" 按钮。回到 Import CCS Eclipse Projects 窗口单击 Finish 按钮即可完成工程导入，导入步骤如图 5.79~图 5.81 所示。

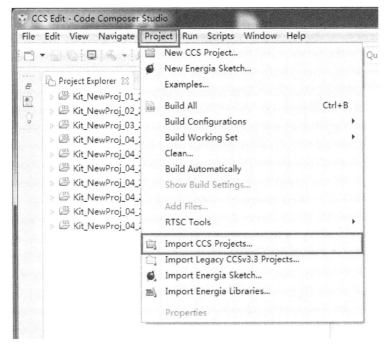

图 5.79　在 CCS6.2 中导入 Kit_NewProj_06_20200903_WMT 工程步骤 1

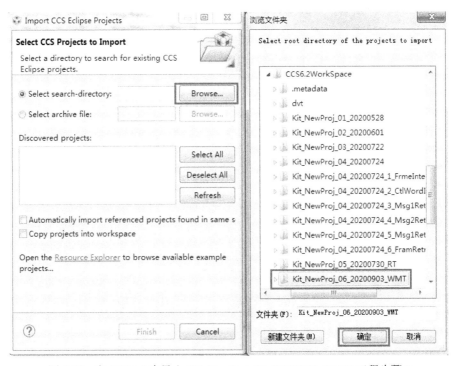

图 5.80　在 CCS6.2 中导入 Kit_NewProj_06_20200903_WMT 工程步骤 2

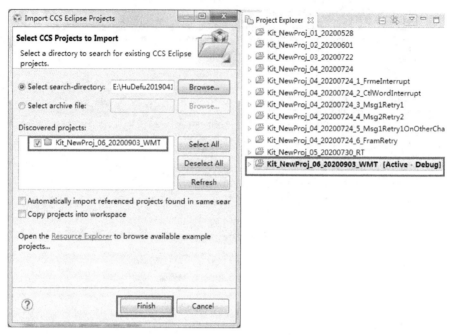

图 5.81　在 CCS6.2 中导入 Kit_NewProj_06_20200903_WMT 工程步骤 3

编写软件代码，首先在 BU64843.c 中编写 WMT 的初始化函数 Init64843AsWMT()，BU64843.c 文件内容如下：

```
/*************************************************
 *      文件名: BU64843.c
 * Created on: 2020 年 7 月 22 日
 *      Author: Administrator
 *************************************************/
#include "system.h" //包含系统头文件及内部驱动文件
/*******************************************
 * 函数功能: BU64843 的 BC 初始化程序: 将 BU64843 初始化为传统 BC 增强模式
 * 输    入: 无
 * 输    出: 无
 *******************************************/
void Init64843AsBC(void)
{
        Uint16 i=0;
        *START_RESET_REG = 0x0001; //BU64843 软复位
        *CFG3_REG = 0x8000;        //增强模式
        *INT_MASK1_REG = 0x0001;   //消息结束中断
        *CFG1_REG = 0x0020;        //使能消息间间隔定时器
```

```
        *CFG2_REG = 0x0400;            //中断请求电平，禁止 256 字边界
        *CFG4_REG = 0x1060;            //使能扩展的 BC 控制字
        *CFG5_REG = 0x0A00;            //使能扩展的过零点，响应超时 22.5μs
        *CFG6_REG = 0x4000;            //增强 CPU 处理
        *TIME_TAG_REG = 0;             //时间标签清零
        for(i=0;i<0x1000;i++)          //4K RAM 清零
        {
                *BUMEM_ADDR(i)= 0;
        }
        DELAY_US(10);
}
/*******************************************
 * 函数功能：BU64843 的 BC 发送特定消息函数
 * 输    入：无
 * 输    出：无
 *******************************************/
void BC_Send1Fram(void)
{
        *BUMEM_ADDR(0x100)= 0;              //堆栈指针 A 指向 0000H
        *BUMEM_ADDR(0x101)= 0xFFFD;         //消息计数器 A，指示 2 条消息
        //描述符堆栈
        *BUMEM_ADDR(0) = 0;                 //消息 1 BC 块状态字清零
        *BUMEM_ADDR(1) = 0;                 //消息 1 时间标签字清零
        *BUMEM_ADDR(2) = 0x64;              //消息 1 消息间隔定时器为 100μs
        *BUMEM_ADDR(3) = 0x108;             //消息 1 数据块指针指向 108H 地址
        *BUMEM_ADDR(4) = 0;                 //消息 2 BC 块状态字清零
        *BUMEM_ADDR(5) = 0;                 //消息 2 时间标签字清零
        *BUMEM_ADDR(6) = 0x64;              //消息 2 消息间隔定时器为 100μs
        *BUMEM_ADDR(7) = 0x10E;             //消息 2 数据块指针指向 10EH 地址
        //数据块
        *BUMEM_ADDR(0x108)= 0x80;           //消息 1 BC 控制字
        *BUMEM_ADDR(0x109)= 0x08A2;         //消息 1 Rx 命令字：RT1_Rx_Sa5_Cn2
        *BUMEM_ADDR(0x10A)= 0x1111;         //消息 1 数据字 1
        *BUMEM_ADDR(0x10B)= 0x2222;         //消息 1 数据字 2
        *BUMEM_ADDR(0x10C)= 0;              //消息 1 数据字 2 回还清零
        *BUMEM_ADDR(0x10D)= 0;              //消息 1 接收的 RT 状态字清零
        *BUMEM_ADDR(0x10E)= 0x80;           //消息 2 BC 控制字
        *BUMEM_ADDR(0x10F)= 0x0C61;         //消息 2 Tx 命令字：RT1_Tx_Sa3_Cn1
```

```
    *BUMEM_ADDR(0x110)= 0;              //消息 2 Tx 命令字回还位置清零
    *BUMEM_ADDR(0x111)= 0;              //消息 2 接收的 RT 状态字清零
    *BUMEM_ADDR(0x112)= 0;              //消息 2 数据字清零
    *START_RESET_REG    = 0x0002;       //启动 BC 发送消息
    DELAY_US(10);
}
/***********************************************
 * 函数功能：BU64843 的 RT 初始化程序
 * 输    入：无
 * 输    出：无
 ***********************************************/
void Init64843AsRT(void)
{
    Uint16 i=0;
    *START_RESET_REG = 0x0001;  //BU64843 复位
    *CFG3_REG = 0x8000;              //增强模式
    *INT_MASK1_REG = 0x0010;    //RT 子地址控制字中断
    *CFG2_REG = 0x9803;              //增强中断，关忙，双缓冲使能，
                                     //广播数据分离，增强 RT 内存管理
    *CFG3_REG = 0x809D;              //关非法化，禁止 256 字边界
    *CFG4_REG = 0x2008;              //消息出错忙且无数据响应也有效，
                                     //使能扩展的 BC 控制字
    *CFG6_REG = 0x4020;              //增强 CPU 处理
    *CFG5_REG = 0x0802;              //使能扩展的过零点，响应超时 22.5μs
    *TIME_TAG_REG = 0;              //时间标签清零
    //接收子地址对应的数据空间大小分配
    *BUMEM_ADDR(0x0140)=0x0F20;         //不使用的子地址分配 0x0F20
    *BUMEM_ADDR(0x0141)=0x0500;         //子地址 1 数据块首地址 0x500
    *BUMEM_ADDR(0x0142)=0x0540;         //子地址 2 数据块首地址 0x540
    *BUMEM_ADDR(0x0143)=0x0580;         //子地址 3 数据块首地址 0x580
    for(i=0;i<28;i++)                    //余下的接收子地址分配
    {
            *BUMEM_ADDR(0x0144+i)=0x0F20;       //不使用的子地址分配 0x0F20
    }
    //发送子地址对应的数据空间大小分配
    *BUMEM_ADDR(0x0160)=0x0F00;         //不使用的子地址分配 0x0F00
    *BUMEM_ADDR(0x0161)=0x0400;         //子地址 1 数据块首地址 0x400
    *BUMEM_ADDR(0x0162)=0x0420;         //子地址 2 数据块首地址 0x420
```

```
*BUMEM_ADDR(0x0163)=0x0440;              //子地址 3 数据块首地址 0x440
for(i=0;i<28;i++)                        //余下的发送子地址分配
{
        *BUMEM_ADDR(0x0164+i)=0x0F00;
}
//广播子地址对应的数据空间大小分配
*BUMEM_ADDR(0x0180)=0x0F40;              //不使用的子地址分配 0x0F40
*BUMEM_ADDR(0x0181)=0x0600;              //子地址 1 数据块首地址 0x600
for(i=0;i<30;i++)                        //余下的发送子地址分配
{
        *BUMEM_ADDR(0x0182+i)=0x0F40;
}
//子地址控制字
*BUMEM_ADDR(0x01A0)=0;                   //无中断
*BUMEM_ADDR(0x01A1)=0x0200;              //子地址 1 接收消息中断
*BUMEM_ADDR(0x01A2)=0x8200;              //子地址 2 接收消息中断，接收子地址双缓冲
*BUMEM_ADDR(0x01A3)=0x0220;              //子地址 3 接收消息中断，接收子地址循环缓冲
for(i=0;i<28;i++)
{
        *BUMEM_ADDR(0x01A4+i)=0;   //无中断
}
for(i=0;i<8;i++)                         //忙位查询表
{
        *BUMEM_ADDR(0x0240+i)=0x0000;
}
for(i=0;i<256;i++)                       //指令非法化表
{
        *BUMEM_ADDR(0x0300+i)=0;
}
*CFG1_REG       =       0x8F80;          //配置为 RT 模式
DELAY_US(10);
//发送子地址 1 中存入 32 个 0x1111
for(i=0;i<32;i++)
{
        *BUMEM_ADDR(0x0400+i)=0x1111;
}
//发送子地址 2 中存入 32 个 0x2222
for(i=0;i<32;i++)
```

```
        {
                *BUMEM_ADDR(0x0420+i)=0x2222;
        }
        //发送子地址 3 中存入 32 个 0x3333
        for(i=0;i<32;i++)
        {
                *BUMEM_ADDR(0x0440+i)=0x3333;
        }
}
/*******************************************
 * 函数功能：BU64843 的 WMT 初始化程序
 * 输      入: 无
 * 输      出: 无
 ******************************************/
void Init64843AsWMT(void)
{
        Uint16 i=0;
        *START_RESET_REG = 0x0001;          //BU64843 复位
        *CFG3_REG = 0x8000;                 //增强模式
        *INT_MASK1_REG = 0x0002;            //WMT 模式识别中断
        *CFG1_REG = 0x4A00;                 //WMT 模式，接收触发字停止
        *MT_TIGGER_REG = 0x0821;            //触发字 0x0821
        *CFG6_REG = 0x4000;                 //增强 CPU 处理
        *TIME_TAG_REG = 0;                  //时间标签清零
        for(i=0;i<0x1000;i++)               //4K RAM 清零
        {
                *BUMEM_ADDR(i) = 0;
        }
        *START_RESET_REG = 0x0002;          //启动 MT 功能
        DELAY_US(10);
}
/***************** BU64843.c  File End*****************/
```

BU64843.h 头文件内容如下，增加了 Init64843AsWMT()的函数声明。

```
/*********************************************************
 *      文件名: BU64843.h
 * Created on: 2020 年 7 月 22 日
 *      Author: Administrator
```

```
*************************************************/
#ifndef _BU64843_H_
#define _BU64843_H_
/***************** 常量定义 *******************/
#define BUREG        (volatile unsigned int *)0x100000 //BU64843寄存器基地址
#define BUMEM        (volatile unsigned int *)0x110000 //BU64843存储器基地址
//↓寄存器映射 基址+偏移地址↓
#define INT_MASK1_REG(volatile unsigned int *)(BUREG+0x00)//中断屏蔽寄存器1
#define CFG1_REG     (volatile unsigned int *)(BUREG+0x01)    //配置寄存器1
#define CFG2_REG     (volatile unsigned int *)(BUREG+0x02)    //配置寄存器2
//启动/复位寄存器
#define START_RESET_REG    (volatile unsigned int *)(BUREG+ 0x03)
//非先进BC或RT堆栈指针 //先进BC指令列表指针寄存器
#define CMD_POINTER_REG    (volatile unsigned int *)(BUREG+ 0x03)
//BC控制字寄存器
#define BC_CTLWORD_REG     (volatile unsigned int *)(BUREG+0x04)
//RT子地址控制字寄存器
#define RT_SA_CTLWORD_REG  (volatile unsigned int *)(BUREG+ 0x04)
//时间标签寄存器
#define TIME_TAG_REG       (volatile unsigned int *)(BUREG+0x05)
//中断状态寄存器1
#define INT_STATUS1_REG    (volatile unsigned int *)(BUREG+ 0x06)
#define CFG3_REG    (volatile unsigned int *)(BUREG+0x07)    //配置寄存器3
#define CFG4_REG    (volatile unsigned int *)(BUREG+0x08)    //配置寄存器4
#define CFG5_REG    (volatile unsigned int *)(BUREG+0x09)    //配置寄存器5
//RT或MT数据栈地址寄存器
#define RT_MT_DATA_POINTER_REG (volatile unsigned int *)(BUREG+0x0A)
//BC帧剩余时间寄存器
#define BC_FTR_REG  (volatile unsigned int *)(BUREG+0x0B)
//BC消息剩余时间寄存器
#define BC_MTR_REG  (volatile unsigned int *)(BUREG+0x0C)
//非先进BC帧时间先进BC初始化指令指针
#define BC_FTIME_REG       (volatile unsigned int *)(BUREG+0x0D)
//RT最后命令
#define RT_LASTCMD_REG     (volatile unsigned int *)(BUREG+0x0D)
//MT触发字寄存器
#define MT_TIGGER_REG      (volatile unsigned int *)(BUREG+0x0D)
//RT状态字寄存器
```

```
#define RT_STATWORD_REG    (volatile unsigned int *)(BUREG+ 0x0E)
//RT BIT 字寄存器
#define RT_BITWODR_REG     (volatile unsigned int *)(BUREG+0x0F)
#define CFG6_REG    (volatile unsigned int *)(BUREG+0x18)    //配置寄存器6
#define CFG7_REG    (volatile unsigned int *)(BUREG+0x19)    //配置寄存器7
//BC 条件码寄存器
#define BC_CCODE_REG     (volatile unsigned int *)(BUREG+0x1B)
//BC 通用队列标志寄存器
#define BC_GPF_REG  (volatile unsigned int *)(BUREG+0x1B)
//BIT 状态寄存器
#define BIT_STATUS_REG     (volatile unsigned int *)(BUREG+0x1C)
//中断屏蔽寄存器 2
#define INT_MASK2_REG     (volatile unsigned int *)(BUREG+0x1D)
//中断状态寄存器 2
#define INT_STATUS2_REG    (volatile unsigned int *)(BUREG+ 0x1E)
//BC 通用队列指针寄存器
#define BC_GPQP_REG (volatile unsigned int *)(BUREG+0x1F)
//RT/MT 中断状态队指针寄存器
#define RT_MT_INTSTAPOT_REG      (volatile unsigned int *)(BUREG+ 0x1F)
//存储器/寄存器映射 基址+偏移地址
#define BUMEM_ADDR(offset_Addr)    (volatile     unsigned     int     *)
(BUMEM+offset_Addr)
#define REG_ADDR(offset_Addr)     (volatile     unsigned     int     *)
(BUREG+offset_Addr)
/******************函数声明**********************/
void Init64843AsBC(void);
void BC_Send1Fram(void);
void Init64843AsRT(void);
void Init64843AsWMT(void);
#endif /* _BU64843_H_ */
/***************** BU64843.h  File End*********************/
```

编写完 BU64843.c 文件内容后，修改 main_v1.06.c 文件内容，在主程序中增加 WMT 的初始化函数，具体代码如下：

```
/***************************************************
/*    版本：  V1.06
*     作者：  HDF
*     编译器:CCS6.2.0.00050
```

```
*       MCU:     TMS320F2812
*       时间:    20200903
*       内容:    F2812 控制 BU64843 做 WMT, 完成 WMT 的初始化
*******************************************************/
/***************** 头文件 *********************/
#include "system.h"                          //系统头文件, 作为 C 代码的链接文
件使用
#pragma CODE_SECTION(InitFlash,"ramfuncs")   //复制代码进 RAM 运行
/***************** 变量定义 *********************/
Uint16 Value_MEMBuf[600] = {0};              //存放 BU64843 内存单元值
Uint16 Value_REGBuf[20] = {0};               //存放 BU64843 寄存器单元值
/***************** 主程序 *********************/
void main(void)
{
    Uint16 i=0;
    InitSysCtrl();              //150MHz-Disable Dog
    #ifdef  LOAD_FLASH
        memcpy(&RamfuncsRunStart,&RamfuncsLoadStart,\
            &RamfuncsLoadEnd -&RamfuncsLoadStart);
        InitFlash();  //初始化 FLASH
    #endif
    DINT;                       //禁止中断
    InitPieCtrl();              //初始化 PIE 控制寄存器
    IER = 0x0000;               //禁止中断使能
    IFR=0x0000;                 //清中断标志
    InitPieVectTable();         //初始化 PIE 中断向量表
    InitXintf();                //添加 XINTF 总线时序配置
    InitGPIO();                 //配置项目中使用的 GPIO
    HardwareReset_BU64843();    //对 BU64843 进行硬件复位
    DELAY_US(10000);            //等待 10ms
    Init64843AsWMT();           //将 BU64843 配置为 WMT 模式
    InitSCIa();                 //初始化 SCIa 串口
    for(;;)                     //主循环
    {
        BoardRun();             //运行灯, 闪烁
        CheckandResetSCIA();    //一旦检测到 SCIA 状态出错, 复位 SCIA
        if(SciData == 0x02)     //串口指令 02 读取 RT 内存状态
        {
```

```
                    for(i=0;i<20;i++)     //DEBUG 下可查看前 20 个寄存器的值
                    {
                            Value_REGBuf[i] = *REG_ADDR(i);
                    }
                    for(i=0;i<600;i++) //DEBUG 下可查看前 600 个 RAM 地址中数据
                    {
                            Value_MEMBuf[i]  = *BUMEM_ADDR(i);
                    }
                    SCIASendWord(SciData);        //执行命令返回串口
                    SciData = 0;
            }
    }
}
/*******************main_v1.06.c  File End******************/
```

工程中 GPIO.c、GPIO.h、SCI.c、SCI.h 以及 system.h 文件和在 5.3.6 节工程 Kit_NewProj_04_20200724 中相同，已在 5.3.6 节列出，在此不再赘述。

编译通过后，将工程下载到开发板，在 Debug 模式下，利用串口发送“0x02”指令(波特率 115200，8 数据位，奇校验，1 停止位)，查看 Value_REGBuf 和 Value_MEMBuf 两个数组中的数据，如图 5.82 所示(图中地址号要转化为十进制)。可以看到相关配置已被正确写入 BU64843 中，且配置寄存器 1 的值为 0x4A07，表明 WMT 模式已上线(查看附表 1.8 中 D0 位)，寄存器 R0DH(Value_REGBuf[13])的值为 0x0821，即编程的触发字，当 WMT 接收到此命令字时，将停止监听。

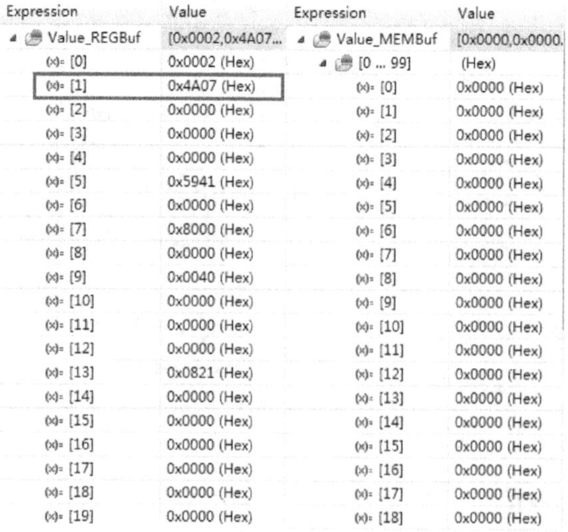

Expression	Value	Expression	Value
Value_REGBuf	[0x0002,0x4A07...	Value_MEMBuf	[0x0000,0x0000.
[0]	0x0002 (Hex)	[0 ... 99]	(Hex)
[1]	0x4A07 (Hex)	[0]	0x0000 (Hex)
[2]	0x0000 (Hex)	[1]	0x0000 (Hex)
[3]	0x0000 (Hex)	[2]	0x0000 (Hex)
[4]	0x0000 (Hex)	[3]	0x0000 (Hex)
[5]	0x5941 (Hex)	[4]	0x0000 (Hex)
[6]	0x0000 (Hex)	[5]	0x0000 (Hex)
[7]	0x8000 (Hex)	[6]	0x0000 (Hex)
[8]	0x0000 (Hex)	[7]	0x0000 (Hex)
[9]	0x0040 (Hex)	[8]	0x0000 (Hex)
[10]	0x0000 (Hex)	[9]	0x0000 (Hex)
[11]	0x0000 (Hex)	[10]	0x0000 (Hex)
[12]	0x0000 (Hex)	[11]	0x0000 (Hex)
[13]	0x0821 (Hex)	[12]	0x0000 (Hex)
[14]	0x0000 (Hex)	[13]	0x0000 (Hex)
[15]	0x0000 (Hex)	[14]	0x0000 (Hex)
[16]	0x0000 (Hex)	[15]	0x0000 (Hex)
[17]	0x0000 (Hex)	[16]	0x0000 (Hex)
[18]	0x0000 (Hex)	[17]	0x0000 (Hex)
[19]	0x0000 (Hex)	[18]	0x0000 (Hex)

图 5.82　Debug 模式下在线访问 BU64843 寄存器和内存值

　　向 WMT 监听的总线上先后发送消息 RT1_Rx_Sa1_Cn2(命令字 0x0822，数据 0x1111、0x2222)、RT2_Rx_Sa1_Cn2(命令字 0x1022，数据 0x1111、0x2222)、RT1_Rx_Sa1_Cn1(命令字 0x0821，数据 0xAAAA)、RT2_Rx_Sa1_Cn1(命令字 0x1021，数据 0x5555)。总线波形如图 5.83 所示，通道 1 为总线波形，通道 2 为 WMT 的模式识别中断信号，通道 1 中从左至右依次记录了 BC 发送的上述四条消息。

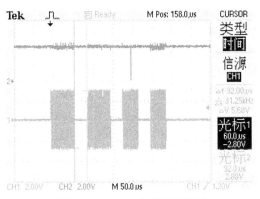

图 5.83　WMT 监听总线波形

　　向开发板发送串口命令 "0x02"(波特率 115200，8 位数据，1 停止位，1 奇校验位)，读取 WMT 的寄存器和内存值如图 5.84 所示。R01H 寄存器的值为 0x4A00，从中可以看出 WMT 在监听完上述消息后已停止了监听；WMT 的共享 RAM 中记录了前三条消息的内容。观察第三条消息，由于 WMT 中编程了模式识别功能，触发命令字为 0x0821，当 WMT 监听到命令字和 0x0821 触发字相匹配时，触发 WMT 下线，因此 R01H 寄存器的值变为 0x4A00，而且在 WMT 监听到触发字后，立马给出了模式识别中

Expression	Value		Expression	Value
▲ Value_REGBuf	[0x0002,0x4A00		▲ Value_MEMBuf	[0x0822,0xFFE9,
(x)= [0]	0x0002 (Hex)		▲ [0 … 99]	(Hex)
(x)= [1]	0x4A00 (Hex)		(x)= [0]	0x0822 (Hex)
(x)= [2]	0x0000 (Hex)	消息1	(x)= [1]	0xFFE9 (Hex)
(x)= [3]	0x0000 (Hex)		(x)= [2]	0x1111 (Hex)
(x)= [4]	0x0000 (Hex)		(x)= [3]	0x00E3 (Hex)
(x)= [5]	0x5658 (Hex)		(x)= [4]	0x2222 (Hex)
(x)= [6]	0x8002 (Hex)		(x)= [5]	0x00E3 (Hex)
(x)= [7]	0x8000 (Hex)		(x)= [6]	0x1022 (Hex)
(x)= [8]	0x0000 (Hex)		(x)= [7]	0x3DE9 (Hex)
(x)= [9]	0x0040 (Hex)	消息2	(x)= [8]	0x1111 (Hex)
(x)= [10]	0x000E (Hex)		(x)= [9]	0x00E3 (Hex)
(x)= [11]	0x0000 (Hex)		(x)= [10]	0x2222 (Hex)
(x)= [12]	0x0000 (Hex)		(x)= [11]	0x00E3 (Hex)
(x)= [13]	0x0821 (Hex)	消息3	(x)= [12]	0x0821 (Hex)
(x)= [14]	0x0000 (Hex)		(x)= [13]	0x3DE9 (Hex)
(x)= [15]	0x0000 (Hex)		(x)= [14]	0x0000 (Hex)
(x)= [16]	0x0000 (Hex)		(x)= [15]	0x0000 (Hex)
(x)= [17]	0x0000 (Hex)		(x)= [16]	0x0000 (Hex)
(x)= [18]	0x0000 (Hex)		(x)= [17]	0x0000 (Hex)
(x)= [19]	0x0000 (Hex)		(x)= [18]	0x0000 (Hex)

图 5.84　Debug 模式下 WMT 监听总线字后寄存器和内存值

断信号；而后由于 WMT 下线，第三条消息的数据并没有被 WMT 记录到共享 RAM 中，第四条消息在共享 RAM 中当然也不会存储。另外观察第二条消息 0x1022 的 ID 字 0x3DE9，该 ID 字的 D1 位为 0，指示记录的总线字(0x1022)和前一个总线字(0x2222)不是连续内容，两字之间间隙时间 0x3D(61×0.5μs=31.5μs)，从示波器波形中也可以测出两游标之间的时间间隙为 31.25μs，两者相符。

当 WMT 的 4K 共享 RAM 均存满监听的数据后，数据将重新从 M0H 单元覆盖记录。

5.5.2　MMT 模式

BU64843 做 MMT 模式时，其内存管理如表 5.9 所示。MMT 具有命令堆栈和数据堆栈，用来存放监听的消息命令和数据内容。另外 MMT 还可通过配置"选择监听查找表"(MMT 查找表)来配置需要过滤/监听的消息内容，过滤项包括 RT 地址、Tx/Rx 命令和子地址。MMT 模式还可以和 RT 模式联合使用，也就是 RT/MMT 模式。下面将针对 MMT 的内容逐一进行讲解。

MMT 的命令堆栈和 RT 的堆栈相似，每监听一个有效消息时，MMT 都会在其命令堆栈中记录当前消息的 4 条描述符，从上到下依次为 MMT 块状态字、时间标签字、数据块指针和接收的消息命令字。用户通过 MMT 的堆栈描述符就能找到 MMT 所监听消息的内容和状态。

MMT 的查找表在共享 RAM 的 M0280H～M02FFH 段中，每个单元的含义如表 5.39 所示。MMT 查找表中每个单元负责管理一个过滤项，通过配置 MMT 的查找表可以达到控制 MMT 选择监听某类消息的功能，具体配置值和过滤项可查看附表 6.1～附表 6.3。

表 5.39　MMT 查找表单元含义

位		含义
D15		
…		固定 0
D10		
D9		固定 1
D8		固定 0
D7		固定 1
D6	RTAD_4	
D5	RTAD_3	RT 地址域
D4	RTAD_2	

位		含义
D3	RTAD_1	RT 地址域
D2	RTAD_0	
D1	T/R	Tx/Rx 命令域
D0	Sa4	子地址域最高位

MMT 监听到的消息存储在 MMT 共享 RAM 中的数据堆栈中，不同格式的消息在 MMT 数据堆栈中的存储结构是不一样的，具体存储顺序如表 5.40 和表 5.41 所示。

表 5.40 MMT 数据堆栈中消息内容的存储顺序 1

BC→RT (Rx 命令)	RT→BC (Tx 命令)	RT→RT	RT→RTs (广播)	BC→RTs(广播)
数据 1	接收的 RT 状态字	Tx 命令字	Tx 命令字	数据 1
数据 2	数据 1	发送的 RT 状态字	发送的 RT 状态字	数据 2
…	数据 2	数据 1	数据 1	…
最后数据字	…	数据 2	数据 2	最后数据字
接收的 RT 状态字	最后数据字	…	…	
		最后数据字	最后数据字	
		接收的 RT 状态字		

表 5.41 MMT 数据堆栈中消息内容的存储顺序 2

Rx 模式码带数据	Tx 模式码带数据	模式码无数据	广播模式码带数据
数据	接收的 RT 状态字	接收的 RT 状态字	数据字
接收的 RT 状态字	数据字		

当主处理器查询 MMT 监听的消息内容时，首先需要查询 MMT 的命令堆栈，从命令堆栈中取出监听消息的 MMT 块状态字(见附表 1.35)，判断消息是不是 RT→RT 格式，然后需要根据命令堆栈中监听的消息命令字来确定消息的格式(是否为 Tx/Rx、模式码、广播)和数据长度等。最后通过数据块指针找到数据的存储单元首地址，按照格式即可取出数据内容。

MMT 支持 5 种中断方式，通过中断屏蔽寄存器 1 和 2 配置，包括消息结束中断 EOM、MT 命令堆栈翻转中断、MT 数据堆栈翻转中断、MT 命令堆栈 50%溢出中断、MT 数据堆栈 50%溢出中断。

配置 MMT 需要做如下设置：

(1) "增强模式"开启(CFG3_REG.15=1)；

(2) MMT 模式选择配置方式为 CFG1_REG.15/14/12=0/1/1(表 5.10)；

(3) 通过向启动/复位寄存器(R03H)中的"BC/MT 启动"位写 1 启动 MMT 上线(需要注意的是，在 RT/MT 模式下，MMT 不需要执行此步)。

下面编写一个开发板应用实例，来实现 BU64843 的 MMT 模式初始化配置。具体步骤如下：配置 MMT 的寄存器，选择消息结束中断方式，为 MMT 的命令堆栈和数据堆栈分别分配 1K 和 2K 的存储空间，初始化 MMT 的命令堆栈和数据堆栈，通过配置 MMT 查找表使得 MMT 只监控和 RT1 有关的消息。

在编写软件代码之前，将实现上述 MMT 功能的伪码列于表 5.42 中。

表 5.42　初始化 MMT 的伪码实例

配置内容	单元	写入值	含义
配置寄存器为 MMT 模式	R3H	0x01	BU64843 软复位
	R7H	0x8000	开启"增强模式"
	R0H	0x01	EOM 消息结束中断
	R1H	0x5000	MMT 模式
	R7H	0x8D00	MMT 命令堆栈 1K，数据堆栈 2K
	R18H	0x4000	开启"增强 CPU 处理"
	R5H	0	时间标签清零
存储器清零	M0H~M0FFFH	0	4K 共享 RAM 清零
命令堆栈指针初始化	M102H	0x400	初始化 MMT 命令堆栈指针
数据堆栈指针初始化	M103H	0x800	初始化 MMT 数据堆栈指针
配置 MMT 查找表	M284H	0xFFFF	选择监听 RT1 的所有子地址消息
	M285H		
	M286H		
	M287H		
MMT 启动	R03H	0x0002	MMT 模式软件启动并上线

第一步，在工程 Kit_NewProj_06_20200903_WMT 的基础上建立本节 CCS6.2 工程 Kit_NewProj_07_20200904_MMT。首先在 CCS6.2 工作空间 CCS6.2WorkSpace 下复制 Kit_NewProj_06_20200903_WMT 工程，并将其重命名为 Kit_NewProj_07_20200904_MMT。

第二步，打开 Kit_NewProj_07_20200904_MMT 工程文件夹找到 ".project" 文件，使用记事本打开该文件，在该文件中修改<name>段名称为工程名(Kit_NewProj_07_20200904_MMT)。

第三步，在 Kit_NewProj_07_20200904_MMT 工程文件夹中找到 User_Source 文件夹，将其中的 main_v1.06.c 文件修改为 main_v1.07.c，操作过程如图 5.85 所示。

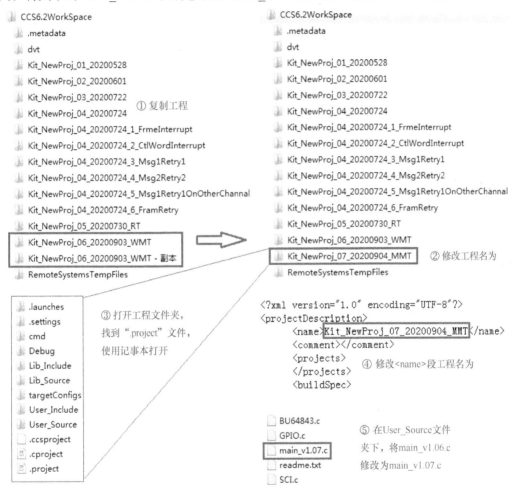

图 5.85 新建 Kit_NewProj_07_20200904_MMT 工程

将新建好的工程 Kit_NewProj_07_20200904_MMT 导入 CCS6.2，在 CCS6.2 中单击 Project 菜单栏命令，在下拉菜单中选择 Import CCS Projects，在弹出的 Import CCS Eclipse Projects 窗口中单击 Browse 按钮，在弹出的浏览框中找到 CCS6.2WorkSpace 工作空间，选中其中需要导入的工程文件夹后单击 "确定" 按钮。回到 Import CCS Eclipse Projects 窗口单击 Finish 按钮即可完成工程导入。导入步骤如图 5.86～图 5.88 所示。

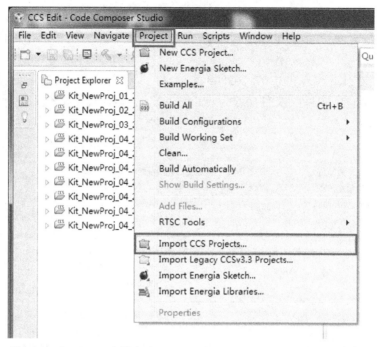

图 5.86　在 CCS6.2 中导入 Kit_NewProj_07_20200904_MMT 工程步骤 1

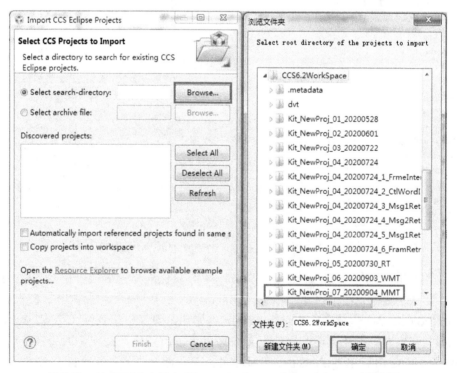

图 5.87　在 CCS6.2 中导入 Kit_NewProj_07_20200904_MMT 工程步骤 2

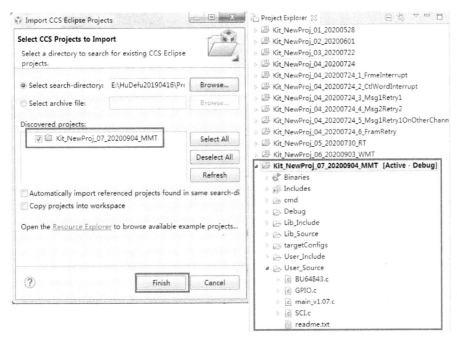

图 5.88　在 CCS6.2 中导入 Kit_NewProj_07_20200904_MMT 工程步骤 3

编写软件代码，首先在 BU64843.c 中编写 MMT 的初始化函数 Init64843AsMMT()，BU64843.c 文件内容如下：

```
/*********************************************************
 *       文件名：BU64843.c
 *  Created on: 2020 年 7 月 22 日
 *       Author: Administrator
 *********************************************************/
#include "system.h" //包含系统头文件及内部驱动文件
/*********************************************************
 * 函数功能：BU64843 的 BC 初始化程序：将 BU64843 初始化为传统 BC 增强模式
 * 输　　入：无
 * 输　　出：无
 *******************************************/
void Init64843AsBC(void)
{
    Uint16 i=0;
    *START_RESET_REG = 0x0001; //BU64843 软复位
    *CFG3_REG = 0x8000;        //增强模式
    *INT_MASK1_REG = 0x0001;   //消息结束中断
    *CFG1_REG = 0x0020;        //使能消息间间隔定时器
```

```
    *CFG2_REG = 0x0400;          //中断请求电平，禁止 256 字边界
    *CFG4_REG = 0x1060;          //使能扩展的 BC 控制字
    *CFG5_REG = 0x0A00;          //使能扩展的过零点，响应超时 22.5μs
    *CFG6_REG = 0x4000;          //增强 CPU 处理
    *TIME_TAG_REG = 0;           //时间标签清零
    for(i=0;i<0x1000;i++)        //4K RAM 清零
    {
            *BUMEM_ADDR(i)= 0;
    }
    DELAY_US(10);
}
/*********************************************
*  函数功能：BU64843 的 BC 发送特定消息函数
*  输    入：无
*  输    出：无
*********************************************/
void BC_Send1Fram(void)
{
    *BUMEM_ADDR(0x100)= 0;           //堆栈指针 A 指向 0000H
    *BUMEM_ADDR(0x101)= 0xFFFD;      //消息计数器 A，指示 2 条消息
    //描述符堆栈
    *BUMEM_ADDR(0) = 0;              //消息 1 BC 块状态字清零
    *BUMEM_ADDR(1) = 0;              //消息 1  时间标签字清零
    *BUMEM_ADDR(2) = 0x64;           //消息 1 消息间隔定时器为 100μs
    *BUMEM_ADDR(3) = 0x108;          //消息 1 数据块指针指向 108H 地址
    *BUMEM_ADDR(4) = 0;              //消息 2 BC 块状态字清零
    *BUMEM_ADDR(5) = 0;              //消息 2  时间标签字清零
    *BUMEM_ADDR(6) = 0x64;           //消息 2 消息间隔定时器为 100μs
    *BUMEM_ADDR(7) = 0x10E;          //消息 2 数据块指针指向 10EH 地址
    //数据块
    *BUMEM_ADDR(0x108)= 0x80;        //消息 1 BC 控制字
    *BUMEM_ADDR(0x109)= 0x08A2;      //消息 1 Rx 命令字：RT1_Rx_Sa5_Cn2
    *BUMEM_ADDR(0x10A)= 0x1111;      //消息 1 数据字 1
    *BUMEM_ADDR(0x10B)= 0x2222;      //消息 1 数据字 2
    *BUMEM_ADDR(0x10C)= 0;           //消息 1 数据字 2 回还清零
    *BUMEM_ADDR(0x10D)= 0;           //消息 1 接收的 RT 状态字清零
    *BUMEM_ADDR(0x10E)= 0x80;        //消息 2 BC 控制字
    *BUMEM_ADDR(0x10F)= 0x0C61;      //消息 2 Tx 命令字：RT1_Tx_Sa3_Cn1
```

```
    *BUMEM_ADDR(0x110)= 0;              //消息 2 Tx 命令字回还位置清零
    *BUMEM_ADDR(0x111)= 0;              //消息 2 接收的 RT 状态字清零
    *BUMEM_ADDR(0x112)= 0;              //消息 2 数据字清零
    *START_RESET_REG   = 0x0002;        //启动 BC 发送消息
    DELAY_US(10);
}
/*********************************************
 * 函数功能：BU64843 的 RT 初始化程序
 * 输    入：无
 * 输    出：无
**********************************************/
void Init64843AsRT(void)
{
    Uint16 i=0;
    *START_RESET_REG = 0x0001;          //BU64843 复位
    *CFG3_REG = 0x8000;                 //增强模式
    *INT_MASK1_REG = 0x0010;            //RT 子地址控制字中断
    *CFG2_REG = 0x9803;                 //增强中断，关忙，双缓冲使能，
                                        //广播数据分离，增强 RT 内存管理
    *CFG3_REG = 0x809D;                 //关非法化，禁止 256 字边界
    *CFG4_REG = 0x2008;                 //消息出错忙且无数据响应也有效，
                                        //使能扩展的 BC 控制字
    *CFG6_REG = 0x4020;                 //增强 CPU 处理
    *CFG5_REG = 0x0802;                 //使能扩展的过零点，响应超时 22.5μs
    *TIME_TAG_REG = 0;                  //时间标签清零
    //接收子地址对应的数据空间大小分配
    *BUMEM_ADDR(0x0140)=0x0F20;         //不使用的子地址分配 0x0F20
    *BUMEM_ADDR(0x0141)=0x0500;         //子地址 1 数据块首地址 0x500
    *BUMEM_ADDR(0x0142)=0x0540;         //子地址 2 数据块首地址 0x540
    *BUMEM_ADDR(0x0143)=0x0580;         //子地址 3 数据块首地址 0x580
    for(i=0;i<28;i++)                   //余下的接收子地址分配
    {
        *BUMEM_ADDR(0x0144+i)=0x0F20;       //不使用的子地址分配 0x0F20
    }
    //发送子地址对应的数据空间大小分配
    *BUMEM_ADDR(0x0160)=0x0F00;         //不使用的子地址分配 0x0F00
    *BUMEM_ADDR(0x0161)=0x0400;         //子地址 1 数据块首地址 0x400
    *BUMEM_ADDR(0x0162)=0x0420;         //子地址 2 数据块首地址 0x420
```

```
*BUMEM_ADDR(0x0163)=0x0440;          //子地址 3 数据块首地址 0x440
for(i=0;i<28;i++)                    //余下的发送子地址分配
{
        *BUMEM_ADDR(0x0164+i)=0x0F00;
}
//广播子地址对应的数据空间大小分配
*BUMEM_ADDR(0x0180)=0x0F40;          //不使用的子地址分配 0x0F40
*BUMEM_ADDR(0x0181)=0x0600;          //子地址 1 数据块首地址 0x600
for(i=0;i<30;i++)                    //余下的发送子地址分配
{
        *BUMEM_ADDR(0x0182+i)=0x0F40;
}
//子地址控制字
*BUMEM_ADDR(0x01A0)=0;               //无中断
*BUMEM_ADDR(0x01A1)=0x0200;          //子地址 1 接收消息中断
*BUMEM_ADDR(0x01A2)=0x8200;          //子地址 2 接收消息中断，接收子地址双缓冲
*BUMEM_ADDR(0x01A3)=0x0220;          //子地址 3 接收消息中断，接收子地址循环缓冲
for(i=0;i<28;i++)
{
        *BUMEM_ADDR(0x01A4+i)=0;     //无中断
}
for(i=0;i<8;i++)                     //忙位查询表
{
        *BUMEM_ADDR(0x0240+i)=0x0000;
}
for(i=0;i<256;i++)                   //指令非法化表
{
        *BUMEM_ADDR(0x0300+i)=0;
}
*CFG1_REG      =      0x8F80;        //配置为 RT 模式
DELAY_US(10);
//发送子地址 1 中存入 32 个 0x1111
for(i=0;i<32;i++)
{
        *BUMEM_ADDR(0x0400+i)=0x1111;
}
//发送子地址 2 中存入 32 个 0x2222
for(i=0;i<32;i++)
```

```
    {
        *BUMEM_ADDR(0x0420+i)=0x2222;
    }
    //发送子地址 3 中存入 32 个 0x3333
    for(i=0;i<32;i++)
    {
        *BUMEM_ADDR(0x0440+i)=0x3333;
    }
}
/******************************************
 * 函数功能：BU64843 的 WMT 初始化程序
 * 输    入：无
 * 输    出：无
 ******************************************/
void Init64843AsWMT(void)
{
    Uint16 i=0;
    *START_RESET_REG = 0x0001; //BU64843 复位
    *CFG3_REG = 0x8000;        //增强模式
    *INT_MASK1_REG = 0x0002;   //WMT 模式识别中断
    *CFG1_REG = 0x4A00;        //WMT 模式，接收触发字停止
    *MT_TIGGER_REG = 0x0821;   //触发字 0x0821
    *CFG6_REG = 0x4000;        //增强 CPU 处理
    *TIME_TAG_REG = 0;         //时间标签清零
    for(i=0;i<0x1000;i++)      //4K RAM 清零
    {
        *BUMEM_ADDR(i)= 0;
    }
    *START_RESET_REG = 0x0002; //启动 MT 功能
    DELAY_US(10);
}
/******************************************
 * 函数功能：BU64843 的 MMT 初始化程序
 * 输    入：无
 * 输    出：无
 ******************************************/
void Init64843AsMMT(void)
{
```

```
    Uint16 i=0;
    *START_RESET_REG = 0x0001;  //BU64843 复位
    *CFG3_REG = 0x8000;          //增强模式
    *INT_MASK1_REG = 0x0001;     //消息结束中断
    *CFG1_REG = 0x5000;          //MMT 模式
    *CFG3_REG = 0x8D00;          //MMT 命令堆栈 1K, 数据堆栈 2K
    *CFG6_REG = 0x4000;          //增强 CPU 处理
    *TIME_TAG_REG = 0;           //时间标签清零
    for(i=0;i<0x1000;i++)        //4K RAM 清零
    {
            *BUMEM_ADDR(i)= 0;
    }
    *BUMEM_ADDR(0x102) = 0x0400;      //命令堆栈指针初始化
    *BUMEM_ADDR(0x103) = 0x0800;      //数据堆栈指针初始化
    //配置 MMT 查找表(监听 RT1 的所有消息)
    for(i=0;i<4;i++)
    {
            *BUMEM_ADDR(0x0284+i)=0xFFFF;
    }
    *START_RESET_REG = 0x0002;  //启动 MT 功能
    DELAY_US(10);
}
/***************** BU64843.c  File End*******************/
```

BU64843.h 头文件内容如下，增加了 Init64843AsMMT() 的函数声明。

```
/************************************************************
*       文件名: BU64843.h
*  Created on: 2020 年 7 月 22 日
*     Author: Administrator
 ************************************************************/
#ifndef _BU64843_H_
#define _BU64843_H_
/***************** 常量定义  *******************/
#define BUREG      (volatile unsigned int *)0x100000 //BU64843 寄存器基地址
#define BUMEM      (volatile unsigned int *)0x110000 //BU64843 存储器基地址
//寄存器映射 基址+偏移地址
#define INT_MASK1_REG (volatile unsigned int *)(BUREG+0x00)//中断屏蔽寄存器 1
#define CFG1_REG   (volatile unsigned int *)(BUREG+0x01)    //配置寄存器 1
```

```
#define CFG2_REG     (volatile unsigned int *)(BUREG+0x02)    //配置寄存器 2
//启动/复位寄存器
#define START_RESET_REG    (volatile unsigned int *)(BUREG+ 0x03)
//非先进 BC 或 RT 堆 栈指针 先进 BC 指令列表指针寄存器
#define CMD_POINTER_REG    (volatile unsigned int *)(BUREG+ 0x03)
//BC 控制字寄存器
#define BC_CTLWORD_REG    (volatile unsigned int *)(BUREG+0x04)
//RT 子地址/控制字寄存器
#define RT_SA_CTLWORD_REG   (volatile unsigned int *)(BUREG+ 0x04)
//时间标签寄存器
#define TIME_TAG_REG    (volatile unsigned int *)(BUREG+0x05)
//中断状态寄存器 1
#define INT_STATUS1_REG    (volatile unsigned int *)(BUREG+ 0x06)
#define CFG3_REG    (volatile unsigned int *)(BUREG+0x07)   //配置寄存器 3
#define CFG4_REG    (volatile unsigned int *)(BUREG+0x08)    //配置寄存器 4
#define CFG5_REG    (volatile unsigned int *)(BUREG+0x09)    //配置寄存器 5
//RT 或 MT 数据栈地址寄存器
#define RT_MT_DATA_POINTER_REG (volatile unsigned int *)(BUREG+0x0A)
//BC 帧剩余时间寄存器
#define BC_FTR_REG  (volatile unsigned int *)(BUREG+0x0B)
//BC 消息剩余时间寄存器
#define BC_MTR_REG  (volatile unsigned int *)(BUREG+0x0C)
//非先进 BC 帧时间/先进 BC 初始化指令指针
#define BC_FTIME_REG    (volatile unsigned int *)(BUREG+0x0D)
//RT 最后命令
#define RT_LASTCMD_REG    (volatile unsigned int *)(BUREG+0x0D)
//MT 触发字寄存器
#define MT_TIGGER_REG    (volatile unsigned int *)(BUREG+0x0D)
//RT 状态字寄存器
#define RT_STATWORD_REG   (volatile unsigned int *)(BUREG+ 0x0E)
//RT BIT 字寄存器
#define RT_BITWODR_REG   (volatile unsigned int *)(BUREG+0x0F)
#define CFG6_REG    (volatile unsigned int *)(BUREG+0x18)    //配置寄存器 6
#define CFG7_REG    (volatile unsigned int *)(BUREG+0x19)    //配置寄存器 7
//BC 条件码寄存器
#define BC_CCODE_REG    (volatile unsigned int *)(BUREG+0x1B)
//BC 通用队列标志寄存器
#define BC_GPF_REG  (volatile unsigned int *)(BUREG+0x1B)
```

```
//BIT 状态寄存器
#define BIT_STATUS_REG        (volatile unsigned int *)(BUREG+0x1C)
//中断屏蔽寄存器 2
#define INT_MASK2_REG         (volatile unsigned int *)(BUREG+0x1D)
//中断状态寄存器 2
#define INT_STATUS2_REG       (volatile unsigned int *)(BUREG+ 0x1E)
//BC 通用队列指针寄存器
#define BC_GPQP_REG  (volatile unsigned int *)(BUREG+0x1F)
//RT/MT 中断状态队指针寄存器
#define RT_MT_INTSTAPOT_REG       (volatile unsigned int *)(BUREG+ 0x1F)
//存储器/寄存器映射 基址+偏移地址
#define BUMEM_ADDR(offset_Addr)   (volatile unsigned int *) (BUMEM+offset_
Addr)
#define REG_ADDR(offset_Addr)     (volatile unsigned int *) (BUREG+offset_
Addr)
/******************函数声明***********************/
void Init64843AsBC(void);
void BC_Send1Fram(void);
void Init64843AsRT(void);
void Init64843AsWMT(void);
void Init64843AsMMT(void);
#endif /* _BU64843_H_ */
/***************** BU64843.h  File End*******************/
```

编写完 BU64843.c 文件内容后，修改 main_v1.07.c 文件内容，在主程序中增加 MMT 的初始化函数，具体代码如下：

```
/*************************************************
/*     版本：  V1.07
 *     作者：  HDF
 *     编译器:CCS6.2.0.00050
 *     MCU:  TMS320F2812
 *     时间：  20200904
 *     内容：  F2812 控制 BU64843 做 MMT，完成 MMT 的初始化
**************************************************/
/**************** 头文件 ******************/
#include "system.h"                //系统头文件，作为 C 代码的链接文件使用
#pragma CODE_SECTION(InitFlash,"ramfuncs")     //复制代码进 RAM 运行
```

```
/***************** 变量定义 ***********************/
Uint16 Value_MMTCmdStackPtr = 0;                    //存放 MMT 命令堆栈指针
Uint16 Value_MMTDataStackPtr = 0;                   //存放 MMT 数据堆栈指针
Uint16 Value_MMTCmdStackBuf[300] = {0};             //存放 MMT 命令堆栈单元值
Uint16 Value_MMTDataStackBuf[300] = {0};            //存放 MMT 数据堆栈单元值
Uint16 Value_REGBuf[20] = {0};                      //存放 BU64843 寄存器单元值
/***************** 主程序 *********************/
void main(void)
{
    Uint16 i=0;
    InitSysCtrl();                      //150MHz-Disable Dog
    #ifdef LOAD_FLASH
        memcpy(&RamfuncsRunStart,&RamfuncsLoadStart,\
            &RamfuncsLoadEnd -&RamfuncsLoadStart);
        InitFlash(); //初始化 FLASH
    #endif
    DINT;                               //禁止中断
    InitPieCtrl();                      //初始化 PIE 控制寄存器
    IER = 0x0000;                       //禁止中断使能
    IFR= 0x0000;                        //清中断标志
    InitPieVectTable();                 //初始化 PIE 中断向量表
    InitXintf();                        //添加 XINTF 总线时序配置
    InitGPIO();                         //配置项目中使用的 GPIO
    HardwareReset_BU64843();            //对 BU64843 进行硬件复位
    DELAY_US(10000);                    //等待 10ms
    Init64843AsMMT();                   //将 BU64843 配置为 MMT 模式
    InitSCIa();                         //初始化 SCIa 串口
    for(;;)                             //主循环
    {
        BoardRun();                     //运行灯，闪烁
        CheckandResetSCIA();            //一旦检测到 SCIA 状态出错，复位 SCIA
        if(SciData == 0x02)             //串口指令 02 读取 RT 内存状态
        {
            for(i=0;i<20;i++)           //DEBUG 下可查看前 20 个寄存器的值
            {
                Value_REGBuf[i] = *REG_ADDR(i);
            }
            //读取 MMT 命令堆栈指针和数据堆栈指针
```

```
                    Value_MMTCmdStackPtr = *BUMEM_ADDR(0x102);

                    Value_MMTDataStackPtr = *BUMEM_ADDR(0x103);

                    for(i=0;i<300;i++)    //读取MMT命令堆栈描述符
                    {
                    Value_MMTCmdStackBuf[i] = *BUMEM_ADDR(0x400+i);
                    }
                    for(i=0;i<300;i++)    //读取MMT数据堆栈中数据
                    {
                    Value_MMTDataStackBuf[i] = *BUMEM_ADDR(0x800+i);
                    }
                    SCIASendWord(SciData);      //执行命令返回串口
                    SciData = 0;
                }
            }
        }
/*****************main_v1.07.c  File End*****************/
```

工程中 GPIO.c、GPIO.h、SCI.c、SCI.h 以及 system.h 文件和 5.3.6 节工程 Kit_NewProj_04_20200724 中相同，已在 5.3.6 节列出，在此不再赘述。

编译通过后将工程下载到开发板，在 Debug 模式下，利用串口发送"0x02"指令(波特率 115200，8 数据位，奇校验，1 停止位)，查看 Value_MMTCmdStackPtr、Value_MMTDataStackPtr 命令堆栈指针和数据堆栈指针，以及 Value_MMTCmdStackBuf 和 Value_MMTDataStackBuf 两个数组中的数据，如图 5.89 所示(图中地址号要转化为十进

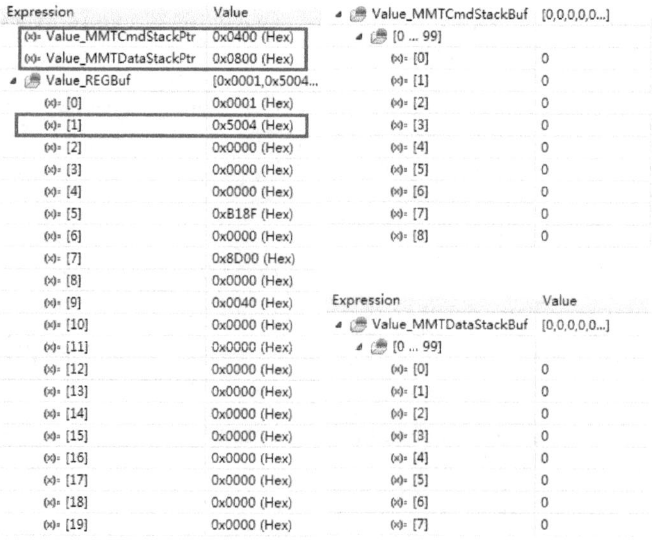

图 5.89　Debug 模式下在线访问 MMT 的寄存器和内存值

制)，可以看到相关配置已被正确写入 BU64843 中，且配置寄存器 1 的值为 0x5004，表明 MMT 模式已上线(查看附表 1.8 中 D2 位)，MMT 的命令堆栈和数据堆栈已分配了指针，命令堆栈和数据堆栈已清零。

　　向 MMT 监听的总线上先后发送消息 RT1_Rx_Sa1_Cn2(命令字 0x0822，数据 0x1111、0x2222)、RT2_Rx_Sa1_Cn2(命令字 0x1022，数据 0x1111、0x2222)、RT1_Rx_Sa1_Cn1(命令字 0x0821，数据 0xAAAA)、RT2_Rx_Sa1_Cn1(命令字 0x1021，数据 0x5555)。总线波形如图 5.90 所示，通道 1 为总线波形，通道 2 为 MMT 的中断信号。

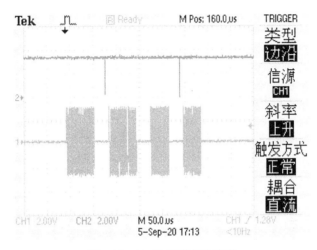

图 5.90　MMT 监听总线波形

　　再次向开发板发送串口命令"0x02"(波特率 115200，8 位数据，1 停止位，1 奇校验位)，读取 MMT 的寄存器和内存值如图 5.91 所示。MMT 的命令堆栈中记录了两条 RT 地址为 1 的消息的描述符，而 RT 地址为 2 的消息被过滤掉，这里未记录。另外，MMT 的数据堆栈中依次记录了两条 RT 地址为 1 的消息的实际内容。由于总线中未设置 RT1，因此 MMT 命令堆栈描述符中消息的块状态字为 0x9300，指示消息出现超时错误，原因就是没有 RT 响应。从 MMT 的命令堆栈指针和数据堆栈指针可以看出，它们都指向下一次消息存储的首地址。

　　还需提醒读者的是，当 MMT 的命令堆栈存满后，它将会发生堆栈翻转，即命令堆栈的指针会从栈底返回栈顶，即从 M07FFH 的位置回到 M0400H。同样，MMT 的数据堆栈存满后，也会发生堆栈翻转事件，数据堆栈的指针从 M0FFFH 的位置回到 M0800H，在使用过程中，需要注意。

　　以上即 BU64843 做 MMT 的具体案例。关于 RT/MMT 的应用实例，由于实际应用中很少使用，在此就不再做介绍，只将 RT/MMT 的内存管理结构(64K 大小 RAM，不同芯片分配不同)列入表 5.43，不必深究。

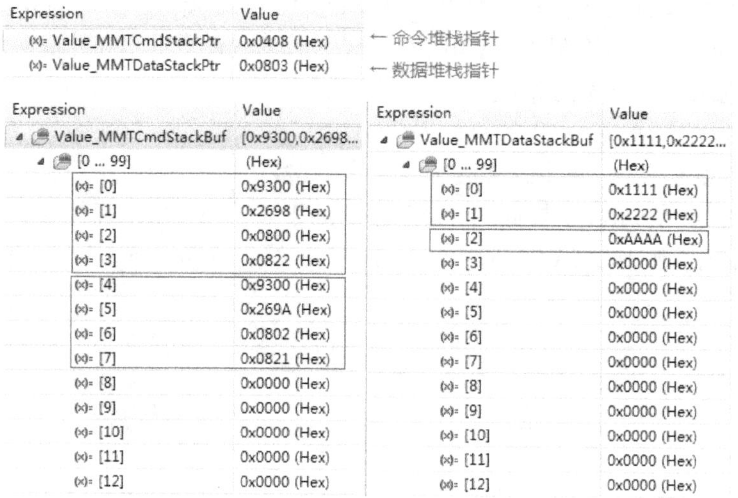

Expression	Value	
(x)= Value_MMTCmdStackPtr	0x0408 (Hex)	← 命令堆栈指针
(x)= Value_MMTDataStackPtr	0x0803 (Hex)	← 数据堆栈指针

Expression	Value		Expression	Value
▲ ◉ Value_MMTCmdStackBuf	[0x9300,0x2698...		▲ ◉ Value_MMTDataStackBuf	[0x1111,0x2222...
▲ 🖥 [0 ... 99]	(Hex)		▲ 🖥 [0 ... 99]	(Hex)
(x)= [0]	0x9300 (Hex)		(x)= [0]	0x1111 (Hex)
(x)= [1]	0x2698 (Hex)		(x)= [1]	0x2222 (Hex)
(x)= [2]	0x0800 (Hex)		(x)= [2]	0xAAAA (Hex)
(x)= [3]	0x0822 (Hex)		(x)= [3]	0x0000 (Hex)
(x)= [4]	0x9300 (Hex)		(x)= [4]	0x0000 (Hex)
(x)= [5]	0x269A (Hex)		(x)= [5]	0x0000 (Hex)
(x)= [6]	0x0802 (Hex)		(x)= [6]	0x0000 (Hex)
(x)= [7]	0x0821 (Hex)		(x)= [7]	0x0000 (Hex)
(x)= [8]	0x0000 (Hex)		(x)= [8]	0x0000 (Hex)
(x)= [9]	0x0000 (Hex)		(x)= [9]	0x0000 (Hex)
(x)= [10]	0x0000 (Hex)		(x)= [10]	0x0000 (Hex)
(x)= [11]	0x0000 (Hex)		(x)= [11]	0x0000 (Hex)
(x)= [12]	0x0000 (Hex)		(x)= [12]	0x0000 (Hex)

图 5.91　Debug 模式下在线访问 MMT 的寄存器和内存值

表 5.43　BU64843 在 RT/MMT 模式下 RAM 内存结构(仅针对 64K RAM)

RAM 地址	描述
M00H~MFFH	RT 堆栈 A
M100H	RT 堆栈 A 指针
M101H	保留
M102H	MMT 命令堆栈指针 A
M103H	MMT 数据堆栈指针 A
M104H	堆栈指针 B
M105H	保留
M106H	MMT 命令堆栈指针 B
M107H	MMT 数据堆栈指针 B
M108H~M10FH	模式码可选中断表
M110H~M13FH	模式码数据
M140H~M1BFH	查找表 A
M1C0H~M23FH	查找表 B
M240H~M247H	忙位查找表
M248H~M25FH	未使用
M260H~M27FH	RT 数据块 0
M280H~M2FFH	MMT 查找表
M300H~M3FFH	RT 命令非法化表

RAM 地址	描述
M400H～M7FFH	MMT 命令堆栈 A
M800H～M81FH	RT 数据块 1
M820H～M83FH	RT 数据块 2
...	...
M7FE0～M7FFFH	RT 数据块 959
M8000H～MFFFFH	MT 数据堆栈

第6章 应用案例

前几章已将BC、RT和MT的基本功能以及相关配置等内容做了讲解，本章将设计一个基于开发板的 1553B 总线传输案例，基于此案例，读者可以直观地感受到在实际应用中各 1553B 总线节点间处理信息的差异。至此 1553B 总线的全貌已完全展现在读者眼前，感兴趣的读者可以通过实际的应用来不断提高对 1553B 总线的认识和理解。

本章联合通信案例内容如下：

(1) 准备三块开发板，分别作为 BC、RT 和 MT 连接至总线，如图 6.1 所示。

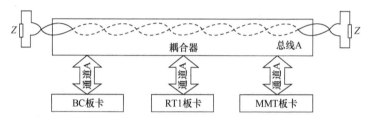

图 6.1 1553B 总线终端连接图

(2) BC 开发板接收串口指令以执行 1553B 总线命令，当 BC 开发板接收到串口发送"0x01"指令(开始执行总线任务串口指令)时，向总线发送 RT1_Tx_SA1_Cn1 命令(命令字 0x0C21)，即 BC 向 RT1 的子地址 1 取 1 个操作数为 Data1，当 BC 取完 Data1 后，判断消息的执行情况，若消息正常无错误，则通过串口将 Data1 打印出来。

(3) BC 板卡判断 Data1 的大小，若 Data1 小于等于 0x0004，则将 Data1 加 1 后生成 Data2；若 Data1 大于 0x0004，则将 Data1 清零后生成 Data2。此后 BC 通过命令 RT1_Rx_SA1_Cn1(命令字 0x0821，数据内容 Data2)，将 Data2 发送给 RT。

(4) BC 板卡判断 Data1 大小，若 Data1 为 0x0001，则向总线发送 RT1_Rx_SA2_Cn32 命令(命令字 0x0840，数据内容 0～0x1F)；若 Data1 为 0x0002，则向总线发送 RT1_Tx_SA0_MC02 命令(命令字 0x0C02，即"发送状态字"模式码)，待消息结束后，判断消息状态，若正常，则将取回的状态字 StatuWord 通过串口打印出来；若 Data1 为 0x0003，则向总线发送 RT31_Rx_SA1_Cn32 命令(命令字 0xF820，数据内容为 32 个 0xAA55，即广播消息)；若 Data1 为 0x0004，则向总线发送 RT1_Rx_SA3_Cn32 命令(命令字 0x0860，数据内容 0x0000～0x1F1F)，执行总线任务后 Data1 清零。

(5) RT 板卡做 RT1，配置发送子地址 1 单消息模式，接收子地址 1 单消息模式，接收子地址 2 双缓冲模式，广播子地址 1 和接收子地址 3 循环缓冲模式，且缓冲区大小为 128 个存储单元。

(6) RT 板卡在接收到 Data2 后，将 Data2 从接收子地址 1 中取出，并将其更新到发送子地址 1 中。另外，RT 板卡将接收到的 1553B 总线消息内容通过串口打印出来。

(7) MT 板卡配置为 MMT 监听模式，监听 RT1 的消息，并通过串口打印出来。

6.1 BC 软件案例

本例中，BC 节点的软件流程如图 6.2 所示，BC 节点每接收一次串口"01"指令即启动一个 BC 任务，该任务维护 Data1 和 Data2 两个操作数在 0～5 流转，Data1 用来选择 BC 的附加任务，Data2 用来更新 RT 中的操作数，为下一次 BC 总线附加任务服务。

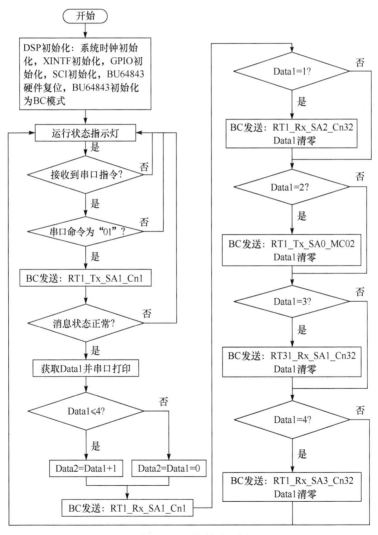

图 6.2　BC 软件流程图

在工程 Kit_NewProj_07_20200904_MMT 的基础上建立本节应用案例的 BC 工程 Kit_NewProj_08_20200907_CombineTest_BC。

第一步，在 CCS6.2WorkSpace 文件夹下复制 Kit_NewProj_07_20200904_MMT 工程

后将工程名修改为 Kit_NewProj_08_20200907_CombineTest_BC。

　　第二步，修改该工程中"·project"文件中<name>段为工程名 Kit_NewProj_08_20200907_CombineTest_BC

　　第三步，将工程中 User_Source 文件夹下的 main_v1.07.c 修改为 main_v1.08.c 即可，具体步骤如图 6.3 所示。

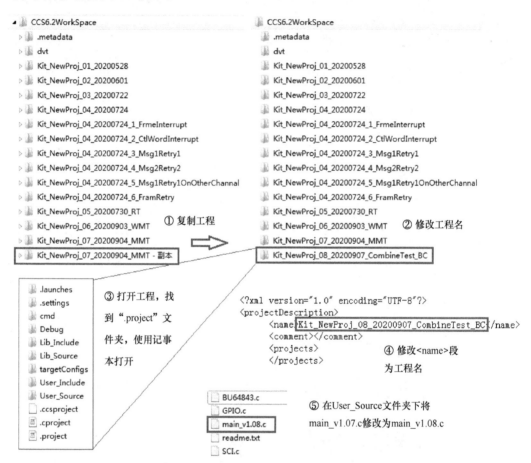

图 6.3　新建 Kit_NewProj_08_20200907_CombineTest_BC 工程

　　将新建好的工程 Kit_NewProj_08_20200907_CombineTest_BC 导入 CCS6.2，在 CCS6.2 中单击 Project 菜单栏命令，在下拉菜单中选择 Import CCS Projects，在弹出的 Import CCS Eclipse Projects 窗口中单击 Browse 按钮，在弹出的浏览框中找到 CCS6.2WorkSpace 工作空间，选中其中需要导入的工程文件夹后单击"确定"按钮。回到 Import CCS Eclipse Projects 窗口单击 Finish 按钮即可完成工程导入。导入步骤如图 6.4～图 6.6 所示。

　　在工程文件夹 User_Source 和 User_Include 中分别添加 XINT.c 源文件和 XINT.h 头文件文件，如图 6.7 所示。XINT.c 文件用来编写 F2812 的外部中断信号，其中 F2812 的外部中断引脚 XINT1 由 BU64843 的中断输出引脚控制信号，如图 4.10 所示。

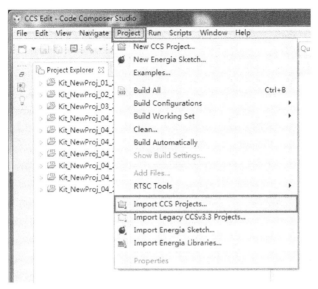

图 6.4 在 CCS6.2 中导入 Kit_NewProj_08_20200907_CombineTest_BC 工程步骤 1

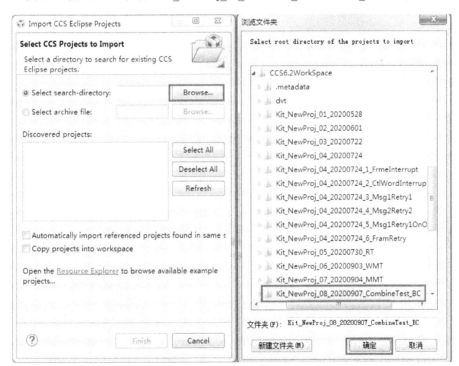

图 6.5 在 CCS6.2 中导入 Kit_NewProj_08_20200907_CombineTest_BC 工程步骤 2

编写 Kit_NewProj_08_20200907_CombineTest_BC 工程中各文件的详细代码，首先在 BU64843.c 和 BU64843.h 中添加 BC 发送函数的函数原型和函数声明，主要包括 BC_

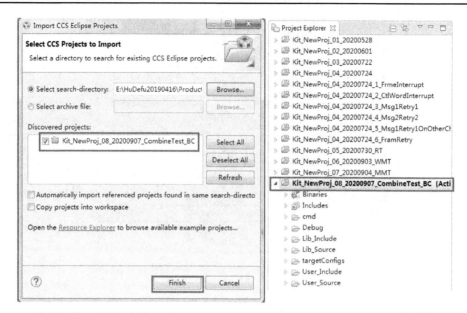

图 6.6　在 CCS6.2 中导入 Kit_NewProj_08_20200907_CombineTest_BC 工程步骤 3

图 6.7　在 Kit_NewProj_08_20200907_CombineTest_BC 工程中添加 XINT 文件

Send_RT1_Tx_SA1_Cn1()、BC_Send_RT1_Rx_SA1_Cn1()、BC_Send_RT1_Rx_SA2_Cn32()、BC_Send_RT1_Tx_SA0_MC02()、BC_Send_RT31_Rx_SA1_Cn32()、BC_Send_RT1_Rx_SA3_Cn32()。这 5 个函数在 BU64843.c 中的具体代码如下：

```
/***************************************************************
*       文件名：BU64843.c
*   Created on: 2020 年 7 月 22 日
*       Author: Administrator
```

```
*************************************************************/
#include "system.h" //包含系统头文件及内部驱动文件
/***************************************
 * 函数功能：BU64843 的 BC 初始化程序：将 BU64843 初始化为传统 BC 增强模式
 * 输    入：无
 * 输    出：无
*****************************************/
void Init64843AsBC(void)
{
        Uint16 i=0;
        *START_RESET_REG = 0x0001; //BU64843 软复位
        *CFG3_REG = 0x8000;             //增强模式
        *INT_MASK1_REG = 0x0001;    //消息结束中断
        *CFG1_REG = 0x0020;             //使能消息间隔定时器
        *CFG2_REG = 0x0400;             //中断请求电平，禁止 256 字边界
        *CFG4_REG = 0x1060;             //使能扩展的 BC 控制字
        *CFG5_REG = 0x0A00;             //使能扩展的过零点，响应超时 22.5μs
        *CFG6_REG = 0x4000;             //增强 CPU 处理
        *TIME_TAG_REG = 0;              //时间标签清零
        for(i=0;i<0x1000;i++)          //4K RAM 清零
        {
                *BUMEM_ADDR(i)= 0;
        }
        DELAY_US(10);
}
/***************************************
 * 函数功能：BU64843 的 BC 发送特定消息函数
 * 输    入：无
 * 输    出：无
*****************************************/
void BC_Send1Fram(void)
{
        *BUMEM_ADDR(0x100)= 0;                  //堆栈指针 A 指向 0000H
        *BUMEM_ADDR(0x101)= 0xFFFD;             //消息计数器 A，指示 2 条消息
        //描述符堆栈
        *BUMEM_ADDR(0) = 0;                     //消息 1 BC 块状态字清零
        *BUMEM_ADDR(1) = 0;                     //消息 1 时间标签字清零
        *BUMEM_ADDR(2) = 0x64;                  //消息 1 消息间隔定时器为 100μs
```

```
        *BUMEM_ADDR(3) = 0x108;              //消息 1 数据块指针指向 108H 地址
        *BUMEM_ADDR(4) = 0;                  //消息 2 BC 块状态字清零
        *BUMEM_ADDR(5) = 0;                  //消息 2 时间标签字清零
        *BUMEM_ADDR(6) = 0x64;               //消息 2 消息间隔定时器为 100μs
        *BUMEM_ADDR(7) = 0x10E;              //消息 2 数据块指针指向 10EH 地址
        //数据块
        *BUMEM_ADDR(0x108)= 0x80;            //消息 1 BC 控制字
        *BUMEM_ADDR(0x109)= 0x08A2;          //消息 1 Rx 命令字: RT1_Rx_Sa5_Cn2
        *BUMEM_ADDR(0x10A)= 0x1111;          //消息 1 数据字 1
        *BUMEM_ADDR(0x10B)= 0x2222;          //消息 1 数据字 2
        *BUMEM_ADDR(0x10C)= 0;               //消息 1 数据字 2 回还清零
        *BUMEM_ADDR(0x10D)= 0;               //消息 1 接收的 RT 状态字清零
        *BUMEM_ADDR(0x10E)= 0x80;            //消息 2 BC 控制字
        *BUMEM_ADDR(0x10F)= 0x0C61;          //消息 2 Tx 命令字: RT1_Tx_Sa3_Cn1
        *BUMEM_ADDR(0x110)= 0;               //消息 2 Tx 命令字回还位置清零
        *BUMEM_ADDR(0x111)= 0;               //消息 2 接收的 RT 状态字清零
        *BUMEM_ADDR(0x112)= 0;               //消息 2 数据字清零
        *START_RESET_REG = 0x0002;           //启动 BC 发送消息
        DELAY_US(10);
}
/***********************************************
* 函数功能: BU64843 的 RT 初始化程序
* 输    入: 无
* 输    出: 无
***********************************************/
void Init64843AsRT(void)
{
        Uint16 i=0;
        *START_RESET_REG = 0x0001;           //BU64843 复位
        *CFG3_REG = 0x8000;                  //增强模式
        *INT_MASK1_REG = 0x0010;             //RT 子地址控制字中断
        *CFG2_REG = 0x9803;                  //增强中断, 关忙, 双缓冲使能,
                                             //广播数据分离, 增强 RT 内存管理
        *CFG3_REG = 0x809D;                  //关非法化, 禁止 256 字边界
        *CFG4_REG  = 0x2008;                 //消息出错忙且无数据响应也有效,
                                             //使能扩展的 BC 控制字
        *CFG6_REG  = 0x4020;                 //增强 CPU 处理
        *CFG5_REG  = 0x0802;                 //使能扩展的过零点, 响应超时 22.5μs
```

```
*TIME_TAG_REG = 0;                      //时间标签清零
for(i=0;i<0x1000;i++)                    //4K RAM 清零
{
        *BUMEM_ADDR(i)= 0;
}
//接收子地址对应的数据空间大小分配
*BUMEM_ADDR(0x0140)=0x0F20;              //不使用的子地址分配 0x0F20
*BUMEM_ADDR(0x0141)=0x0500;              //子地址 1 数据块首地址 0x500
*BUMEM_ADDR(0x0142)=0x0540;              //子地址 2 数据块首地址 0x540
*BUMEM_ADDR(0x0143)=0x0580;              //子地址 3 数据块首地址 0x580
for(i=0;i<28;i++)                        //余下的接收子地址分配
{
        *BUMEM_ADDR(0x0144+i)=0x0F20;       //不使用的子地址分配 0x0F20
}
//发送子地址对应的数据空间大小分配
*BUMEM_ADDR(0x0160)=0x0F00;              //不使用的子地址分配 0x0F00
*BUMEM_ADDR(0x0161)=0x0400;              //子地址 1 数据块首地址 0x400
*BUMEM_ADDR(0x0162)=0x0420;              //子地址 2 数据块首地址 0x420
*BUMEM_ADDR(0x0163)=0x0440;              //子地址 3 数据块首地址 0x440
for(i=0;i<28;i++)                        //余下的发送子地址分配
{
        *BUMEM_ADDR(0x0164+i)=0x0F00;
}
//广播子地址对应的数据空间大小分配
*BUMEM_ADDR(0x0180)=0x0F40;              //不使用的子地址分配 0x0F40
*BUMEM_ADDR(0x0181)=0x0600;              //子地址 1 数据块首地址 0x600
for(i=0;i<30;i++)                        //余下的发送子地址分配
{
        *BUMEM_ADDR(0x0182+i)=0x0F40;
}
//子地址控制字
*BUMEM_ADDR(0x01A0)=0;                   //无中断
*BUMEM_ADDR(0x01A1)=0x0200;              //子地址 1 接收消息中断
*BUMEM_ADDR(0x01A2)=0x8200;              //子地址 2 接收消息中断，接收子地址双缓冲
*BUMEM_ADDR(0x01A3)=0x0220;              //子地址 3 接收消息中断，接收子地址循环缓冲
for(i=0;i<28;i++)
{
        *BUMEM_ADDR(0x01A4+i)=0;    //无中断
```

```
        }
        for(i=0;i<8;i++)                              //忙位查询表
        {
                *BUMEM_ADDR(0x0240+i)=0x0000;
        }
        for(i=0;i<256;i++)                            //指令非法化表
        {
                *BUMEM_ADDR(0x0300+i)=0;
        }
        *CFG1_REG       =       0x8F80;        //配置为 RT 模式
        DELAY_US(10);
        //发送子地址 1 中存入 32 个 0x1111
        for(i=0;i<32;i++)
        {
                *BUMEM_ADDR(0x0400+i)=0x1111;
        }
        //发送子地址 2 中存入 32 个 0x2222
        for(i=0;i<32;i++)
        {
                *BUMEM_ADDR(0x0420+i)=0x2222;
        }
        //发送子地址 3 中存入 32 个 0x3333
        for(i=0;i<32;i++)
        {
                *BUMEM_ADDR(0x0440+i)=0x3333;
        }
}
/***********************************************
* 函数功能：BU64843 的 WMT 初始化程序
* 输    入：无
* 输    出：无
***********************************************/
void Init64843AsWMT(void)
{
        Uint16 i=0;
        *START_RESET_REG = 0x0001;          //BU64843 复位
        *CFG3_REG = 0x8000;                  //增强模式
        *INT_MASK1_REG = 0x0002;             //WMT 模式识别中断
```

```c
    *CFG1_REG = 0x4A00;                    //WMT 模式，接收触发字停止
    *MT_TIGGER_REG = 0x0821;               //触发字 0x0821
    *CFG6_REG = 0x4000;                    //增强 CPU 处理
    *TIME_TAG_REG = 0;                     //时间标签清零
    for(i=0;i<0x1000;i++)                  //4K RAM 清零
    {
            *BUMEM_ADDR(i)= 0;
    }
    *START_RESET_REG = 0x0002;             //启动 MT 功能
    DELAY_US(10);
}
/*********************************************
 * 函数功能：BU64843 的 MMT 初始化程序
 * 输    入：无
 * 输    出：无
 *********************************************/
void Init64843AsMMT(void)
{
    Uint16 i=0;
    *START_RESET_REG = 0x0001;             //BU64843 复位
    *CFG3_REG = 0x8000;                    //增强模式
    *INT_MASK1_REG = 0x0001;               //消息结束中断
    *CFG1_REG = 0x5000;                    //MMT 模式
    *CFG3_REG = 0x8D00;                    //MMT 命令堆栈 1K，数据堆栈 2K
    *CFG6_REG = 0x4000;                    //增强 CPU 处理
    *TIME_TAG_REG = 0;                     //时间标签清零
    for(i=0;i<0x1000;i++)                  //4K RAM 清零
    {
            *BUMEM_ADDR(i)= 0;
    }
    *BUMEM_ADDR(0x102) = 0x0400;           //命令堆栈指针初始化
    *BUMEM_ADDR(0x103) = 0x0800;           //数据堆栈指针初始化
    //配置 MMT 查找表(监听 RT1 的所有消息)
    for(i=0;i<4;i++)
    {
            *BUMEM_ADDR(0x0284+i)=0xFFFF;
    }
    *START_RESET_REG = 0x0002; //启动 MT 功能
```

```
        DELAY_US(10);
}
/*********************************************
* 函数功能：BU64843 的 BC 发送特定消息函数 RT1_Tx_SA1_Cn1
* 输    入：无
* 输    出：无
*********************************************/
void BC_Send_RT1_Tx_SA1_Cn1(void)
{
        *BUMEM_ADDR(0x100)= 0;              //堆栈指针 A 指向 0000H
        *BUMEM_ADDR(0x101)= 0xFFFE;         //消息计数器 A，指示 1 条消息
        //描述符堆栈
        *BUMEM_ADDR(0)= 0;                  //消息 1 BC 块状态字清零
        *BUMEM_ADDR(1)= 0;                  //消息 1 时间标签字清零
        *BUMEM_ADDR(2)= 0x64;               //消息 1 消息间隔定时器为 100μs
        *BUMEM_ADDR(3)= 0x108;              //消息 1 数据块指针指向 108H 地址
        //数据块
        *BUMEM_ADDR(0x108)= 0x080;          //消息 1 BC 控制字
        *BUMEM_ADDR(0x109)= 0x0C21;         //消息 1 Tx 命令字：RT1_Tx_SA1_Cn1
        *BUMEM_ADDR(0x10A)= 0;              //消息 1 Tx 命令字回还单元清零
        *BUMEM_ADDR(0x10B)= 0;              //消息 1 接收的 RT 状态字清零
        *BUMEM_ADDR(0x10C)= 0;              //消息 1 接收的数据字位清零
        *START_RESET_REG= 0x0002;           //启动 BC 发送消息
        DELAY_US(10);
}
/*********************************************
* 函数功能：BU64843 的 BC 发送特定消息函数 RT1_Rx_SA1_Cn1
* 输    入：无
* 输    出：无
* *********************************************/
void BC_Send_RT1_Rx_SA1_Cn1(void)
{
        *BUMEM_ADDR(0x100)= 0;              //堆栈指针 A 指向 0000H
        *BUMEM_ADDR(0x101)= 0xFFFE;         //消息计数器 A，指示 1 条消息
        //描述符堆栈
        *BUMEM_ADDR(0)= 0;                  //消息 1 BC 块状态字清零
        *BUMEM_ADDR(1)= 0;                  //消息 1 时间标签字清零
        *BUMEM_ADDR(2)= 0x64;               //消息 1 消息间隔定时器为 100μs
```

```
    *BUMEM_ADDR(3)= 0x108;                 //消息 1 数据块指针指向 108H 地址
    //数据块
    *BUMEM_ADDR(0x108)= 0x080;             //消息 1 BC 控制字
    *BUMEM_ADDR(0x109)= 0x0821;            //消息 1 Rx 命令字: RT1_Rx_SA1_Cn1
    *BUMEM_ADDR(0x10A)= Data2;             //消息 1 发送的业务数据
    *BUMEM_ADDR(0x10B)= 0;                 //消息 1 数据回还位清零
    *BUMEM_ADDR(0x10C)= 0;                 //消息 1 接收的 RT 状态字清零
    *START_RESET_REG    = 0x0002;          //启动 BC 发送消息
    DELAY_US(10);
}
/*********************************************
* 函数功能: BU64843 的 BC 发送特定消息函数 RT1_Rx_SA2_Cn32
* 输    入: 无
* 输    出: 无
* *********************************************/
void BC_Send_RT1_Rx_SA2_Cn32(void)
{
    unsigned int i=0;
    *BUMEM_ADDR(0x100)= 0;                 //堆栈指针 A 指向 0000H
    *BUMEM_ADDR(0x101)= 0xFFFE;            //消息计数器 A, 指示 1 条消息
    //描述符堆栈
    *BUMEM_ADDR(0)= 0;                     //消息 1 BC 块状态字清零
    *BUMEM_ADDR(1)= 0;                     //消息 1 时间标签字清零
    *BUMEM_ADDR(2)= 0x2BC;                 //消息 1 消息间隔定时器为 700μs
    *BUMEM_ADDR(3)= 0x108;                 //消息 1 数据块指针指向 108H 地址
    //数据块
    *BUMEM_ADDR(0x108)= 0x080;             //消息 1 BC 控制字
    *BUMEM_ADDR(0x109)= 0x0840;            //消息 1 Rx 命令字: RT1_Rx_SA2_Cn32
    for(i=0;i<32;i++)
    {
        *BUMEM_ADDR(0x10A+i)= i;           //消息 1 发送的业务数据 0~0x1F
    }
    *BUMEM_ADDR(0x12A)= 0;                 //消息 1 数据回还位清零
    *BUMEM_ADDR(0x12B)= 0;                 //消息 1 接收的 RT 状态字清零
    *START_RESET_REG    = 0x0002;          //启动 BC 发送消息
    DELAY_US(10);
}
/*********************************************
```

```
* 函数功能：BU64843 的 BC 发送特定消息函数 RT1_Tx_SA0_MC02 模式码：发送状态字
* 输    入：无
* 输    出：无
* ******************************************/
void BC_Send_RT1_Tx_SA0_MC02(void)
{
        *BUMEM_ADDR(0x100)= 0;              //堆栈指针 A 指向 0000H
        *BUMEM_ADDR(0x101)= 0xFFFE;         //消息计数器 A，指示 1 条消息
        //描述符堆栈
        *BUMEM_ADDR(0)= 0;                  //消息 1 BC 块状态字清零
        *BUMEM_ADDR(1)= 0;                  //消息 1 时间标签字清零
        *BUMEM_ADDR(2)= 0x64;               //消息 1 消息间隔定时器为 100μs
        *BUMEM_ADDR(3)= 0x108;              //消息 1 数据块指针指向 108H 地址
        //数据块
        *BUMEM_ADDR(0x108)= 0x084;          //消息 1 BC 控制字
        *BUMEM_ADDR(0x109)= 0x0C02;         //消息 1 Tx 命令字：RT1_Tx_SA0_MC02
        *BUMEM_ADDR(0x10A)= 0;              //消息 1 Tx 命令字回还
        *BUMEM_ADDR(0x10B)= 0;              //消息 1 接收的 RT 状态字清零
        *START_RESET_REG = 0x0002;          //启动 BC 发送消息
        DELAY_US(10);
}
/*********************************************
* 函数功能：BU64843 的 BC 发送特定消息函数 RT31_Rx_SA1_Cn32 广播
* 输    入：无
* 输    出：无
* ******************************************/
void BC_Send_RT31_Rx_SA1_Cn32(void)
{
        unsigned int i=0;
        *BUMEM_ADDR(0x100)= 0;              //堆栈指针 A 指向 0000H
        *BUMEM_ADDR(0x101)= 0xFFFE;         //消息计数器 A，指示 1 条消息
        //描述符堆栈
        *BUMEM_ADDR(0)= 0;                  //消息 1 BC 块状态字清零
        *BUMEM_ADDR(1)= 0;                  //消息 1 时间标签字清零
        *BUMEM_ADDR(2)= 0x2BC;              //消息 1 消息间隔定时器为 700μs
        *BUMEM_ADDR(3)= 0x108;              //消息 1 数据块指针指向 108H 地址
        //数据块
        *BUMEM_ADDR(0x108)= 0x082;          //消息 1 BC 控制字
```

```
      *BUMEM_ADDR(0x109)= 0xF820;            //消息 1 Rx 命令字：RT31_Rx_SA1_Cn32
      for(i=0;i<32;i++)
      {
              *BUMEM_ADDR(0x10A+i)= 0xAA55;        //消息 1 数据内容
      }
      *BUMEM_ADDR(0x12A) = 0;               //消息 1 最后一个数据字回还清零
      *START_RESET_REG    = 0x0002;         //启动 BC 发送消息
      DELAY_US(10);
}
/*********************************************
* 函数功能：BU64843 的 BC 发送特定消息函数   RT1_Rx_SA3_Cn32
* 输     入：无
* 输     出：无
* *********************************************/
void BC_Send_RT1_Rx_SA3_Cn32(void)
{
      unsigned int i=0;
      *BUMEM_ADDR(0x100)= 0;               //堆栈指针 A 指向 0000H
      *BUMEM_ADDR(0x101)= 0xFFFE;          //消息计数器 A，指示 1 条消息
      //描述符堆栈
      *BUMEM_ADDR(0)= 0;                   //消息 1 BC 块状态字清零
      *BUMEM_ADDR(1)= 0;                   //消息 1  时间标签字清零
      *BUMEM_ADDR(2)= 0x2BC;               //消息 1 消息间隔定时器为 700μs
      *BUMEM_ADDR(3)= 0x108;               //消息 1 数据块指针指向 108H 地址
      //数据块
      *BUMEM_ADDR(0x108)= 0x080;           //消息 1 BC 控制字
      *BUMEM_ADDR(0x109)= 0x0860;          //消息 1 Rx 命令字：RT1_Rx_SA3_Cn32
      for(i=0;i<32;i++)
      {
              *BUMEM_ADDR(0x10A+i)= (i<<8)|i;   //消息 1 数据内容
      }
      *BUMEM_ADDR(0x12A)= 0;               //消息 1 最后一个数据字回还清零
      *START_RESET_REG    = 0x0002;         //启动 BC 发送消息
      DELAY_US(10);
}
/****************** BU64843.c  File End********************/
```

在 BU64843.h 头文件中添加 BC 相关函数的声明，其内容如下：

```
/***********************************************************
*        文件名: BU64843.h
*  Created on: 2020 年 7 月 22 日
*        Author: Administrator
***********************************************************/
#ifndef _BU64843_H_
#define _BU64843_H_
/****************** 常量定义 *********************/
#define BUREG        (volatile unsigned int *)0x100000 //BU64843 寄存器基地址
#define BUMEM        (volatile unsigned int *)0x110000 //BU64843 存储器基地址
//寄存器映射基址+偏移地址
#define INT_MASK1_REG (volatile unsigned int *)(BUREG+0x00)//中断屏蔽寄存器 1
#define CFG1_REG     (volatile unsigned int *)(BUREG+0x01)     //配置寄存器 1
#define CFG2_REG     (volatile unsigned int *)(BUREG+0x02)     //配置寄存器 2
//启动/复位寄存器
#define START_RESET_REG    (volatile unsigned int *)(BUREG+ 0x03)
//非先进 BC 或 RT 堆栈指针先进 BC 指令列表指针寄存器
#define CMD_POINTER_REG    (volatile unsigned int *)(BUREG+ 0x03)
//BC 控制字寄存器
#define BC_CTLWORD_REG     (volatile unsigned int *)(BUREG+0x04)
//RT 子地址/控制字寄存器
#define RT_SA_CTLWORD_REG  (volatile unsigned int *)(BUREG+ 0x04)
//时间标签寄存器
#define TIME_TAG_REG       (volatile unsigned int *)(BUREG+0x05)
//中断状态寄存器 1
#define INT_STATUS1_REG    (volatile unsigned int *)(BUREG+ 0x06)
#define CFG3_REG     (volatile unsigned int *)(BUREG+0x07)     //配置寄存器 3
#define CFG4_REG     (volatile unsigned int *)(BUREG+0x08)     //配置寄存器 4
#define CFG5_REG     (volatile unsigned int *)(BUREG+0x09)     //配置寄存器 5
//RT 或 MT 数据栈地址寄存器
#define RT_MT_DATA_POINTER_REG   (volatile unsigned int *)(BUREG+0x0A)
//BC 帧剩余时间寄存器
#define BC_FTR_REG   (volatile unsigned int *)(BUREG+0x0B)
//BC 消息剩余时间寄存器
#define BC_MTR_REG   (volatile unsigned int *)(BUREG+0x0C)
//非先进 BC 帧时间/先进 BC 初始化指令指针
#define BC_FTIME_REG       (volatile unsigned int *)(BUREG+0x0D)
//RT 最后命令
```

```
#define RT_LASTCMD_REG        (volatile unsigned int *)(BUREG+0x0D)
//MT 触发字寄存器
#define MT_TIGGER_REG         (volatile unsigned int *)(BUREG+0x0D)
//RT 状态字寄存器
#define RT_STATWORD_REG     (volatile unsigned int *)(BUREG+ 0x0E)
//RT BIT 字寄存器
#define RT_BITWODR_REG      (volatile unsigned int *)(BUREG+0x0F)
#define CFG6_REG    (volatile unsigned int *)(BUREG+0x18)      //配置寄存器 6
#define CFG7_REG    (volatile unsigned int *)(BUREG+0x19)      //配置寄存器 7
//BC 条件码寄存器
#define BC_CCODE_REG        (volatile unsigned int *)(BUREG+0x1B)
//BC 通用队列标志寄存器
#define BC_GPF_REG  (volatile unsigned int *)(BUREG+0x1B)
//BIT 状态寄存器
#define BIT_STATUS_REG      (volatile unsigned int *)(BUREG+0x1C)
//中断屏蔽寄存器 2
#define INT_MASK2_REG       (volatile unsigned int *)(BUREG+0x1D)
//中断状态寄存器 2
#define INT_STATUS2_REG     (volatile unsigned int *)(BUREG+ 0x1E)
//BC 通用队列指针寄存器
#define BC_GPQP_REG (volatile unsigned int *)(BUREG+0x1F)
//RT/MT 中断状态队指针寄存器
#define RT_MT_INTSTAPOT_REG       (volatile unsigned int *)(BUREG+ 0x1F)
//存储器/寄存器映射基址+偏移地址
#define BUMEM_ADDR(offset_Addr)   (volatile unsigned int *) (BUMEM+offset_
Addr)
#define REG_ADDR(offset_Addr)     (volatile unsigned int *) (BUREG+offset_
Addr)
/******************函数声明*********************/
void Init64843AsBC(void);
void BC_Send1Fram(void);
void Init64843AsRT(void);
void Init64843AsWMT(void);
void Init64843AsMMT(void);
void BC_Send_RT1_Tx_SA1_Cn1(void);
void BC_Send_RT1_Rx_SA1_Cn1(void);
void BC_Send_RT1_Rx_SA2_Cn32(void);
void BC_Send_RT1_Tx_SA0_MC02(void);
```

```
void BC_Send_RT31_Rx_SA1_Cn32(void);
void BC_Send_RT1_Rx_SA3_Cn32(void);
#endif /* _BU64843_H_ */
/***************** BU64843.h  File End*******************/
```

在 SCI.c 和 SCI.h 中编写串口相关的函数，主要包括串口接收函数和串口发送函数，具体内容如下：

```
/**************************************************************
 *        文件名：SCI.c
 *   Created on: 2020 年 7 月 24 日
 *       Author: Administrator
 **************************************************************/
#include "system.h"          //包含系统头文件及内部驱动文件
/***************** 变量定义 *****************/
unsigned char SciData =0;   //串口接收指令字节
/*************************************************
 * 函数功能：初始化 SCIa 函数  8Bit 1Odd 1Stop
 * 输    入：无
 * 输    出：无
 *************************************************/
void InitSCIa(void)
{
     EALLOW;
     SciaRegs.SCICTL1.bit.SWRESET =0;
     SciaRegs.SCICCR.all =0x27;          //8O1/使能奇校验/空闲线协议
     SciaRegs.SCICTL1.all =0x03;         //禁错误中断/使能休眠/使能发送与接收
     SciaRegs.SCICTL2.bit.TXINTENA =1;   //关闭 TXRDY 中断
     SciaRegs.SCICTL2.bit.RXBKINTENA=1;  //使能 RXRDY 中断
     SciaRegs.SCIHBAUD = 0x00;           //波特率 115200
     SciaRegs.SCILBAUD = 0x29;
     SciaRegs.SCICTL1.bit.SWRESET=1;     // 重启 SCI
     PieVectTable.RXAINT = &SCIAReceive_ISR; //配置 SCI 收中断子程序入口
     EDIS;
     PieCtrlRegs.PIEIER9.bit.INTx1 = 1; //使能 PIE 中断向量——SCIRXINTA
     PieCtrlRegs.PIEIER9.bit.INTx2 = 0; //使能 PIE 中断向量——SCITXINTA
     IER |= M_INT9;                      //使能 CPU 中断——第 9 组
     EINT;
     ERTM;
```

```
}
/*******************************************
```
* 函数功能: SCIA 接收中断程序
* 输   入: 无
* 输   出: 无
```
********************************************/
interrupt void SCIAReceive_ISR(void)
{
      DINT;                                           //禁止中断
      if(SciaRegs.SCIRXST.bit.RXRDY==1)
      {
              SciData =SciaRegs.SCIRXBUF.all;   //接收串口字节
      }
      PieCtrlRegs.PIEACK.bit.ACK9=1;              //清除 PIE 中第 9 组的应答位
      EINT;
}
/*******************************************
```
* 函数功能: SCIA 发送字符串
* 输   入: 字符串
* 输   出: 无
```
********************************************/
void SCIASendString(unsigned char *str)
{
      unsigned int i;
      for(i=0;str[i]!='\0';i++)
      {
              if(SciaRegs.SCICTL2.bit.TXRDY == 1)
              {
                      while(SciaRegs.SCICTL2.bit.TXEMPTY==0);
                      SciaRegs.SCITXBUF=str[i];
              }
      }
}
/*******************************************
```
* 函数功能: SCIA 将 Uint16 转化为字符串发送
* 输   入: Uint16 的数据 Data
* 输   出: 无
```
********************************************/
```

```c
void SCIASendU16toStr(unsigned int Data)
{
      unsigned int i=0;
      unsigned char str[5];
      str[0]=(Data & 0xF000)>>12;
      str[1]=(Data & 0x0F00)>>8;
      str[2]=(Data & 0x00F0)>>4;
      str[3]=(Data & 0x000F);
      str[4]='\0';
      for(i=0;i<4;i++)
      {
            if(str[i]<0x0A)                  //转化为 ASCII 码
            {
                  str[i] +=48;
            }
            else
            {
                  str[i] +=55;
            }
      }
      SCIASendString(str);
}
/*********************************************
* 函数功能：SCIA 将 Uint16 数组转化为字符串发送
* 输　　　入：Uint16 的数组 buf，Uint16 单元的个数 _num
* 输　　出：无
*********************************************/
void SCIASendU16BuftoStr(unsigned int *buf,unsigned int _num)
{
      unsigned int i=0;
      for(i=0;i<_num;i++)
      {
            SCIASendU16toStr(buf[i]);
            SCIASendString(' ');                //空格
            if ((i+1) % 8==0)
            {
                  SCIASendString('\r\n');      //换行
            }
```

```
        }
}
/*****************************************
 * 函数功能:  SCIA 模块错误复位函数, 检查 SCIA 状态, 若出现错误则复位 SCI
 * 输    入: 无
 * 输    出: 无
*****************************************/
void CheckandResetSCIA(void)
{
        if(SciaRegs.SCIRXST.bit.RXERROR==1)  //检测到 SCIA 状态出错, 复位 SCIA
        {
                SciaRegs.SCICTL1.bit.SWRESET =0;//写 0 所有操作标志位置复位状态
                SciaRegs.SCICTL1.bit.SWRESET =1;//写 1 重启 SCIA
        }
}
/*********************SCI.c  File End********************/
```

在 SCI.h 中增加函数的声明, 代码如下:

```
/*********************************************************
 *        文件名: SCI.h
 *  Created on: 2020 年 7 月 24 日
 *      Author: Administrator
*********************************************************/
#ifndef _SCI_H_
#define _SCI_H_
/*****************变量声明*****************/
extern unsigned char SciData;        //串口接收指令字节
/*****************函数声明*****************/
void InitSCIa(void);
interrupt void SCIAReceive_ISR(void);
void SCIASendString(unsigned char *str);
void SCIASendU16toStr(unsigned int Data);
void SCIASendU16BuftoStr(unsigned int *buf,unsigned int _num);
void CheckandResetSCIA(void);
#endif /* _SCI_H_ */
/*********************SCI.h  File End********************/
```

XINT.c 和 XINT.h 中编写外部中断的相关代码, 具体内容如下:

```c
/*********************************************************
 *        文件名: XINT.c
 *  Created on: 2020 年 9 月 7 日
 *      Author: Administrator
 *********************************************************/
#include       "system.h" //包含系统头文件及内部驱动文件
/******************变量定义************************/
volatile unsigned int intoInterruptFlag = 0;
/******************************************
 * 函数功能: 中断配置函数, 配置外部中断信号
 * 输    入: 无
 * 输    出: 无
 ******************************************/
void Config_XINT(void)
{
        DINT;                                   //禁止中断
        EALLOW;
        PieVectTable.XINT1=&Xint1Isr;           //为向量表分配 XINT1 中断子程序入口
        XIntruptRegs.XINT1CR.bit.POLARITY=0;    //下降沿产生中断
        XIntruptRegs.XINT1CR.bit.ENABLE=1;      //使能中断 XINT1
        GpioMuxRegs.GPEMUX.bit.XINT1_XBIO_GPIOE0=AF_MODE;//引脚配置成 XNMI
        GpioMuxRegs.GPEDIR.bit.GPIOE0=GPIO_IN;  //输入
        PieCtrlRegs.PIEIER1.bit.INTx4 = 1;      //使能 PIE 中断向量——XINT1
        EDIS;
        IER |= M_INT1;                          //使能 CPU 中断——第 1 组
        EINT;
        ERTM;
}


/******************************************
 * 函数功能: F2812 外部中断 XINT1 的中断服务子程序
 * 输    入: 无
 * 输    出: 无
 ******************************************/
interrupt void Xint1Isr(void)
{
        EALLOW;
        DINT;
```

```
        intoInterruptFlag = 1;                          //进入中断标志置 1
        PieCtrlRegs.PIEACK.all = PIEACK_GROUP1;
        EINT;
        EDIS;
}
/**********************XINT.c  File End********************/
```

XINT.h 文件代码如下:

```
/****************************************************************
 *        文件名: XINT.h
 *   Created on: 2020 年 9 月 7 日
 *       Author: Administrator
 ***************************************************************/
#ifndef XINT_H_
#define XINT_H_
/*****************变量声明******************/
extern volatile unsigned int intoInterruptFlag;        //中断标志
/*****************函数声明******************/
void Config_XINT(void);
interrupt void Xint1Isr(void);
#endif
/*********************XINT.h  File End********************/
```

在 system.h 文件中, 对相关变量进行声明, 对消息的数据结构进行定义, 相关代码如下:

```
/****************************************************************
 *        文件名: system.h
 *   Created on: 2020 年 7 月 24 日
 *       Author: Administrator
 ***************************************************************/
#ifndef _SYSTEM_H_
#define _SYSTEM_H_
/***************** 库头文件 ******************/
#include "DSP281x_Device.h"
#include "DSP281x_Examples.h"
/***************** 用户头文件 ******************/
#include "GPIO.h"
#include "BU64843.h"
```

```
#include "SCI.h"
#include "XINT.h"
/****************** 常量定义 ***********************/
#define   LOAD_FLASH //FLASH 烧写时加上这行，并将 RAM_lnk.cmd 换成 F2812.cmd 文件
enum TxOrRx{Rx=0,Tx=!Rx};
enum ErrorFlag{NoERR=0,ERR=!NoERR};

/**************** 变量定义 ********************/
typedef      struct LABEL_
{
     struct DESC_
     {
          union MSGBLKSTAWD_
          {
            Uint16     all;
            struct  MSGBLKSTAWDBIT
            {
                    Uint16 InvaildWord:1;            //0 无效字
                    Uint16 IncorrectSyncType:1;      //1 错误同步类型
                    Uint16 WordCntErr:1;             //2 字计数错误
                    Uint16 StaAdressErrOrNoGap:1;    //3 状态地址错误/无间隙
                    Uint16 GoodDataTransfer:1;       //4 好的块传输
                    Uint16 Retry0:1;                 //5 重试计数 0
                    Uint16 Retry1:1;                 //6 重试计数 1
                    Uint16 MaskStaSet:1;             //7 屏蔽状态置位
                    Uint16 LoopTestFail:1;           //8 回还测试失败
                    Uint16 NoResponse:1;             //9 无响应
                    Uint16 FormatErr:1;              //10 格式错误
                    Uint16 StaSet:1;                 //11 状态置位
                    Uint16 ErrFlag:1;                //12 错误标志
                    Uint16 ChannalAorB:1;            //13 总线通道 A/B
                    Uint16 SOM:1;                    //14 消息开始(SOM)
                    Uint16 EOM:1;                    //15 消息结束(EOM)
              }bit;
          }msgBlockStatusWord;                       //堆栈描述符的块状态字
          unsigned int msgTimeTagWord;              //堆栈描述符的时间标签字
          unsigned int msgGapWord;                  //堆栈描述符的消息间隔字
          unsigned int msgDataBlackPtr;             //堆栈描述符的数据块指针
```

```
    }descriptor;                                    //堆栈描述符结构体定义
    unsigned int msgBCCtlWord;                       //消息 BC 控制字
    union MSGCMD_
    {
      Uint16     all;
      struct  MSGCMDWORDBIT
      {
            Uint16 CN:5;                             // 0~4 数据长度
            Uint16 SA:5;                             // 5~9 子地址
            Uint16 TxOrRx:1;                         // 10T/R 位
            Uint16 RTAdress:5;                       // 11~15RT 地址
      }bit;
    }msgCmdWord;                                      //消息的命令字
    unsigned int msgRxCmdWord;                       //Rx 命令字
    unsigned int msgTxCmdWord;                       //Tx 命令字
    unsigned int msgRxRTStatusWord;                  //接收 RT 的状态字
    unsigned int msgTxRTStatusWord;                  //发送 RT 的状态字
    unsigned int msgDataWords[32];                   //消息内容
}labelType;
extern labelType msgLabel[64];                       //存放消息内容的标签声明
extern Uint16        Data2;                          //业务数据 Data2 声明


#endif /* _SYSTEM_H_ */
/*********************system.h  File End********************/
```

在 main_v1.08.c 文件中编写主程序，其代码如下：

```
/***********************************************************
/*     版本：  V1.08
 *     作者：  HDF
 *     编译器:CCS6.2.0.00050
 *     MCU:  TMS320F2812
 *     时间：  20200907
 *     内容：  F2812 控制 BU64843 做 BC，在联合通信案例中完成 BC 功能
 ***********************************************************/
/*************** 头文件 ********************/
#include "system.h"                     //系统头文件，作为 C 代码的链接文件使用
#pragma CODE_SECTION(InitFlash,"ramfuncs")        //复制代码进 RAM 运行
/**************** 变量定义 *******************/
```

```
Uint16 value_BCCmdStackPtr = 0;              //存放 BC 命令堆栈指针
Uint16 initValue_BCCmdStackPtr = 0;          //存放 BC 命令堆栈指针初始值
Uint16 msgNumber =0;                         //消息数量
labelType msgLabel[64];                      //存放消息内容的标签
Uint16 Data1 =0;                             //业务数据 Data1
Uint16 Data2 =0;                             //业务数据 Data2
Uint16 statusWord=0;                         //业务数据 statusWord
/***************** 主程序 ********************/
void main(void)
{
     Uint16 i=0;
     InitSysCtrl();                          //150MHz-Disable Dog
     #ifdef  LOAD_FLASH
          memcpy(&RamfuncsRunStart,&RamfuncsLoadStart,\
               &RamfuncsLoadEnd -&RamfuncsLoadStart);
          InitFlash();                       //初始化 FLASH
     #endif
     DINT;                                   //禁止中断
     InitPieCtrl();                          //初始化 PIE 控制寄存器
     IER = 0x0000;                           //禁止中断使能
     IFR=0x0000;                             //清中断标志
     InitPieVectTable();                     //初始化 PIE 中断向量表
     InitXintf();                            //添加 XINTF 总线时序配置
     InitGPIO();                             //配置项目中使用的 GPIO
     Config_XINT();                          //配置外部中断
     InitSCIa();                             //初始化 SCIa 串口
     HardwareReset_BU64843();                //对 BU64843 进行硬件复位
     DELAY_US(10000);                        //等待 10ms
     Init64843AsBC();                        //将 BU64843 配置为 BC 模式
     for(;;)                                 //主循环
     {
       BoardRun();                           //运行灯,闪烁
       CheckandResetSCIA();                  //一旦检测到 SCIA 状态出错,复位 SCIA
       if(SciData ==0x01)                    //串口接收到 启动 BC 执行任务命令
       {
          SciData = 0;                       //串口命令清除
          BC_Send_RT1_Tx_SA1_Cn1();          //BC 执行 RT1_Tx_SA1_Cn1 命令
          DELAY_US(5000);                    //延时 5ms
```

```
    SCIASendString("消息 RT1_Tx_SA1_Cn1 已发送\r\n");
}
if(intoInterruptFlag ==1)           //接收到 BC 芯片产生的中断信号
{
  intoInterruptFlag =0;             //中断标志清零
  value_BCCmdStackPtr = *BUMEM_ADDR(0x100);   //读取堆栈指针
  msgNumber = value_BCCmdStackPtr/4;           //获取消息数量
  for(i=0;i<msgNumber;i++)
  {
    msgLabel[i].descriptor.msgBlockStatusWord.all=\
      *BUMEM_ADDR(initValue_BCCmdStackPtr++); //BC 块状态字
    msgLabel[i].descriptor.msgTimeTagWord=\
      *BUMEM_ADDR(initValue_BCCmdStackPtr++); //时间标签字
    msgLabel[i].descriptor.msgGapWord=\
      *BUMEM_ADDR(initValue_BCCmdStackPtr++); //消息间隔字
    msgLabel[i].descriptor.msgDataBlackPtr=\
      *BUMEM_ADDR(initValue_BCCmdStackPtr++); //数据块指针
    if(msgLabel[i].descriptor.msgBlockStatusWord.\
      bit.ErrFlag== NoERR)          //若消息无错误，则解析消息块
    {
    msgLabel[i].msgBCCtlWord=\
    *BUMEM_ADDR(msgLabel[i].descriptor.msgDataBlackPtr);//BC 控制字
    //筛选非广播、模式码、RT→RT
      if((msgLabel[i].msgBCCtlWord & 0x07)==0)
      {
        msgLabel[i].msgCmdWord.all=\
          *BUMEM_ADDR(msgLabel[i].descriptor.msgDataBlackPtr+1);
        //若为 Tx 命令，则获取业务数据
        if(msgLabel[i].msgCmdWord.bit.TxOrRx==Tx)
        {
          //若为 RT1 且 SA 为 1 且 CN 为 1，则取出业务数据 Data1
          if((msgLabel[i].msgCmdWord.bit.RTAdress ==1)&& \
            (msgLabel[i].msgCmdWord.bit.SA==1)&&\
            (msgLabel[i].msgCmdWord.bit.CN==1))
          {
            //状态字
            msgLabel[i].msgRxRTStatusWord=\
              *BUMEM_ADDR(msgLabel[i].descriptor.msgDataBlackPtr
```

```
                          +3);
        Data1=*BUMEM_ADDR(msgLabel[i].descriptor.msgDataBlackPtr+4);
        SCIASendString("*********获取 Data1********\*r\n");
        SCIASendString(" 命令字(HEX): ");
        SCIASendU16toStr(msgLabel[i].msgCmdWord.all);
        SCIASendString(",\r\n");
        SCIASendString(" BC 块状态字(HEX): ");
SCIASendU16toStr(msgLabel[i].descriptor.msgBlockStatusWord.all);
        SCIASendString(",\r\n");
        SCIASendString(" 数据个数(HEX): ");
        SCIASendU16toStr(msgLabel[i].msgCmdWord.bit.CN);
        SCIASendString(",\r\n");
        SCIASendString(" Data1(HEX): ");
        SCIASendU16toStr(Data1);
        SCIASendString(",\r\n");
        if(Data1<=4)          //若业务数据 Data1 小于等于 4
        {
            Data2 = Data1+1; //则+1 生成 Data2 后发送 RT1_Rx_SA1_Cn1
        }
        else //若业务数据 Data1 大于 4
        {
            Data1 = 0; //则清零生成 Data2 后发送 RT1_Rx_SA1_Cn1
            Data2 = Data1;
        }
        SCIASendString(" Data2(HEX): ");
        SCIASendU16toStr(Data2);
SCIASendString(".\r\n*********************************\r\n");
        BC_Send_RT1_Rx_SA1_Cn1(); //BC 执行 RT1_Rx_ SA1_Cn1 命令
        DELAY_US(5000);                        //延时 5ms
        SCIASendString("消息 RT1_Rx_SA1_Cn1,Data2 已发送\r\n");
    }
    else{}//若 RT 地址不为 1、SA 不为 1 或 CN 不为 1，则本工程不涉及此操作
    }
    }
    else if((msgLabel[i].msgBCCtlWord & 0x04)==0x04) //模式码消息
    {
    msgLabel[i].msgCmdWord.all=\
    *BUMEM_ADDR(msgLabel[i].descriptor.msgDataBlackPtr+1);
```

```
            //若为 Tx 命令，则取业务数据
            if(msgLabel[i].msgCmdWord.bit.TxOrRx ==Tx)
            {
              if((msgLabel[i].msgCmdWord.bit.RTAdress ==1)&&\
            (msgLabel[i].msgCmdWord.bit.SA==0)&&\
            (msgLabel[i].msgCmdWord.bit.CN==2))
            //若为 RT1 且子地址为 0 MC 为 2 的命令，则取出业务数据 statusWord
            {
                statusWord=*BUMEM_ADDR(msgLabel[i].\
                descriptor.msgDataBlackPtr+3);
                SCIASendString("****发送状态字模式码获取状态字****\r\n");
                SCIASendString(" 命令字(HEX)：");
                SCIASendU16toStr(msgLabel[i].msgCmdWord.all);
                SCIASendString(",\r\n");
                SCIASendString(" BC 块状态字(HEX)：");
                SCIASendU16toStr(msgLabel[i].
                descriptor.msgBlockStatusWord.all);
                SCIASendString(",\r\n");
                SCIASendString(" statusWord(HEX)：");
                SCIASendU16toStr(statusWord);
                SCIASendString(".\r\n*********************
                ************\r\n");
            }else{}//若 RT 地址不为 1 或子地址不为 0 或 MC 不为 2，本工程不涉及
            }else{}        //Rx 模式码，本工程不涉及
         }else{}          //BC 控制字筛选，广播、RT→RT 消息，本工程不涉及
     }
  }
  initValue_BCCmdStackPtr =0;      //堆栈指针恢复初始值
}//if(intoInterruptFlag ==1)
if(Data1 == 1)     //若业务数据 Data1 为 1，BC 发送 RT1_Rx_Sa2_Cn32
{
  Data1 =0;                          //有效性只有一次
  BC_Send_RT1_Rx_SA2_Cn32();       //BC 执行 RT1_Rx_SA2_Cn32 命令
  DELAY_US(5000);                   //延时 5ms
  SCIASendString("消息 RT1_Rx_SA2_Cn32 已发送\r\n");
}
if(Data1 == 2)     //若业务数据 Data1 为 2，BC 发送 RT1_Tx_SA0_MC02
{
```

```
        Data1 =0;                     //有效性只有一次
        BC_Send_RT1_Tx_SA0_MC02();    //BC 执行 RT1_Tx_SA0_MC02 命令
        DELAY_US(5000);               //延时 5ms
        SCIASendString("消息 RT1_Tx_SA0_MC02 已发送\r\n");
    }
    if(Data1 == 3)       //若业务数据 Data1 为 3，BC 发送 RT31_Rx_SA1_Cn32
    {
        Data1 =0;                     //有效性只有一次
        BC_Send_RT31_Rx_SA1_Cn32();   //BC 执行 RT31_Rx_SA1_Cn32 命令
        DELAY_US(5000);               //延时 5ms
        SCIASendString("消息 RT31_Rx_SA1_Cn32 已发送\r\n");
    }
    if(Data1 == 4)       //若业务数据 Data1 为 4，BC 发送 RT1_Rx_SA3_Cn32
    {
        Data1 =0;                     //有效性只有一次
        BC_Send_RT1_Rx_SA3_Cn32();    //BC 执行 RT1_Rx_SA3_Cn32 命令
        DELAY_US(5000);               //延时 5ms
        SCIASendString("消息 RT1_Rx_SA3_Cn32 已发送\r\n");
    }
    }
}
/*********************main_v1.08.c  File End********************/
```

工程中 GPIO.c 和 GPIO.h 文件和 5.3.6 节工程 Kit_NewProj_04_20200724 中相同，已在 5.3.6 节列出，在此不再赘述。

6.2　RT 软件案例

RT 节点的软件流程如图 6.8 所示，RT 节点流程相对来说简单很多，只需要接收总线消息后，将消息信息从串口打印出来，以及当接收到操作数 Data2 时，将 Data2 更新到发送子地址 1 中即可。

在工程 Kit_NewProj_08_20200907_CombineTest_BC 的基础上建立联合应用案例中的 RT 工程 Kit_NewProj_09_20200908_CombineTest_RT。

第一步，在 CCS6.2WorkSpace 文件夹下复制 Kit_NewProj_08_20200907_CombineTest_BC 工程后，将工程名修改为 Kit_NewProj_09_20200908_CombineTest_RT。

第二步，修改该工程".project"文件中<name>段为工程名 Kit_NewProj_09_20200908_CombineTest_RT。

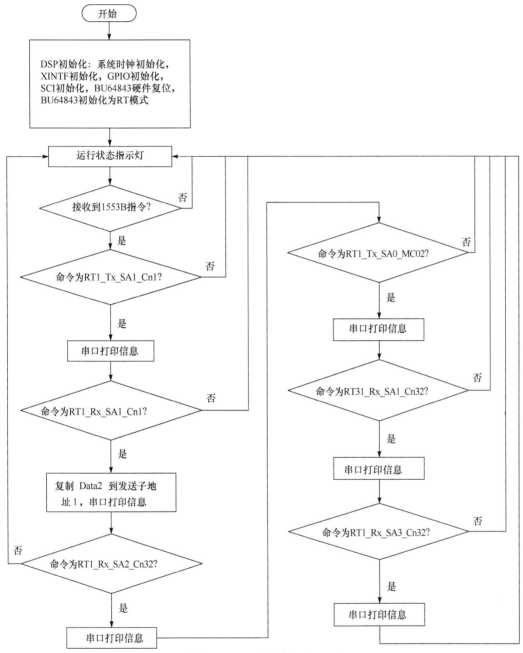

图 6.8　RT 节点的软件流程图

第三步，将工程中 User_Source 文件夹下的 main_v1.08.c 修改为 main_v1.09.c 即可，具体步骤如图 6.9 所示。

将新建好的工程 Kit_NewProj_09_20200908_CombineTest_RT 导入 CCS6.2，在 CCS6.2 中单击 Project 菜单栏命令，在下拉菜单中选择 Import CCS Projects，在弹出的 Import CCS Eclipse Projects 窗口中单击 Browse 按钮，在弹出的浏览框中找到

CCS6.2WorkSpace 工作空间，选中其中需要导入的工程文件夹后单击"确定"按钮。回到 Import CCS Eclipse Projects 窗口单击 Finish 按钮即可完成工程导入。导入步骤如图 6.10～图 6.12 所示。

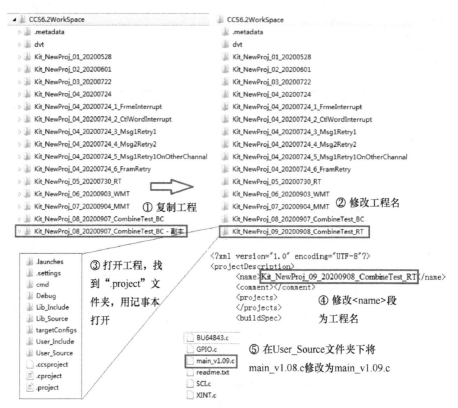

图 6.9　新建 Kit_NewProj_09_20200908_CombineTest_RT 工程

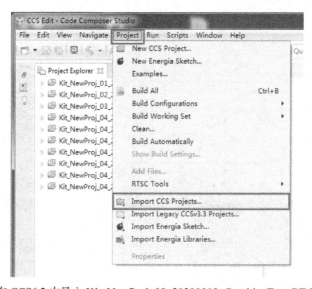

图 6.10　在 CCS6.2 中导入 Kit_NewProj_09_20200908_CombineTest_RT 工程步骤 1

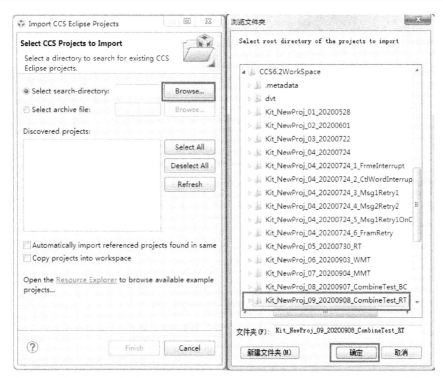

图 6.11 在 CCS6.2 中导入 Kit_NewProj_09_20200908_CombineTest_RT 工程步骤 2

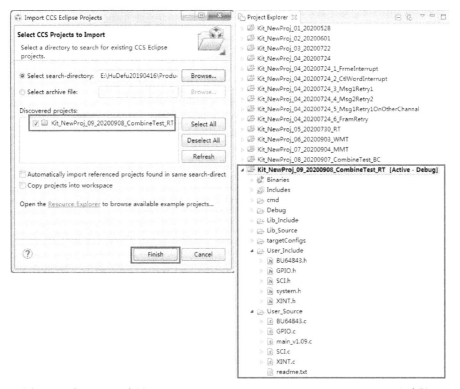

图 6.12 在 CCS6.2 中导入 Kit_NewProj_09_20200908_CombineTest_RT 工程步骤 3

编写 Kit_NewProj_09_20200908_CombineTest_RT 工程中各文件的详细代码，首先
在 BU64843.c 中修改 RT 初始化函数，主要修改 RT 的子地址控制字，以及配置各使用
子地址的消息结束中断。BU64843.c 的具体代码如下：

```c
/********************************************************
*        文件名: BU64843.c
*  Created on: 2020 年 7 月 22 日
*        Author: Administrator
********************************************************/
#include "system.h" //包含系统头文件及内部驱动文件
/********************************************************
* 函数功能: BU64843 的 BC 初始化程序: 将 BU64843 初始化为传统 BC 增强模式
* 输    入: 无
* 输    出: 无
********************************************/
void Init64843AsBC(void)
{
        Uint16 i=0;
        *START_RESET_REG = 0x0001; //BU64843 软复位
        *CFG3_REG = 0x8000;          //增强模式
        *INT_MASK1_REG = 0x0001;   //消息结束中断
        *CFG1_REG = 0x0020;          //使能消息间间隔定时器
        *CFG2_REG = 0x0400;          //中断请求电平，禁止 256 字边界
        *CFG4_REG = 0x1060;          //使能扩展的 BC 控制字
        *CFG5_REG = 0x0A00;          //使能扩展的过零点，响应超时 22.5μs
        *CFG6_REG = 0x4000;          //增强 CPU 处理
        *TIME_TAG_REG = 0;           //时间标签清零
        for(i=0;i<0x1000;i++)        //4K RAM 清零
        {
                *BUMEM_ADDR(i)= 0;
        }
        DELAY_US(10);
}
/********************************************
* 函数功能: BU64843 的 BC 发送特定消息函数
* 输    入: 无
* 输    出: 无
********************************************/
void BC_Send1Fram(void)
```

```
{
        *BUMEM_ADDR(0x100)= 0;                    //堆栈指针 A 指向 0000H
        *BUMEM_ADDR(0x101)= 0xFFFD;               //消息计数器 A，指示 2 条消息
        //描述符堆栈
        *BUMEM_ADDR(0)  = 0;                      //消息 1 BC 块状态字清零
        *BUMEM_ADDR(1)  = 0;                      //消息 1 时间标签字清零
        *BUMEM_ADDR(2)  = 0x64;                   //消息 1 消息间隔定时器为 100μs
        *BUMEM_ADDR(3)  = 0x108;                  //消息 1 数据块指针指向 108H 地址
        *BUMEM_ADDR(4)  = 0;                      //消息 2 BC 块状态字清零
        *BUMEM_ADDR(5)  = 0;                      //消息 2 时间标签字清零
        *BUMEM_ADDR(6)  = 0x64;                   //消息 2 消息间隔定时器为 100μs
        *BUMEM_ADDR(7)  = 0x10E;                  //消息 2 数据块指针指向 10EH 地址
        //数据块
        *BUMEM_ADDR(0x108)= 0x80;                 //消息 1 BC 控制字
        *BUMEM_ADDR(0x109)= 0x08A2;               //消息 1 Rx 命令字: RT1_Rx_SA5_Cn2
        *BUMEM_ADDR(0x10A)= 0x1111;               //消息 1 数据字 1
        *BUMEM_ADDR(0x10B)= 0x2222;               //消息 1 数据字 2
        *BUMEM_ADDR(0x10C)= 0;                    //消息 1 数据字 2 回还清零
        *BUMEM_ADDR(0x10D)= 0;                    //消息 1 接收的 RT 状态字清零
        *BUMEM_ADDR(0x10E)= 0x80;                 //消息 2 BC 控制字
        *BUMEM_ADDR(0x10F)= 0x0C61;               //消息 2 Tx 命令字: RT1_Tx_SA3_Cn1
        *BUMEM_ADDR(0x110)= 0;                    //消息 2 Tx 命令字回还位置清零
        *BUMEM_ADDR(0x111)= 0;                    //消息 2 接收的 RT 状态字清零
        *BUMEM_ADDR(0x112)= 0;                    //消息 2 数据字清零
        *START_RESET_REG = 0x0002;                //启动 BC 发送消息
        DELAY_US(10);
}
/*********************************************
* 函数功能：BU64843 的 RT 初始化程序
* 输    入：无
* 输    出：无
*********************************************/
void Init64843AsRT(void)
{
        Uint16 i=0;
        *START_RESET_REG = 0x0001;                //BU64843 复位
        *CFG3_REG  = 0x8000;                      //增强模式
        *INT_MASK1_REG = 0x0012;                  //RT 子地址控制字/模式码中断
```

```
*CFG2_REG = 0x9803;                  //增强中断，关忙，双缓冲使能，
                                     //广播数据分离，增强 RT 内存管理
*CFG3_REG = 0x809D;                  //关非法化，禁止 256 字边界
*CFG4_REG = 0x2008;                  //消息出错忙且无数据响应也有效，
                                     //使能扩展的 BC 控制字
*CFG6_REG= 0x4020;                   //增强 CPU 处理
*CFG5_REG = 0x0802;                  //使能扩展的过零点，响应超时 22.5μs
*TIME_TAG_REG = 0;                   //时间标签清零
for(i=0;i<0x1000;i++)                //4K RAM 清零
{
        *BUMEM_ADDR(i) = 0;
}
//接收子地址对应的数据空间大小分配
*BUMEM_ADDR(0x0140)=0x0F20;          //不使用的子地址分配 0x0F20
*BUMEM_ADDR(0x0141)=0x0500;          //子地址 1 数据块首地址 0x500
*BUMEM_ADDR(0x0142)=0x0540;          //子地址 2 数据块首地址 0x540
*BUMEM_ADDR(0x0143)=0x0580;          //子地址 3 数据块首地址 0x580
for(i=0;i<28;i++)                    //余下的接收子地址分配
{
        *BUMEM_ADDR(0x0144+i)=0x0F20;    //不使用的子地址分配 0x0F20
}
//发送子地址对应的数据空间大小分配
*BUMEM_ADDR(0x0160)=0x0F00;          //不使用的子地址分配 0x0F00
*BUMEM_ADDR(0x0161)=0x0400;          //子地址 1 数据块首地址 0x400
for(i=0;i<30;i++)                    //余下的发送子地址分配
{
        *BUMEM_ADDR(0x0162+i)=0x0F00;
}
//广播子地址对应的数据空间大小分配
*BUMEM_ADDR(0x0180)=0x0F40;          //不使用的子地址分配 0x0F40
*BUMEM_ADDR(0x0181)=0x0600;          //子地址 1 数据块首地址 0x600
for(i=0;i<30;i++)                    //余下的发送子地址分配
{
        *BUMEM_ADDR(0x0182+i)=0x0F40;
}
//子地址控制字
*BUMEM_ADDR(0x01A0)=0;               //无中断
*BUMEM_ADDR(0x01A1)=0x4211;          //发送/接收/广播 EOM 中断，
```

```
                                        //接收单消息，广播循环缓冲 128
    *BUMEM_ADDR(0x01A2)=0x8200;         //接收 EOM 中断，接收子地址双缓冲
    *BUMEM_ADDR(0x01A3)=0x0220;         //接收 EOM 中断，接收子地址循环缓冲
    for(i=0;i<28;i++)
    {
           *BUMEM_ADDR(0x01A4+i)=0;   //无中断
    }
    //模式码中断查找表
    *BUMEM_ADDR(0x010A)=0x0004;            //发送状态字，模式码中断
    for(i=0;i<8;i++)                       //忙位查询表
    {
           *BUMEM_ADDR(0x0240+i)=0x0000;
    }
    for(i=0;i<256;i++)                     //指令非法化表
    {
           *BUMEM_ADDR(0x0300+i)=0;
    }
    *CFG1_REG = 0x8F80;                    //配置为 RT 模式
    DELAY_US(10);
}
/**********************************************
* 函数功能：BU64843 的 WMT 初始化程序
* 输    入：无
* 输    出：无
**********************************************/
void Init64843AsWMT(void)
{
    Uint16 i=0;
    *START_RESET_REG = 0x0001;         //BU64843 复位
    *CFG3_REG = 0x8000;                //增强模式
    *INT_MASK1_REG = 0x0002;           //WMT 模式识别中断
    *CFG1_REG = 0x4A00;                //WMT 模式，接收触发字停止
    *MT_TIGGER_REG = 0x0821;           //触发字 0x0821
    *CFG6_REG = 0x4000;                //增强 CPU 处理
    *TIME_TAG_REG = 0;                 //时间标签清零
    for(i=0;i<0x1000;i++)              //4K RAM 清零
    {
           *BUMEM_ADDR(i) = 0;
```

```
    }
    *START_RESET_REG = 0x0002;  //启动 MT 功能
    DELAY_US(10);
}
/*********************************************
 * 函数功能：BU64843 的 MMT 初始化程序
 * 输    入：无
 * 输    出：无
 *********************************************/
void Init64843AsMMT(void)
{
    Uint16 i=0;
    *START_RESET_REG = 0x0001;          //BU64843 复位
    *CFG3_REG = 0x8000;                 //增强模式
    *INT_MASK1_REG = 0x0001;            //消息结束中断
    *CFG1_REG = 0x5000;                 //MMT 模式
    *CFG3_REG = 0x8D00;                 //MMT 命令堆栈 1K, 数据堆栈 2K
    *CFG6_REG = 0x4000;                 //增强 CPU 处理
    *TIME_TAG_REG = 0;                  //时间标签清零
    for(i=0;i<0x1000;i++)               //4K RAM 清零
    {
            *BUMEM_ADDR(i) = 0;
    }
    *BUMEM_ADDR(0x102) = 0x0400;        //命令堆栈指针初始化
    *BUMEM_ADDR(0x103) = 0x0800;        //数据堆栈指针初始化
    //配置 MMT 查找表(监听 RT1 的所有消息)
    for(i=0;i<4;i++)
    {
            *BUMEM_ADDR(0x0284+i)=0xFFFF;
    }
    *START_RESET_REG = 0x0002; //启动 MT 功能
    DELAY_US(10);
}
/*********************************************
* 函数功能：BU64843 的 BC 发送特定消息函数 RT1_Tx_SA1_Cn1
* 输    入：无
* 输    出：无
*********************************************/
```

```
void BC_Send_RT1_Tx_SA1_Cn1(void)
{
        *BUMEM_ADDR(0x100)= 0;                //堆栈指针 A 指向 0000H
        *BUMEM_ADDR(0x101)= 0xFFFE;           //消息计数器 A，指示 1 条消息
        //描述符堆栈
        *BUMEM_ADDR(0)= 0;                    //消息 1 BC 块状态字清零
        *BUMEM_ADDR(1)= 0;                    //消息 1 时间标签字清零
        *BUMEM_ADDR(2)= 0x64;                 //消息 1 消息间隔定时器为 100μs
        *BUMEM_ADDR(3)= 0x108;                //消息 1 数据块指针指向 108H 地址
        //数据块
        *BUMEM_ADDR(0x108)= 0x080;            //消息 1 BC 控制字
        *BUMEM_ADDR(0x109)= 0x0C21;           //消息 1 Tx 命令字：RT1_Tx_SA1_Cn1
        *BUMEM_ADDR(0x10A)= 0;                //消息 1 Tx 命令字回还单元清零
        *BUMEM_ADDR(0x10B)= 0;                //消息 1 接收的 RT 状态字清零
        *BUMEM_ADDR(0x10C)= 0;                //消息 1 接收的数据字位清零
        *START_RESET_REG = 0x0002;            //启动 BC 发送消息
        DELAY_US(10);
}
/*******************************************
* 函数功能：BU64843 的 BC 发送特定消息函数 RT1_Rx_SA1_Cn1
* 输    入：无
* 输    出：无
* *******************************************/
void BC_Send_RT1_Rx_SA1_Cn1(void)
{
        *BUMEM_ADDR(0x100)= 0;                //堆栈指针 A 指向 0000H
        *BUMEM_ADDR(0x101)= 0xFFFE;           //消息计数器 A，指示 1 条消息
        //描述符堆栈
        *BUMEM_ADDR(0)= 0;                    //消息 1 BC 块状态字清零
        *BUMEM_ADDR(1)= 0;                    //消息 1 时间标签字清零
        *BUMEM_ADDR(2)= 0x64;                 //消息 1 消息间隔定时器为 100μs
        *BUMEM_ADDR(3)= 0x108;                //消息 1 数据块指针指向 108H 地址
        //数据块
        *BUMEM_ADDR(0x108)= 0x080;            //消息 1 BC 控制字
        *BUMEM_ADDR(0x109)= 0x0821;           //消息 1 Rx 命令字：RT1_Rx_SA1_Cn1
        *BUMEM_ADDR(0x10A)= Data2;            //消息 1 发送的业务数据
        *BUMEM_ADDR(0x10B)= 0;                //消息 1 数据回还位清零
        *BUMEM_ADDR(0x10C)= 0;                //消息 1 接收的 RT 状态字清零
```

```
        *START_RESET_REG = 0x0002;              //启动 BC 发送消息
        DELAY_US(10);
}
/*****************************************
* 函数功能：BU64843 的 BC 发送特定消息函数 RT1_Rx_SA2_Cn32
* 输    入：无
* 输    出：无
* ****************************************/
void BC_Send_RT1_Rx_SA2_Cn32(void)
{
        unsigned int i=0;
        *BUMEM_ADDR(0x100)= 0;                  //堆栈指针 A 指向 0000H
        *BUMEM_ADDR(0x101)= 0xFFFE;             //消息计数器 A，指示 1 条消息
        //描述符堆栈
        *BUMEM_ADDR(0)= 0;                      //消息 1 BC 块状态字清零
        *BUMEM_ADDR(1)= 0;                      //消息 1 时间标签字清零
        *BUMEM_ADDR(2)= 0x2BC;                  //消息 1 消息间隔定时器为 700μs
        *BUMEM_ADDR(3)= 0x108;                  //消息 1 数据块指针指向 108H 地址
        //数据块
        *BUMEM_ADDR(0x108)= 0x080;              //消息 1 BC 控制字
        *BUMEM_ADDR(0x109)= 0x0840;            //消息 1 Rx 命令字：RT1_Rx_SA2_Cn32
        for(i=0;i<32;i++)
        {
                *BUMEM_ADDR(0x10A+i)= i;        //消息 1 发送的业务数据 0～0x1F
        }
        *BUMEM_ADDR(0x12A)= 0;                  //消息 1 数据回还位清零
        *BUMEM_ADDR(0x12B)= 0;                  //消息 1 接收的 RT 状态字清零
        *START_RESET_REG = 0x0002;              //启动 BC 发送消息
        DELAY_US(10);
}
/*****************************************
* 函数功能：BU64843 的 BC 发送特定消息函数 RT1_Tx_SA0_MC02 模式码：发送状态字
* 输    入：无
* 输    出：无
* ****************************************/
void BC_Send_RT1_Tx_SA0_MC02(void)
{
        *BUMEM_ADDR(0x100)= 0;                  //堆栈指针 A 指向 0000H
```

```
    *BUMEM_ADDR(0x101)= 0xFFFE;        //消息计数器A，指示1条消息
    //描述符堆栈
    *BUMEM_ADDR(0)= 0;                 //消息1 BC块状态字清零
    *BUMEM_ADDR(1)= 0;                 //消息1 时间标签字清零
    *BUMEM_ADDR(2)= 0x64;              //消息1 消息间隔定时器为100μs
    *BUMEM_ADDR(3)= 0x108;             //消息1 数据块指针指向108H地址
    //数据块
    *BUMEM_ADDR(0x108)= 0x084;         //消息1 BC控制字
    *BUMEM_ADDR(0x109)= 0x0C02;        //消息1 Tx命令字：RT1_Tx_SA0_MC02
    *BUMEM_ADDR(0x10A)= 0;             //消息1 Tx命令字回还
    *BUMEM_ADDR(0x10B)= 0;             //消息1 接收的RT状态字清零
    *START_RESET_REG = 0x0002;         //启动BC发送消息
    DELAY_US(10);
}
/**********************************************
* 函数功能：BU64843的BC发送特定消息函数 RT31_Rx_SA1_Cn32 广播
* 输    入：无
* 输    出：无
* **********************************************/
void BC_Send_RT31_Rx_SA1_Cn32(void)
{
    unsigned int i=0;
    *BUMEM_ADDR(0x100)= 0;             //堆栈指针A指向0000H
    *BUMEM_ADDR(0x101)= 0xFFFE;        //消息计数器A，指示1条消息
    //描述符堆栈
    *BUMEM_ADDR(0)= 0;                 //消息1 BC块状态字清零
    *BUMEM_ADDR(1)= 0;                 //消息1 时间标签字清零
    *BUMEM_ADDR(2)= 0x2BC;             //消息1 消息间隔定时器为700μs
    *BUMEM_ADDR(3)= 0x108;             //消息1 数据块指针指向108H地址
    //数据块
    *BUMEM_ADDR(0x108)= 0x082;         //消息1 BC控制字
    *BUMEM_ADDR(0x109)= 0xF820;        //消息1 Rx命令字：RT31_Rx_SA1_Cn32
    for(i=0;i<32;i++)
    {
        *BUMEM_ADDR(0x10A+i)= 0xAA55;  //消息1 数据内容
    }
    *BUMEM_ADDR(0x12A)  = 0;           //消息1 最后一个数据字回还清零
    *START_RESET_REG    = 0x0002;      //启动BC发送消息
```

```
        DELAY_US(10);
}
/*******************************************
* 函数功能：BU64843 的 BC 发送特定消息函数　RT1_Rx_SA3_Cn32
* 输　　入：无
* 输　　出：无
* *******************************************/
void BC_Send_RT1_Rx_SA3_Cn32(void)
{
        unsigned int i=0;
        *BUMEM_ADDR(0x100)= 0;              //堆栈指针 A 指向 0000H
        *BUMEM_ADDR(0x101)= 0xFFFE;         //消息计数器 A，指示 1 条消息
        //描述符堆栈
        *BUMEM_ADDR(0)= 0;                  //消息 1 BC 块状态字清零
        *BUMEM_ADDR(1)= 0;                  //消息 1 时间标签字清零
        *BUMEM_ADDR(2)= 0x2BC;              //消息 1 消息间隔定时器为 700μs
        *BUMEM_ADDR(3)= 0x108;              //消息 1 数据块指针指向 108H 地址
        //数据块
        *BUMEM_ADDR(0x108)= 0x080;          //消息 1 BC 控制字
        *BUMEM_ADDR(0x109)= 0x0860;         //消息 1 Rx 命令字：RT1_Rx_SA3_Cn32
        for(i=0;i<32;i++)
        {
                *BUMEM_ADDR(0x10A+i)= (i<<8)|i;//消息 1 数据内容
        }
        *BUMEM_ADDR(0x12A)= 0;              //消息 1 最后一个数据字回还清零
        *START_RESET_REG = 0x0002;          //启动 BC 发送消息
        DELAY_US(10);
}
/***************** BU64843.c  File End*****************/
```

BU64843.h、XINT.c 和 XINT.h 以及 SCI.c 和 SCI.h 文件与 6.1 节工程 Kit_NewProj_08_20200907_CombineTest_BC 内容相同；GPIO.c 和 GPIO.h 文件和 5.3.6 节工程 Kit_NewProj_04_20200724 中相同，已在 5.3.6 节列出，在此不再赘述。

在 system.h 文件中，对消息的数据结构的定义进行修改，使其符合 RT 的内存管理模式，相关代码如下：

```
/*******************************************************
*      文件名：system.h
*  Created on: 2020 年 7 月 24 日
```

```
*          Author: Administrator
************************************************************/
#ifndef _SYSTEM_H_
#define _SYSTEM_H_
/******************** 库头文件 ************************/
#include "DSP281x_Device.h"
#include "DSP281x_Examples.h"
/******************** 用户头文件 ************************/
#include "GPIO.h"
#include "BU64843.h"
#include "SCI.h"
#include "XINT.h"
/******************** 常量定义 ************************/
#define   LOAD_FLASH //FLASH 烧写时加上此行并将 RAM_lnk.cmd 换成 F2812.cmd 文件
enum TxOrRx{Rx=0,Tx=!Rx};
enum ErrorFlag{NoERR=0,ERR=!NoERR};


/**************** 变量定义 ********************/
typedef struct LABEL_
{
     struct DESC_
     {
          union MSGBLKSTAWD_
          {
            Uint16  all;
            struct  MSGBLKSTAWDBIT
            {
                   Uint16 CmdErr:1;                  //0 命令字包含错误
                   Uint16 RT2RT2NDCmdErr:1;//1RT→RT 第二个命令字错误
                   Uint16 RT2RTGap:1;        //2RT→RT 间隙/同步/地址错误
                   Uint16 InvaildWord:1;             //3 无效字
                   Uint16 IncorrectSyncType:1;       //4 错误同步类型
                   Uint16 WordCntErr:1;              //5 字计数错误
                   Uint16 IllegalCmd:1;              //6 非法命令字
                   Uint16 DataStackRoll:1;           //7 数据堆栈翻转
                   Uint16 LoopTestFail:1;            //8 回还测试失败
                   Uint16 NoResponse:1;              //9 无响应
                   Uint16 FormatErr:1;               //10 格式错误
```

```
                    Uint16 RT2RTFormat:1;              //11RT→RT 格式
                    Uint16 ErrFlag:1;                  //12 错误标志
                    Uint16 ChannalAorB:1;              //13 总线通道 A/B
                    Uint16 SOM:1;                      //14 消息开始(SOM)
                    Uint16 EOM:1;                      //15 消息结束(EOM)
            }bit;
        }msgBlockStatusWord;                           //堆栈描述符的块状态字
        unsigned int msgTimeTagWord;                   //堆栈描述符的时间标签字
        unsigned int msgDataBlackPtr;                  //堆栈描述符的数据块指针
        union MSGCMD_
        {
            Uint16  all;
            struct  MSGCMDWORDBIT
            {
                    Uint16 CN:5;                       // 0~4 数据长度
                    Uint16 SA:5;                       // 5~9 子地址
                    Uint16 TxOrRx:1;                   // 10T/R 位
                    Uint16 RTAdress:5;                 // 11~15RT 地址
            }bit;
        }msgCmdWord;                                   //堆栈描述符的消息命令字
    }descriptor;                                       //堆栈描述符结构体定义
    unsigned int msgDataWords[32];                     //消息内容
}labelType;

extern labelType msgLabel[64];                         //存放消息内容的标签声明
extern Uint16 Data2;                                   //业务数据 Data2 声明


#endif /* _SYSTEM_H_ */
/*********************system.h  File End********************/
```

在 main_v1.09.c 文件中编写主程序，其代码如下：

```
/***********************************************************
/*     版本:  V1.09
*      作者:  HDF
*      编译器: CCS6.2.0.00050
*      MCU:  TMS320F2812
*      时间:  20200907
*      内容:  F2812 控制 BU64843 做 RT，在联合通信案例中完成 RT 功能
```

```
*******************************************************/
/***************** 头文件 *********************/
#include "system.h"                          //系统头文件，作为 C 代码的链接文件使用
#pragma CODE_SECTION(InitFlash,"ramfuncs")   //复制代码进 RAM 运行
/**************** 变量定义 *******************/
Uint16 value_RTCmdStackPtr = 0;              //存放 RT 命令堆栈指针
Uint16 rememberValue_RTCmdStackPtr = 0;      //存放 RT 命令堆栈指针计数值
Uint16 msgNumber =0;                         //消息数量
labelType msgLabel[64];                      //存放消息内容的标签
Uint16 Data1 =0;                             //业务数据 Data1
Uint16 Data2 =0;                             //业务数据 Data2
/**************** 主程序 *******************/
void main(void)
{
    unsigned int i,j;
    InitSysCtrl();                    //150MHz-Disable Dog
    #ifdef  LOAD_FLASH
        memcpy(&RamfuncsRunStart,&RamfuncsLoadStart,\
            &RamfuncsLoadEnd -&RamfuncsLoadStart);
        InitFlash();                  //初始化 FLASH
    #endif
    DINT;                             //禁止中断
    InitPieCtrl();                    //初始化 PIE 控制寄存器
    IER = 0x0000;                     //禁止中断使能
    IFR = 0x0000;                     //清中断标志
    InitPieVectTable();               //初始化 PIE 中断向量表
    InitXintf();                      //添加 XINTF 总线时序配置
    InitGPIO();                       //配置项目中使用的 GPIO
    Config_XINT();                    //配置外部中断
    InitSCIa();                       //初始化 SCIa 串口
    HardwareReset_BU64843();          //对 BU64843 进行硬件复位
    DELAY_US(10000);                  //等待 10ms
    Init64843AsRT();                  //将 BU64843 配置为 RT 模式
    for(;;)                           //主循环
    {
        BoardRun();                   //运行灯，闪烁
        CheckandResetSCIA();          //一旦检测到 SCIA 状态出错，复位 SCIA
        if(intoInterruptFlag ==1)     //接收到 RT 芯片产生的中断信号
```

```
{
    value_RTCmdStackPtr = *BUMEM_ADDR(0x100); //读取 RT 命令堆栈指针
    //堆栈指针无变化
    if(value_RTCmdStackPtr == rememberValue_RTCmdStackPtr)
    {
        intoInterruptFlag =0;        //中断标志清零，非消息中断
        return;
    }
    else
    {
        //考虑堆栈指针翻转
        if(value_RTCmdStackPtr > rememberValue_RTCmdStackPtr)
        {
        //获取消息数量
      msgNumber=(value_RTCmdStackPtr-rememberValue_RTCmdStackPtr)/4;
        }else
        {
        //获取消息数量
      msgNumber=(0x100+value_RTCmdStackPtr-\
      rememberValue_RTCmdStackPtr)/4;
        }
    }
    for(i=0;i<msgNumber;i++)        //遍历新增的堆栈描述符
    {
        msgLabel[i].descriptor.msgBlockStatusWord.all=\
        *BUMEM_ADDR(rememberValue_RTCmdStackPtr++);//RT 块状态字
        msgLabel[i].descriptor.msgTimeTagWord=\
        *BUMEM_ADDR(rememberValue_RTCmdStackPtr++);//时间标签字
        msgLabel[i].descriptor.msgDataBlackPtr=\
        *BUMEM_ADDR(rememberValue_RTCmdStackPtr++);//消息间隔字
        msgLabel[i].descriptor.msgCmdWord.all=\
        *BUMEM_ADDR(rememberValue_RTCmdStackPtr++);//数据块指针
        if(rememberValue_RTCmdStackPtr > 0xFF) //判断是否处理到翻转处
        {
            rememberValue_RTCmdStackPtr =0;
        }
        if(msgLabel[i].descriptor.msgBlockStatusWord.\
        bit.ErrFlag==NoERR) //消息无错
```

```
{
//消息已传输结束
if(msgLabel[i].descriptor.msgBlockStatusWord.\
bit.EOM ==1)
  {
    if(msgLabel[i].descriptor.msgCmdWord.\
    all==0x0C21)   //RT1_Tx_SA1_Cn1
    {
      Data1=*BUMEM_ADDR(msgLabel[i].descriptor.\
      msgDataBlackPtr);
      SCIASendString("接收到 RT1_Tx_SA1_Cn1 消息\r\n");
      SCIASendString(" 发送 Data1(HEX)：");
      SCIASendU16toStr(Data1);
      SCIASendString(".\r\n");
    }
    //RT1_Rx_SA1_Cn1
    if(msgLabel[i].descriptor.msgCmdWord.all==0x0821)
    {
      Data2=*BUMEM_ADDR(msgLabel[i].\
      descriptor.msgDataBlackPtr);
      *BUMEM_ADDR(0x400)=Data2;
      SCIASendString("接收到 RT1_Rx_SA1_Cn1 消息\r\n");
      SCIASendString(" 接收 Data2(HEX)：");
      SCIASendU16toStr(Data2);
      SCIASendString(".\r\n");
      SCIASendString(" 已将 Data2 更新进发送子地址 1 中.\r\n");
    }
     //RT1_Rx_SA2_Cn32
     if(msgLabel[i].descriptor.msgCmdWord.all==0x0840)
    {
      for(j=0;j<32;j++)
      {msgLabel[i].msgDataWords[j]=\
     *BUMEM_ADDR(msgLabel[i].descriptor.msgDataBlackPtr+j);
      }
      SCIASendString("接收到 RT1_Rx_SA2_Cn32 消息\r\n");
      SCIASendString(" 接收数据(HEX)：\r\n");
      SCIASendU16BuftoStr(msgLabel[i].msgDataWords,32);
    }
```

```
        //RT1_Tx_SA0_MC02
        if(msgLabel[i].descriptor.msgCmdWord.all==0x0C02)
        {
            SCIASendString("接收到 RT1_Tx_SA0_MC02 消息\r\n");
        }
        //RT31_Rx_SA1_Cn32
        if(msgLabel[i].descriptor.msgCmdWord.all==0xF820)
        {
            for(j=0;j<32;j++)
            {
                msgLabel[i].msgDataWords[j]=\
                *BUMEM_ADDR(msgLabel[i].descriptor.\
                msgDataBlackPtr+j);
            }
            SCIASendString("接收到 RT31_Rx_SA1_Cn32 消息\r\n");
            SCIASendString("接收数据(HEX): \r\n");
            SCIASendU16BuftoStr(msgLabel[i].msgDataWords,32);
        }
        //RT1_Rx_SA3_Cn32
        if(msgLabel[i].descriptor.msgCmdWord.all==0x0860)
        {
            for(j=0;j<32;j++)
            {
                msgLabel[i].msgDataWords[j]=\
                *BUMEM_ADDR(msgLabel[i].descriptor.\
                msgDataBlackPtr+j);
            }
            SCIASendString("接收到 RT1_Rx_SA3_Cn32 消息\r\n");
            SCIASendString("接收数据(HEX): \r\n");
            SCIASendU16BuftoStr(msgLabel[i].msgDataWords,32);
        }
        }
    }
    }
    intoInterruptFlag =0; //中断标志清零, 消息处理完
    }
}
/*******************main_v1.09.c  File End*******************/
```

6.3 MMT 软件案例

MMT 节点的软件流程如图 6.13 所示，MMT 节点在监听到总线消息后，将消息从串口打印出来。

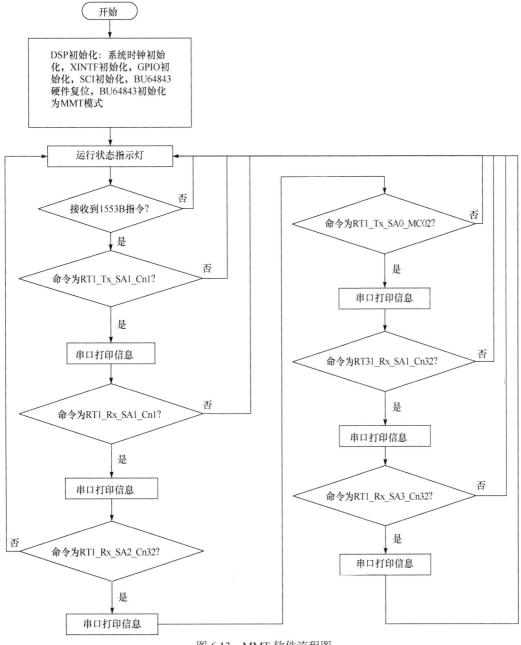

图 6.13 MMT 软件流程图

在工程 Kit_NewProj_09_20200908_CombineTest_RT 的基础上建立联合应用案例中

的 MMT 工程 Kit_NewProj_10_20200909_CombineTest_MMT。

第一步，在 CCS6.2WorkSpace 文件夹下复制 Kit_NewProj_09_20200908_CombineTest_RT 工程后，将工程名修改为 Kit_NewProj_10_20200909_CombineTest_ MMT。

第二步，修改该工程中 ".project" 文件中<name>段为工程名 Kit_NewProj_10_20200909_CombineTest_MMT。

第三步，将工程 User_Source 文件夹下的 main_v1.09.c 修改为 main_v1.10.c 即可，具体步骤如图 6.14 所示。

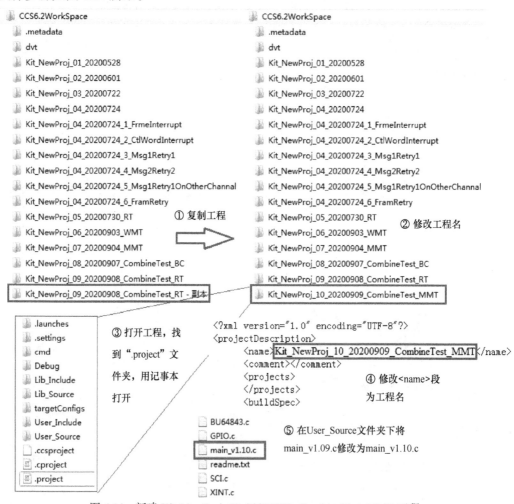

图 6.14　新建 Kit_NewProj_10_20200909_CombineTest_MMT 工程

将新建好的工程 Kit_NewProj_10_20200909_CombineTest_MMT 导入 CCS6.2，在 CCS6.2 中单击 Project 菜单栏命令，在下拉菜单中选择 Import CCS Projects，在弹出的 Import CCS Eclipse Projects 窗口中单击 Browse 按钮，在弹出的浏览框中找到 CCS6.2WorkSpace 工作空间，选中其中需要导入的工程文件夹后单击 "确定" 按钮。回到 Import CCS Eclipse Projects 窗口单击 Finish 按钮即可完成工程导入。导入步骤如图 6.15～图 6.17 所示。

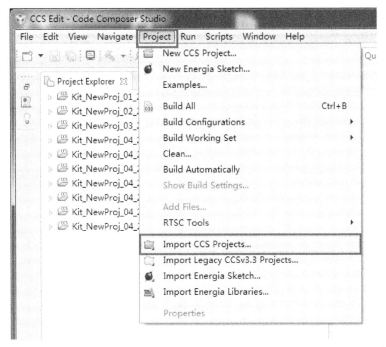

图 6.15 在 CCS6.2 中导入 Kit_NewProj_10_20200909_CombineTest_MMT 工程步骤 1

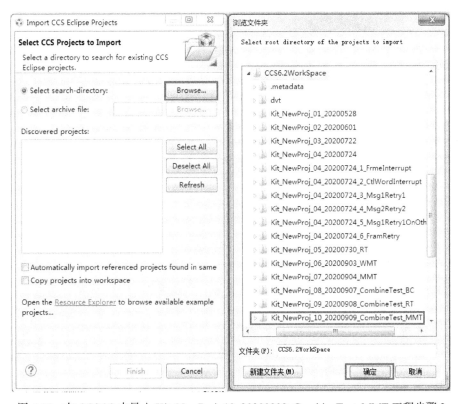

图 6.16 在 CCS6.2 中导入 Kit_NewProj_10_20200909_CombineTest_MMT 工程步骤 2

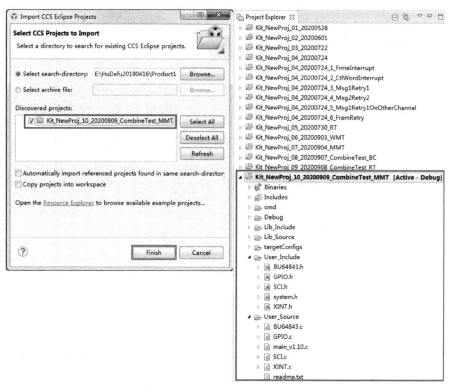

图 6.17　在 CCS6.2 中导入 Kit_NewProj_10_20200909_CombineTest_MMT 工程步骤 3

　　编写 Kit_NewProj_10_20200909_CombineTest_MMT 工程中各文件的详细代码, 首先在 BU64843.c 中修改 MMT 初始化函数, 主要修改 MMT 的查找表使其支持监听 RT1 和 RT31(广播)消息。BU64843.c 的具体代码如下:

```
/*****************************************************
*      文件名: BU64843.c
*  Created on: 2020 年 7 月 22 日
*      Author: Administrator
*****************************************************/
#include "system.h" //包含系统头文件及内部驱动文件
/***********************************************
* 函数功能: BU64843 的 BC 初始化程序: 将 BU64843 初始化为传统 BC 增强模式
* 输    入: 无
* 输    出: 无
***********************************************/
void Init64843AsBC(void)
{
    Uint16 i=0;
    *START_RESET_REG = 0x0001; //BU64843 软复位
```

```
        *CFG3_REG = 0x8000;              //增强模式
        *INT_MASK1_REG = 0x0001;         //消息结束中断
        *CFG1_REG = 0x0020;              //使能消息间间隔定时器
        *CFG2_REG = 0x0400;              //中断请求电平，禁止 256 字边界
        *CFG4_REG = 0x1060;              //使能扩展的 BC 控制字
        *CFG5_REG = 0x0A00;              //使能扩展的过零点，响应超时 22.5μs
        *CFG6_REG = 0x4000;              //增强 CPU 处理
        *TIME_TAG_REG = 0;               //时间标签清零
        for(i=0;i<0x1000;i++)            //4K RAM 清零
        {
                *BUMEM_ADDR(i)= 0;
        }
        DELAY_US(10);
}
/*********************************************
 * 函数功能：BU64843 的 BC 发送特定消息函数
 * 输    入：无
 * 输    出：无
*********************************************/
void BC_Send1Fram(void)
{
        *BUMEM_ADDR(0x100)= 0;           //堆栈指针 A 指向 0000H
        *BUMEM_ADDR(0x101)= 0xFFFD;      //消息计数器 A，指示 2 条消息
        //描述符堆栈
        *BUMEM_ADDR(0) = 0;              //消息 1 BC 块状态字清零
        *BUMEM_ADDR(1) = 0;              //消息 1 时间标签字清零
        *BUMEM_ADDR(2) = 0x64;           //消息 1 消息间隔定时器为 100μs
        *BUMEM_ADDR(3) = 0x108;          //消息 1 数据块指针指向 108H 地址
        *BUMEM_ADDR(4) = 0;              //消息 2 BC 块状态字清零
        *BUMEM_ADDR(5) = 0;              //消息 2 时间标签字清零
        *BUMEM_ADDR(6) = 0x64;           //消息 2 消息间隔定时器为 100μs
        *BUMEM_ADDR(7) = 0x10E;          //消息 2 数据块指针指向 10EH 地址
        //数据块
        *BUMEM_ADDR(0x108)= 0x80;        //消息 1 BC 控制字
        *BUMEM_ADDR(0x109)= 0x08A2;      //消息 1 Rx 命令字：RT1_Rx_SA5_Cn2
        *BUMEM_ADDR(0x10A)= 0x1111;      //消息 1 数据字 1
        *BUMEM_ADDR(0x10B)= 0x2222;      //消息 1 数据字 2
        *BUMEM_ADDR(0x10C)= 0;           //消息 1 数据字 2 回还清零
```

```
        *BUMEM_ADDR(0x10D)= 0;                //消息 1 接收的 RT 状态字清零
        *BUMEM_ADDR(0x10E)= 0x80;            //消息 2 BC 控制字
        *BUMEM_ADDR(0x10F)= 0x0C61;          //消息 2 Tx 命令字：RT1_Tx_SA3_Cn1
        *BUMEM_ADDR(0x110)= 0;               //消息 2 Tx 命令字回还位置清零
        *BUMEM_ADDR(0x111)= 0;               //消息 2 接收的 RT 状态字清零
        *BUMEM_ADDR(0x112)= 0;               //消息 2 数据字清零
        *START_RESET_REG= 0x0002;            //启动 BC 发送消息
        DELAY_US(10);
}
/*************************************************
* 函数功能：BU64843 的 RT 初始化程序
* 输    入：无
* 输    出：无
*************************************************/
void Init64843AsRT(void)
{
        Uint16 i=0;
        *START_RESET_REG = 0x0001;           //BU64843 复位
        *CFG3_REG  = 0x8000;                 //增强模式
        *INT_MASK1_REG = 0x0012;             //RT 子地址控制字/模式码中断
        *CFG2_REG = 0x9803;                  //增强中断，关忙，双缓冲使能，
                                             //广播数据分离，增强 RT 内存管理
        *CFG3_REG = 0x809D;                  //关非法化，禁止 256 字边界
        *CFG4_REG = 0x2008;                  //消息出错忙且无数据响应也有效，
                                             //使能扩展的 BC 控制字
        *CFG6_REG = 0x4020;                  //增强 CPU 处理
        *CFG5_REG = 0x0802;                  //使能扩展的过零点，响应超时 22.5μs
        *TIME_TAG_REG = 0;                   //时间标签清零
        for(i=0;i<0x1000;i++)                //4K RAM 清零
        {
                *BUMEM_ADDR(i) = 0;
        }
        //接收子地址对应的数据空间大小分配
        *BUMEM_ADDR(0x0140)=0x0F20;          //不使用的子地址分配 0x0F20
        *BUMEM_ADDR(0x0141)=0x0500;          //子地址 1 数据块首地址 0x500
        *BUMEM_ADDR(0x0142)=0x0540;          //子地址 2 数据块首地址 0x540
        *BUMEM_ADDR(0x0143)=0x0580;          //子地址 3 数据块首地址 0x580
        for(i=0;i<28;i++)                    //余下的接收子地址分配
```

```
{
        *BUMEM_ADDR(0x0144+i)=0x0F20;          //不使用的子地址分配 0x0F20
}
//发送子地址对应的数据空间大小分配
*BUMEM_ADDR(0x0160)=0x0F00;          //不使用的子地址分配 0x0F00
*BUMEM_ADDR(0x0161)=0x0400;          //子地址 1 数据块首地址 0x400
for(i=0;i<30;i++)                    //余下的发送子地址分配
{
        *BUMEM_ADDR(0x0162+i)=0x0F00;
}
//广播子地址对应的数据空间大小分配
*BUMEM_ADDR(0x0180)=0x0F40;          //不使用的子地址分配 0x0F40
*BUMEM_ADDR(0x0181)=0x0600;          //子地址 1 数据块首地址 0x600
for(i=0;i<30;i++)                    //余下的发送子地址分配
{
        *BUMEM_ADDR(0x0182+i)=0x0F40;
}
//子地址控制字
*BUMEM_ADDR(0x01A0)=0;               //无中断
*BUMEM_ADDR(0x01A1)=0x4211;          //发送/接收/广播 EOM 中断,
                                     //接收单消息,广播循环缓冲 128
*BUMEM_ADDR(0x01A2)=0x8200;          //接收 EOM 中断,接收子地址双缓冲
*BUMEM_ADDR(0x01A3)=0x0220;          //接收 EOM 中断,接收子地址循环缓冲
for(i=0;i<28;i++)
{
        *BUMEM_ADDR(0x01A4+i)=0;     //无中断
}
//模式码中断查找表
*BUMEM_ADDR(0x010A)=0x0004;          //发送状态字,模式码中断
for(i=0;i<8;i++)                     //忙位查询表
{
        *BUMEM_ADDR(0x0240+i)=0x0000;
}
for(i=0;i<256;i++)                   //指令非法化表
{
        *BUMEM_ADDR(0x0300+i)=0;
}
*CFG1_REG = 0x8F80;                  //配置为 RT 模式
```

```
        DELAY_US(10);
}
/*********************************************
* 函数功能：BU64843 的 WMT 初始化程序
* 输    入：无
* 输    出：无
*********************************************/
void Init64843AsWMT(void)
{
        Uint16 i=0;
        *START_RESET_REG = 0x0001;          //BU64843 复位
        *CFG3_REG = 0x8000;                 //增强模式
        *INT_MASK1_REG = 0x0002;            //WMT 模式识别中断
        *CFG1_REG = 0x4A00;                 //WMT 模式，接收触发字停止
        *MT_TIGGER_REG = 0x0821;            //触发字 0x0821
        *CFG6_REG = 0x4000;                 //增强 CPU 处理
        *TIME_TAG_REG = 0;                  //时间标签清零
        for(i=0;i<0x1000;i++)               //4K RAM 清零
        {
                *BUMEM_ADDR(i)= 0;
        }
        *START_RESET_REG = 0x0002;          //启动 MT 功能
        DELAY_US(10);
}
/*********************************************
* 函数功能：BU64843 的 MMT 初始化程序
* 输    入：无
* 输    出：无
*********************************************/
void Init64843AsMMT(void)
{
        Uint16 i=0;
        *START_RESET_REG = 0x0001;          //BU64843 复位
        *CFG3_REG = 0x8000;                 //增强模式
        *INT_MASK1_REG = 0x0001;            //消息结束中断
        *CFG1_REG = 0x5000;                 //MMT 模式
        *CFG3_REG = 0x8D00;                 //MMT 命令堆栈 1K，数据堆栈 2K
        *CFG6_REG = 0x4000;                 //增强 CPU 处理
```

```
    *TIME_TAG_REG = 0;                      //时间标签清零
    for(i=0;i<0x1000;i++)                   //4K RAM 清零
    {
        *BUMEM_ADDR(i) = 0;
    }
    *BUMEM_ADDR(0x102) = 0x0400;            //命令堆栈指针初始化
    *BUMEM_ADDR(0x103) = 0x0800;            //数据堆栈指针初始化
    //配置 MMT 查找表(监听 RT1 的所有消息)
    for(i=0;i<4;i++)
    {
        *BUMEM_ADDR(0x0284+i)=0xFFFF;//监听 RT1
        *BUMEM_ADDR(0x02FC+i)=0xFFFF;//监听 RT31 广播
    }
    *START_RESET_REG = 0x0002;              //启动 MT 功能
    DELAY_US(10);
}
/***************************************
* 函数功能:BU64843 的 BC 发送特定消息函数 RT1_Tx_SA1_Cn1
* 输    入:无
* 输    出:无
***************************************/
void BC_Send_RT1_Tx_SA1_Cn1(void)
{
    *BUMEM_ADDR(0x100)= 0;                  //堆栈指针 A 指向 0000H
    *BUMEM_ADDR(0x101)= 0xFFFE;            //消息计数器 A,指示 1 条消息
    //描述符堆栈
    *BUMEM_ADDR(0)= 0;                      //消息 1 BC 块状态字清零
    *BUMEM_ADDR(1)= 0;                      //消息 1 时间标签字清零
    *BUMEM_ADDR(2)= 0x64;                   //消息 1 消息间隔定时器为 100μs
    *BUMEM_ADDR(3)= 0x108;                  //消息 1 数据块指针指向 108H 地址
    //数据块
    *BUMEM_ADDR(0x108)= 0x080;             //消息 1 BC 控制字
    *BUMEM_ADDR(0x109)= 0x0C21;            //消息 1 Tx 命令字:RT1_Tx_SA1_Cn1
    *BUMEM_ADDR(0x10A)= 0;                 //消息 1 Tx 命令字回还单元清零
    *BUMEM_ADDR(0x10B)= 0;                 //消息 1 接收的 RT 状态字清零
    *BUMEM_ADDR(0x10C)= 0;                 //消息 1 接收的数据字位清零
    *START_RESET_REG = 0x0002;             //启动 BC 发送消息
    DELAY_US(10);
```

```
}
/*********************************************
* 函数功能：BU64843 的 BC 发送特定消息函数 RT1_Rx_SA1_Cn1
* 输　　入：无
* 输　　出：无
* *******************************************/
void BC_Send_RT1_Rx_SA1_Cn1(void)
{
        *BUMEM_ADDR(0x100)= 0;              //堆栈指针 A 指向 0000H
        *BUMEM_ADDR(0x101)= 0xFFFE;         //消息计数器 A，指示 1 条消息
        //描述符堆栈
        *BUMEM_ADDR(0)= 0;                  //消息 1 BC 块状态字清零
        *BUMEM_ADDR(1)= 0;                  //消息 1 时间标签字清零
        *BUMEM_ADDR(2)= 0x64;               //消息 1 消息间隔定时器为 100μs
        *BUMEM_ADDR(3)= 0x108;              //消息 1 数据块指针指向 108H 地址
        //数据块
        *BUMEM_ADDR(0x108)= 0x080;          //消息 1 BC 控制字
        *BUMEM_ADDR(0x109)= 0x0821;         //消息 1 Rx 命令字：RT1_Rx_SA1_Cn1
        *BUMEM_ADDR(0x10A)= Data2;          //消息 1 发送的业务数据
        *BUMEM_ADDR(0x10B)= 0;              //消息 1 数据回还位清零
        *BUMEM_ADDR(0x10C)= 0;              //消息 1 接收的 RT 状态字清零
        *START_RESET_REG = 0x0002;          //启动 BC 发送消息
        DELAY_US(10);
}
/*********************************************
* 函数功能：BU64843 的 BC 发送特定消息函数 RT1_Rx_SA2_Cn32
* 输　　入：无
* 输　　出：无
* *******************************************/
void BC_Send_RT1_Rx_SA2_Cn32(void)
{
        unsigned int i=0;
        *BUMEM_ADDR(0x100)= 0;              //堆栈指针 A 指向 0000H
        *BUMEM_ADDR(0x101)= 0xFFFE;         //消息计数器 A，指示 1 条消息
        //描述符堆栈
        *BUMEM_ADDR(0)= 0;                  //消息 1 BC 块状态字清零
        *BUMEM_ADDR(1)= 0;                  //消息 1 时间标签字清零
        *BUMEM_ADDR(2)= 0x2BC;              //消息 1 消息间隔定时器为 700μs
```

```
        *BUMEM_ADDR(3)= 0x108;                //消息 1 数据块指针指向 108H 地址
        //数据块
        *BUMEM_ADDR(0x108)= 0x080;            //消息 1 BC 控制字
        *BUMEM_ADDR(0x109)= 0x0840;           //消息 1 Rx 命令字: RT1_Rx_SA2_Cn32
        for(i=0;i<32;i++)
        {
                *BUMEM_ADDR(0x10A+i)= i;      //消息 1 发送的业务数据 0-0x1F
        }
        *BUMEM_ADDR(0x12A)= 0;                //消息 1 数据回还位清零
        *BUMEM_ADDR(0x12B)= 0;                //消息 1 接收的 RT 状态字清零
        *START_RESET_REG = 0x0002;            //启动 BC 发送消息
        DELAY_US(10);
}
/***************************************
* 函数功能: BU64843 的 BC 发送特定消息函数 RT1_Tx_SA0_MC02 模式码: 发送状态字
* 输    入: 无
* 输    出: 无
* ***************************************/
void BC_Send_RT1_Tx_SA0_MC02(void)
{
        *BUMEM_ADDR(0x100)= 0;                //堆栈指针 A 指向 0000H
        *BUMEM_ADDR(0x101)= 0xFFFE;           //消息计数器 A, 指示 1 条消息
        //描述符堆栈
        *BUMEM_ADDR(0)= 0;                    //消息 1 BC 块状态字清零
        *BUMEM_ADDR(1)= 0;                    //消息 1 时间标签字清零
        *BUMEM_ADDR(2)= 0x64;                 //消息 1 消息间隔定时器为 100μs
        *BUMEM_ADDR(3)= 0x108;                //消息 1 数据块指针指向 108H 地址
        //数据块
        *BUMEM_ADDR(0x108)= 0x084;            //消息 1 BC 控制字
        *BUMEM_ADDR(0x109)= 0x0C02;           //消息 1 Tx 命令字: RT1_Tx_SA0_MC02
        *BUMEM_ADDR(0x10A)= 0;                //消息 1 Tx 命令字回还
        *BUMEM_ADDR(0x10B)= 0;                //消息 1 接收的 RT 状态字清零
        *START_RESET_REG = 0x0002;            //启动 BC 发送消息
        DELAY_US(10);
}
/***************************************
* 函数功能: BU64843 的 BC 发送特定消息函数 RT31_Rx_SA1_Cn32 广播
* 输    入: 无
```

```
*  输    出：无
* *******************************************/
void BC_Send_RT31_Rx_SA1_Cn32(void)
{
      unsigned int i=0;
      *BUMEM_ADDR(0x100)= 0;                 //堆栈指针 A 指向 0000H
      *BUMEM_ADDR(0x101)= 0xFFFE;            //消息计数器 A，指示 1 条消息
      //描述符堆栈
      *BUMEM_ADDR(0)= 0;                     //消息 1 BC 块状态字清零
      *BUMEM_ADDR(1)= 0;                     //消息 1 时间标签字清零
      *BUMEM_ADDR(2)= 0x2BC;                 //消息 1 消息间隔定时器为 700μs
      *BUMEM_ADDR(3)= 0x108;                 //消息 1 数据块指针指向 108H 地址
      //数据块
      *BUMEM_ADDR(0x108)= 0x082;            //消息 1 BC 控制字
      *BUMEM_ADDR(0x109)= 0xF820;            //消息 1 Rx 命令字：RT31_Rx_SA1_Cn32
      for(i=0;i<32;i++)
      {
            *BUMEM_ADDR(0x10A+i)= 0xAA55;      //消息 1 数据内容
      }
      *BUMEM_ADDR(0x12A) = 0;              //消息 1 最后一个数据字回还清零
      *START_RESET_REG = 0x0002;            //启动 BC 发送消息
      DELAY_US(10);
}
/*********************************************
* 函数功能：BU64843 的 BC 发送特定消息函数   RT1_Rx_SA3_Cn32
*  输    入：无
*  输    出：无
* *******************************************/
void BC_Send_RT1_Rx_SA3_Cn32(void)
{
      unsigned int i=0;
      *BUMEM_ADDR(0x100)= 0;                 //堆栈指针 A 指向 0000H
      *BUMEM_ADDR(0x101)= 0xFFFE;            //消息计数器 A，指示 1 条消息
      //描述符堆栈
      *BUMEM_ADDR(0)= 0;                     //消息 1 BC 块状态字清零
      *BUMEM_ADDR(1)= 0;                     //消息 1 时间标签字清零
      *BUMEM_ADDR(2)= 0x2BC;                 //消息 1 消息间隔定时器为 700μs
      *BUMEM_ADDR(3)= 0x108;                 //消息 1 数据块指针指向 108H 地址
```

```
//数据块
*BUMEM_ADDR(0x108)= 0x080;           //消息 1 BC 控制字
*BUMEM_ADDR(0x109)= 0x0860;          //消息 1 Rx 命令字: RT1_Rx_SA3_Cn32
for(i=0;i<32;i++)
{
        *BUMEM_ADDR(0x10A+i)= (i<<8)|i;//消息 1 数据内容
}
*BUMEM_ADDR(0x12A)= 0;               //消息 1 最后一个数据字回还清零
*START_RESET_REG = 0x0002;           //启动 BC 发送消息
DELAY_US(10);
}
/***************** BU64843.c  File End********************/
```

BU64843.h、XINT.c 和 XINT.h 以及 SCI.c 和 SCI.h 文件与 6.1 节工程 Kit_NewProj_08_20200907_CombineTest_BC 内容相同;GPIO.c 和 GPIO.h 文件和 5.3.6 节工程 Kit_NewProj_04_20200724 相同,已在 5.3.6 节列出,在此不再赘述。

在 system.h 文件中,对消息的数据结构的定义进行修改,使其符合 MMT 的内存管理模式,相关代码如下:

```
/**************************************************************
 *      文件名: system.h
 * Created on: 2020 年 7 月 24 日
 *      Author: Administrator
 **************************************************************/
#ifndef _SYSTEM_H_
#define _SYSTEM_H_
/***************** 库头文件 *******************/
#include "DSP281x_Device.h"
#include "DSP281x_Examples.h"
/***************** 用户头文件 *******************/
#include "GPIO.h"
#include "BU64843.h"
#include "SCI.h"
#include "XINT.h"
/***************** 常量定义 *******************/
#define  LOAD_FLASH //FLASH 烧写时加上此行并将 RAM_lnk.cmd 换成 F2812.cmd 文件
enum TxOrRx{Rx=0,Tx=!Rx};
enum ErrorFlag{NoERR=0,ERR=!NoERR};
/***************** 变量定义 *******************/
```

```
typedef struct LABEL_
{
    struct DESC_
    {
        union MSGBLKSTAWD_
        {
            Uint16  all;
            struct  MSGBLKSTAWDBIT
            {
                Uint16 CmdErr:1;          // 0   命令字包含错误
                Uint16 RT2RT2NDCmdErr:1;// 1   RT→RT 第二个命令字错误
                Uint16 RT2RTGap:1;        // 2   RT→RT 间隙/同步/地址错误
                Uint16 InvaildWord:1;   // 3   无效字
                Uint16 IncorrectSyncType:1;   // 4   错误同步类型
                Uint16 WordCntErr:1;          // 5   字计数错误
                Uint16 Rsvd:1;                // 6   保留为 0
                Uint16 DataStackRoll:1;       // 7   数据堆栈翻转
                Uint16 GoodDataTransfer:1;    // 8   好的块传输
                Uint16 NoResponse:1;          // 9   无响应
                Uint16 FormatErr:1;           // 10  格式错误
                Uint16 RT2RTFormat:1;         // 11  RT→RT 格式
                Uint16 ErrFlag:1;             // 12  错误标志
                Uint16 ChannalAorB:1;         // 13  总线通道 A/B
                Uint16 SOM:1;                 // 14  消息开始(SOM)
                Uint16 EOM:1;                 // 15  消息结束(EOM)
            }bit;
        }msgBlockStatusWord;                  //堆栈描述符的块状态字
        unsigned int msgTimeTagWord;          //堆栈描述符的时间标签字
        unsigned int msgDataBlackPtr;         //堆栈描述符的数据块指针
        union MSGCMD_
        {
            Uint16  all;
            struct  MSGCMDWORDBIT
            {
                Uint16 CN:5;                  // 0~4 数据长度
                Uint16 SA:5;                  // 5~9 子地址
                Uint16 TxOrRx:1;              // 10T/R 位
                Uint16 RTAdress:5;            // 11~15RT 地址
```

```
            }bit;
        }msgCmdWord;                          //堆栈描述符的消息命令字
    }descriptor;                              //堆栈描述符结构体定义
    unsigned int msgDataWords[32];            //消息内容
}labelType;

extern labelType msgLabel[64];               //存放消息内容的标签声明
extern Uint16 Data2;                         //业务数据 Data2 声明


#endif /* _SYSTEM_H_ */
/*********************system.h  File End*******************/
```

在 main_v1.10.c 文件中编写主程序，其代码如下：

```
/***********************************************************
/*     版本：  v1.10
 *     作者：  HDF
 *     编译器：CCS6.2.0.00050
 *     MCU：   TMS320F2812
 *     时间：  20200909
 *     内容：  F2812 控制 BU64843 做 MMT，在联合通信案例中完成 MMT 功能
 ***********************************************************/
/**************** 头文件 *******************/
#include "system.h"                          //系统头文件，作为 C 代码的链接文件使用
#pragma CODE_SECTION(InitFlash,"ramfuncs")   //复制代码进 RAM 运行
/**************** 变量定义 *******************/
Uint16 value_MMTCmdStackPtr = 0;             //存放 MMT 命令堆栈指针
Uint16 rememberValue_MMTCmdStackPtr = 0x400; //存放 MMT 命令堆栈指针计数值
Uint16 value_MMTDataStackPtr = 0;            //存放 MMT 数据堆栈指针
Uint16 msgNumber =0;                         //消息数量
labelType msgLabel[64];                      //存放消息内容的标签
Uint16 Data2 =0;                             //业务数据 Data2
/**************** 主程序 *******************/
void main(void)
{
    unsigned int i,j;
    InitSysCtrl();                           //150MHz-Disable Dog
    #ifdef  LOAD_FLASH
        memcpy(&RamfuncsRunStart,&RamfuncsLoadStart,\
```

```
                  &RamfuncsLoadEnd -&RamfuncsLoadStart);
        InitFlash();                            //初始化 FLASH
#endif
DINT;                                           //禁止中断
InitPieCtrl();                                  //初始化 PIE 控制寄存器
IER = 0x0000;                                   //禁止中断使能
IFR=0x0000;                                      //清中断标志
InitPieVectTable();                             //初始化 PIE 中断向量表
InitXintf();                                    //添加 XINTF 总线时序配置
InitGPIO();                                     //配置项目中使用的 GPIO
Config_XINT();                                  //配置外部中断
InitSCIa();                                     //初始化 SCIa 串口
HardwareReset_BU64843();                        //对 BU64843 进行硬件复位
DELAY_US(10000);                                //等待 10ms
Init64843AsMMT();                               //将 BU64843 配置为 MMT 模式
for(;;)                                         //主循环
{
   BoardRun();                                  //运行灯, 闪烁
   CheckandResetSCIA();                         //一旦检测到 SCIA 状态出错, 复位 SCIA
   if(intoInterruptFlag ==1)       //接收到 RT 芯片产生的中断信号
   {
      intoInterruptFlag =0;        //中断标志清零
      value_MMTCmdStackPtr = *BUMEM_ADDR(0x102);//读取 MMT 命令堆栈指针
      value_MMTDataStackPtr = *BUMEM_ADDR(0x103);//读取 MMT 数据堆栈指针
      if(value_MMTDataStackPtr>=0xFD0)     //防止数据堆栈翻转, 提前复位
      {
         value_MMTDataStackPtr=0x800;//提前复位, 避免处理翻转区数据读取
      }
      if(value_MMTCmdStackPtr==rememberValue_MMTCmdStackPtr)//堆栈指针不变
      {
         return;
      }
      else
      {
      //考虑命令堆栈指针翻转
      if(value_MMTCmdStackPtr > rememberValue_ MMTCmdStackPtr)
      {
         msgNumber = (value_MMTCmdStackPtr-\   //获取消息数量
```

```
        rememberValue_MMTCmdStackPtr)/4;
    }else
    {
        msgNumber=(0x400+value_MMTCmdStackPtr-\
        rememberValue_MMTCmdStackPtr)/4;        //获取消息数量
    }
}
for(i=0;i<msgNumber;i++)   //遍历新增的堆栈描述符
{
    msgLabel[i].descriptor.msgBlockStatusWord.all=\
    *BUMEM_ADDR(rememberValue_MMTCmdStackPtr++);//RT 块状态字
    msgLabel[i].descriptor.msgTimeTagWord=\
    *BUMEM_ADDR(rememberValue_MMTCmdStackPtr++);//时间标签字
    msgLabel[i].descriptor.msgDataBlackPtr=\
    *BUMEM_ADDR(rememberValue_MMTCmdStackPtr++);//消息间隔字
    msgLabel[i].descriptor.msgCmdWord.all=\
    *BUMEM_ADDR(rememberValue_MMTCmdStackPtr++);//数据块指针
    if(rememberValue_MMTCmdStackPtr>0x7FF)//判断是否处理到翻转处
    {
        rememberValue_MMTCmdStackPtr =0x400;
    }
    //消息已传输结束
    if(msgLabel[i].descriptor.\
    msgBlockStatusWord.bit.EOM ==1)
    {
        //RT1_Tx_SA1_Cn1
        if(msgLabel[i].descriptor.msgCmdWord.all==0x0C21)
        {
            msgLabel[i].msgDataWords[0]=\
          *BUMEM_ADDR(msgLabel[i].descriptor.msgDataBlackPtr+1);
            SCIASendString("监听到 RT1_Tx_SA1_Cn1 消息\r\n");
            SCIASendString("块状态字(HEX): ");
            SCIASendU16toStr(msgLabel[i].descriptor.\
            msgBlockStatusWord.all);
            SCIASendString(",\r\n");
            SCIASendString(" 数据内容(HEX): ");
            SCIASendU16toStr(msgLabel[i].msgDataWords[0]);
            SCIASendString(".\r\n");
```

```
}
//RT1_Rx_SA1_Cn1
if(msgLabel[i].descriptor.msgCmdWord.all==0x0821)
{
    msgLabel[i].msgDataWords[0]=\
    *BUMEM_ADDR(msgLabel[i].descriptor.msgDataBlackPtr);
    SCIASendString("监听到 RT1_Rx_SA1_Cn1 消息\r\n");
    SCIASendString("块状态字(HEX): ");
    SCIASendU16toStr(msgLabel[i].descriptor.\
        msgBlockStatusWord.all);
    SCIASendString(",\r\n");
    SCIASendString(" 数据内容(HEX): ");
    SCIASendU16toStr(msgLabel[i].msgDataWords[0]);
    SCIASendString(".\r\n");
}
if(msgLabel[i].descriptor.msgCmdWord.all==\
    0x0840)//RT1_Rx_SA2_Cn32
{
    for(j=0;j<32;j++)
    {
        msgLabel[i].msgDataWords[j]=\
        *BUMEM_ADDR(msgLabel[i].descriptor.\
        msgDataBlackPtr+j);
    }
    SCIASendString("监听到 RT1_Rx_SA2_Cn32 消息\r\n");
    SCIASendString(" 块状态字(HEX): ");
    SCIASendU16toStr(msgLabel[i].descriptor.\
    msgBlockStatusWord.all);
    SCIASendString(",\r\n");
    SCIASendString(" 数据内容(HEX): \r\n");
    SCIASendU16BuftoStr(msgLabel[i].msgDataWords,32);
}
if(msgLabel[i].descriptor.msgCmdWord.all==
    0x0C02)//RT1_Tx_SA0_MC02
{
    SCIASendString("监听到 RT1_Tx_SA0_MC02 消息\r\n");
}
if(msgLabel[i].descriptor.msgCmdWord.all==\
```

```
           0xF820)//RT31_Rx_SA1_Cn32
       {
       for(j=0;j<32;j++)
       {
          msgLabel[i].msgDataWords[j]=\
          *BUMEM_ADDR(msgLabel[i].descriptor.\
          msgDataBlackPtr+j);
       }
       SCIASendString("监听到 RT31_Rx_SA1_Cn32 消息\r\n");
       SCIASendString(" 块状态字(HEX): ");
       SCIASendU16toStr(msgLabel[i].descriptor.\
       msgBlockStatusWord.all);
       SCIASendString(",\r\n");
       SCIASendString(" 数据内容(HEX): \r\n");
       SCIASendU16BuftoStr(msgLabel[i].msgDataWords,32);
       }
       if(msgLabel[i].descriptor.msgCmdWord.all==\
       0x0860)//RT1_Rx_SA3_Cn32
       {
       for(j=0;j<32;j++)
       {
          msgLabel[i].msgDataWords[j]=\
          *BUMEM_ADDR(msgLabel[i].descriptor.\
          msgDataBlackPtr+j);
       }
       SCIASendString("监听到 RT1_Rx_SA3_Cn32 消息\r\n");
       SCIASendString(" 块状态字(HEX): ");
       SCIASendU16toStr(msgLabel[i].descriptor.\
       msgBlockStatusWord.all);
       SCIASendString(",\r\n");
       SCIASendString(" 数据内容(HEX): \r\n");
       SCIASendU16BuftoStr(msgLabel[i].msgDataWords,32);
       }
           }
       }
   }
}
/*******************main_v1.10.c  File End*****************/
```

6.4　案　例　展　示

联合应用案例中 BC 板卡接收串口控制命令 "0x01" 后开始执行总线任务，实验现象如下。

步骤 1

1) BC 板卡

接收串口指令 "0x01"，执行总线命令，发送 "RT1_Tx_SA1_Cn1"——从 RT 发送子地址 1 中取 Data1；取回 Data1 后生成 Data2，并发送 "RT1_Rx_SA1_Cn1"——将 Data2 送给 RT 的接收子地址 1；判断 Data1 是否为 1、2、3、4 中的一个，首次运行时，Data1 为 0，因此无须执行其他总线任务，由于 Data1 为 0，则 Data2 为 1。BC 板卡的串口打印信息如下：

消息 RT1_Tx_SA1_Cn1 已发送
********获取 Data1*********
　命令字(HEX):0C21,
　BC 块状态字(HEX):8010,
　数据个数(HEX):0001,
　Data1(HEX):0000,
　Data2(HEX):0001.
****
消息 RT1_Rx_SA1_Cn1，Data2 已发送

2) RT 板卡

接收 "RT1_Tx_SA1_Cn1" 消息但不处理；接收 "RT1_Rx_SA1_Cn1" 消息后，将 Data2 数据从接收子地址 1 中取出存入发送子地址 1 中。RT 板卡的串口打印信息如下：

接收到 RT1_Tx_SA1_Cn1 消息
　发送 Data1(HEX)：0000.
接收到 RT1_Rx_SA1_Cn1 消息
　接收 Data2(HEX)：0001.
　已将 Data2 更新进发送子地址 1 中.

3) MMT 板卡

监听 "RT1_Tx_SA1_Cn1" 和 "RT1_Rx_SA1_Cn1" 消息后，将消息内容通过串口打印出来，MMT 板卡的串口打印信息如下：

监听到 RT1_Tx_SA1_Cn1 消息

块状态字(HEX)：8100，
数据内容(HEX)：0000．
监听到 RT1_Rx_SA1_Cn1 消息
块状态字(HEX)：8100，
数据内容(HEX)：0001．

步骤 2

1) BC 板卡

再次接收串口指令"0x01"，执行总线命令，发送"RT1_Tx_SA1_Cn1"，再次从 RT 发送子地址 1 中取 Data1，取回 Data1 后生成 Data2，并发送"RT1_Rx_SA1_Cn1"，依然将 Data2 送给 RT 的接收子地址 1。接着判断 Data1 是否为 1、2、3、4 中的一个，此时由于 Data1 为 1，因此需执行总线任务"RT1_Rx_SA2_Cn32"消息——向 RT1 的接收子地址 2 传输 32 个字；另外，由于 Data1 为 1，则 Data2 为 2。BC 板卡的串口打印信息如下：

消息 RT1_Tx_SA1_Cn1 已发送
*********获取 Data1*********
命令字(HEX):0C21，
BC 块状态字(HEX):8010，
数据个数(HEX):0001，
Data1(HEX):0001，
Data2(HEX):0002．
****
消息 RT1_Rx_SA1_Cn1，Data2 已发送
消息 RT1_Rx_SA2_Cn32 已发送

2) RT 板卡

接收"RT1_Tx_SA1_Cn1"消息后不处理；接收"RT1_Rx_SA1_Cn1"消息后，将 Data2 数据取出存入发送子地址 1 中；接收到"RT1_Rx_SA2_Cn32"消息后，将消息内容通过串口打印出来，RT 板卡的串口打印信息如下：

接收到 RT1_Tx_SA1_Cn1 消息
发送 Data1(HEX)：0001．
接收到 RT1_Rx_SA1_Cn1 消息
接收 Data2(HEX)：0002．
已将 Data2 更新进发送子地址 1 中．
接收到 RT1_Rx_SA2_Cn32 消息
接收数据(HEX)：
0000 0001 0002 0003 0004 0005 0006 0007
0008 0009 000A 000B 000C 000D 000E 000F

```
0010 0011 0012 0013 0014 0015 0016 0017
0018 0019 001A 001B 001C 001D 001E 001F
```

3) MMT 板卡

监听 "RT1_Tx_SA1_Cn1"、"RT1_Rx_SA1_Cn1" 和 "RT1_Rx_SA2_Cn32" 消息后，将消息内容通过串口打印出来。MMT 板卡的串口打印信息如下：

```
监听到 RT1_Tx_SA1_Cn1 消息
  块状态字(HEX): 8100,
  数据内容(HEX): 0001.
监听到 RT1_Rx_SA1_Cn1 消息
  块状态字(HEX): 8100,
  数据内容(HEX): 0002.
监听到 RT1_Rx_SA2_Cn32 消息
  块状态字(HEX): 8100,
  数据内容(HEX):
0000 0001 0002 0003 0004 0005 0006 0007
0008 0009 000A 000B 000C 000D 000E 000F
0010 0011 0012 0013 0014 0015 0016 0017
0018 0019 001A 001B 001C 001D 001E 001F
```

　　步骤 3

1) BC 板卡

再次接收串口指令 "0x01"，执行总线命令，发送 "RT1_Tx_SA1_Cn1"，从 RT 发送子地址 1 中取 Data1，取回 Data1 后生成 Data2，并发送 "RT1_Rx_SA1_Cn1"，将 Data2 送给 RT 的接收子地址 1；接着判断 Data1 是否为 1、2、3、4 中的一个，此时由于 Data1 为 2，因此需执行总线任务 "RT1_Tx_SA0_MC02" ——"发送状态字" 模式码；另外，由于 Data1 为 2，则 Data2 为 3。BC 板卡的串口打印信息如下：

```
消息 RT1_Tx_SA1_Cn1 已发送
********获取 Data1*********
  命令字(HEX):0C21,
  BC 块状态字(HEX):8010,
  数据个数(HEX):0001,
  Data1(HEX):0002,
  Data2(HEX):0003.
*************************
消息 RT1_Rx_SA1_Cn1, Data2 已发送
消息 RT1_Tx_SA0_MC02 已发送
****发送状态字模式码获取状态字****
```

命令字(HEX):0C02,
BC 块状态字(HEX):8000,
statusWord(HEX):0800.
****

2) RT 板卡

接收"RT1_Tx_SA1_Cn1"消息后不处理;接收"RT1_Rx_SA1_Cn1"消息后,将 Data2 数据取出存入发送子地址 1 中;接收到"RT1_Tx_SA0_MC02"消息后,将消息内容通过串口打印出来。RT 板卡的串口打印信息如下:

接收到 RT1_Tx_SA1_Cn1 消息
  发送 Data1(HEX): 0002.
接收到 RT1_Rx_SA1_Cn1 消息
  接收 Data2(HEX): 0003.
  已将 Data2 更新进发送子地址 1 中.
接收到 RT1_Tx_SA0_MC02 消息

3) MMT 板卡

监听"RT1_Tx_SA1_Cn1"、"RT1_Rx_SA1_Cn1"和"RT1_Tx_SA0_MC02"消息后,将消息内容通过串口打印出来,MMT 板卡的串口打印信息如下:

监听到 RT1_Tx_SA1_Cn1 消息
  块状态字(HEX): 8100,
  数据内容(HEX): 0002.
监听到 RT1_Rx_SA1_Cn1 消息
  块状态字(HEX): 8100,
  数据内容(HEX): 0003.
监听到 RT1_Tx_SA0_MC02 消息

步骤 4

1) BC 板卡

再次接收串口指令"0x01",执行总线命令,发送"RT1_Tx_SA1_Cn1",从 RT 发送子地址 1 中取 Data1,取回 Data1 后生成 Data2,并发送"RT1_Rx_SA1_Cn1",将 Data2 发送给 RT 的接收子地址 1。接着判断 Data1 是否为 1、2、3、4 中的一个,此时由于 Data1 为 3,因此需执行总线任务"RT31_Rx_SA1_Cn32"——广播消息;另外,由于 Data1 为 3,则 Data2 为 4。BC 板卡的串口打印信息如下:

消息 RT1_Tx_SA1_Cn1 已发送
********获取 Data1*********
  命令字(HEX):0C21,
  BC 块状态字(HEX):8010,

数据个数(HEX):0001,

Data1(HEX):0003,

Data2(HEX):0004.

****

消息 RT1_Rx_SA1_Cn1, Data2 已发送

消息 RT31_Rx_SA1_Cn32 已发送

2) RT 板卡

接收"RT1_Tx_SA1_Cn1"消息后不处理；接收"RT1_Rx_SA1_Cn1"消息后，将 Data2 数据取出存入发送子地址 1 中；接收到"RT31_Rx_SA1_Cn32"消息后，将消息内容通过串口打印出来，RT 板卡的串口打印信息如下：

接收到 RT1_Tx_SA1_Cn1 消息

　发送 Data1(HEX): 0003.

接收到 RT1_Rx_SA1_Cn1 消息

　接收 Data2(HEX): 0004.

　已将 Data2 更新进发送子地址 1 中.

接收到 RT31_Rx_SA1_Cn32 消息

　接收数据(HEX):

AA55 AA55 AA55 AA55 AA55 AA55 AA55 AA55

AA55 AA55 AA55 AA55 AA55 AA55 AA55 AA55

AA55 AA55 AA55 AA55 AA55 AA55 AA55 AA55

AA55 AA55 AA55 AA55 AA55 AA55 AA55 AA55

3) MMT 板卡

监听"RT1_Tx_SA1_Cn1"、"RT1_Rx_SA1_Cn1"和"RT31_Rx_SA1_Cn32"消息后，将消息内容通过串口打印出来。MMT 板卡的串口打印信息如下：

监听到 RT1_Tx_SA1_Cn1 消息

　块状态字(HEX): 8100,

　数据内容(HEX): 0003.

监听到 RT1_Rx_SA1_Cn1 消息

　块状态字(HEX): 8100,

　数据内容(HEX): 0004.

监听到 RT31_Rx_SA1_Cn32 消息

　块状态字(HEX): 8100,

　数据内容(HEX):

AA55 AA55 AA55 AA55 AA55 AA55 AA55 AA55

AA55 AA55 AA55 AA55 AA55 AA55 AA55 AA55

AA55 AA55 AA55 AA55 AA55 AA55 AA55 AA55

AA55 AA55 AA55 AA55 AA55 AA55 AA55 AA55

步骤 5

1) BC 板卡

再次接收串口指令"0x01",执行命令,发送"RT1_Tx_SA1_Cn1",从 RT 发送子地址 1 中取 Data1,取回 Data1 后生成 Data2,并发送"RT1_Rx_SA1_Cn1",将 Data2 送给 RT 的接收子地址 1。接着判断 Data1 是否为 1、2、3、4 中的一个,此时由于 Data1 为 4,因此需执行总线任务"RT1_Rx_SA3_Cn32"消息——向 RT1 的接收子地址 3 发送 32 个字;另外,由于 Data1 为 4,则 Data2 为 5。BC 板卡的串口打印信息如下:

消息 RT1_Tx_SA1_Cn1 已发送
********获取 Data1*********
  命令字(HEX):0C21,
  BC 块状态字(HEX):8010,
  数据个数(HEX):0001,
  Data1(HEX):0004,
  Data2(HEX):0005.
****
消息 RT1_Rx_SA1_Cn1,Data2 已发送
消息 RT1_Rx_SA3_Cn32 已发送

2) RT 板卡

接收"RT1_Tx_SA1_Cn1"消息后不处理;接收"RT1_Rx_SA1_Cn1"消息后,将 Data2 数据取出存入发送子地址 1 中;接收到"RT1_Rx_SA3_Cn32"消息后,将消息内容通过串口打印出来。RT 板卡的串口打印信息如下:

接收到 RT1_Tx_SA1_Cn1 消息
  发送 Data1(HEX):0004.
接收到 RT1_Rx_SA1_Cn1 消息
  接收 Data2(HEX):0005.
  已将 Data2 更新进发送子地址 1 中.
接收到 RT1_Rx_SA3_Cn32 消息
  接收数据(HEX):
0000 0101 0202 0303 0404 0505 0606 0707
0808 0909 0A0A 0B0B 0C0C 0D0D 0E0E 0F0F
1010 1111 1212 1313 1414 1515 1616 1717
1818 1919 1A1A 1B1B 1C1C 1D1D 1E1E 1F1F

3) MMT 板卡

监听"RT1_Tx_SA1_Cn1"、"RT1_Rx_SA1_Cn1"和"RT1_Rx_SA3_Cn32"消息

后，将消息内容通过串口打印出来。MMT 板卡的串口打印信息如下：

```
监听到 RT1_Tx_SA1_Cn1 消息
  块状态字(HEX): 8100,
  数据内容(HEX): 0004.
监听到 RT1_Rx_SA1_Cn1 消息
  块状态字(HEX): 8100,
  数据内容(HEX): 0005.
监听到 RT1_Rx_SA3_Cn32 消息
  块状态字(HEX): 8100,
  数据内容(HEX):
0000 0101 0202 0303 0404 0505 0606 0707
0808 0909 0A0A 0B0B 0C0C 0D0D 0E0E 0F0F
1010 1111 1212 1313 1414 1515 1616 1717
1818 1919 1A1A 1B1B 1C1C 1D1D 1E1E 1F1F
```

步骤 6

1) BC 板卡

再次接收串口指令"0x01"，执行命令，发送"RT1_Tx_SA1_Cn1"，从 RT 发送子地址 1 中取 Data1，取回 Data1 后生成 Data2，并发送"RT1_Rx_SA1_Cn1"，将 Data2 送给 RT 的接收子地址 1。接着判断 Data1 是否为 1、2、3、4 中的一个，此时由于 Data1 为 5，因此不需执行总线任务，且计数后 Data2 为 0。BC 板卡的串口打印信息如下：

```
消息 RT1_Tx_SA1_Cn1 已发送
********获取 Data1*********
  命令字(HEX):0C21,
  BC 块状态字(HEX):8010,
  数据个数(HEX):0001,
  Data1(HEX):0005,
  Data2(HEX):0000.
*************************
消息 RT1_Rx_SA1_Cn1, Data2 已发送
```

2) RT 板卡

接收"RT1_Tx_SA1_Cn1"消息后不处理；接收"RT1_Rx_SA1_Cn1"消息后，将 Data2 数据取出存入发送子地址 1 中。RT 板卡的串口打印信息如下：

```
接收到 RT1_Tx_SA1_Cn1 消息
  发送 Data1(HEX): 0005.
接收到 RT1_Rx_SA1_Cn1 消息
```

接收 Data2(HEX)：0000.

已将 Data2 更新进发送子地址 1 中.

3) MMT 板卡

监听"RT1_Tx_SA1_Cn1"和"RT1_Rx_SA1_Cn1"消息后，将消息内容通过串口打印出来。MMT 板卡的串口打印信息如下：

监听到 RT1_Tx_SA1_Cn1 消息
　　块状态字(HEX)：8100，
　　数据内容(HEX)：0005.
监听到 RT1_Rx_SA1_Cn1 消息
　　块状态字(HEX)：8100，
　　数据内容(HEX)：0000.

BC 板卡串口打印信息如图 6.18 所示，RT 板卡串口打印信息如图 6.19 所示，MMT 板卡串口打印信息如图 6.20 所示。

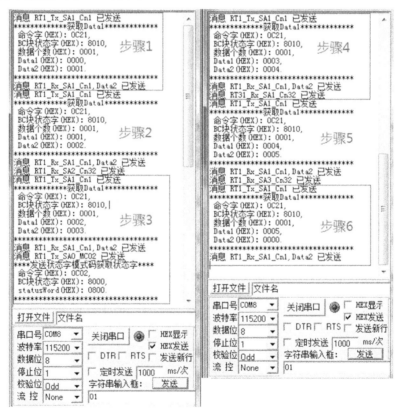

图 6.18　BC 板卡 6 步骤串口打印信息

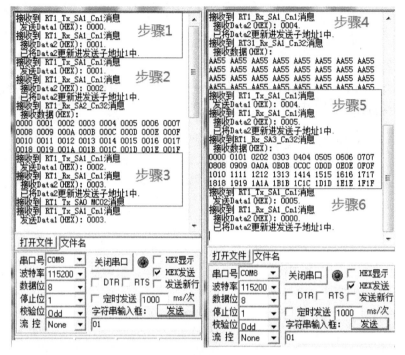

图 6.19　RT 板卡 6 步骤串口打印信息

图 6.20　MMT 板卡 6 步骤串口打印信息

第7章　发 展 趋 势

7.1　1553 总线标准的制定和发展

经过越南战争等局部战争检验的第二代战斗机，并不能满足部队的作战需求，高度独立的各个系统使大量信息涌入座舱，分散了飞行员的注意力，且各系统相互独立，未能达到 1+1=2 的效果，反而因飞行员注意力的分散，降低了整体系统的作战效能。为解决这一问题，各国开始研发第三代战斗机。由惯性、卫星导航/平视显示器/瞄准系统(INS/HUD/WACS)组成的综合火控系统，配上雷达制导的中距离空对空导弹和防区外对地攻击武器，使第三代战斗机作战能力大幅度提升。与此同时，带来的是作战信息数据总量激增，且各系统、设备间的接口各有不同，互联难度大，协同工作性能差，使得作战效能无法得到进一步的提升。同时，由于没有统一的标准，还造成了开发、维护和改进的成本不断上升的困扰。另外，应减少各系统单独配备"黑箱子"数量的急切需求，共享信息这一方法更能体现出其重要性。为解决上述问题，20 世纪 70 年代，美国军方公布了 MIL-STD-1553(USAF)标准，引入总线技术，使航电设备之间通过总线交联，如图 7.1 所示。1553 总线全称为"时分制命令/响应式多路复用数据总线"，具有双向输出特性，实时性和可靠性高，非常适合对可靠性要求高的领域。

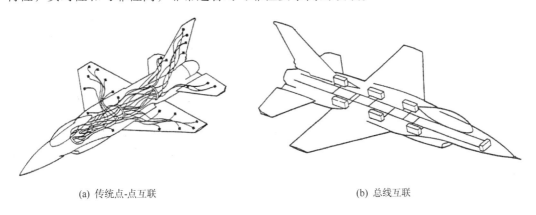

(a) 传统点-点互联　　　　　　　　　　　　　　　　　　(b) 总线互联

图 7.1　总线连接方式的演变

为了进一步对 1553 总线的介质以及协议层进行明确和优化，美国在 1978 年制定了 1553 的第二个版本，即航电数据总线标准 MIL-STD-1553B，后续以 notice 的形式进行不断的更新和完善，两者对比如表 7.1 所示。目前的公开资料显示，1553B 的最新修订版本为 2006 年发布的 notice5。1553B 标准发布后，被广泛应用在美军包括其他国家部队的武器设备上，在相当长的时间内作为航空航天电子系统的数据总线使用。

表 7.1 MIL-STD-1553A 和 MIL-STD-1553B 对比

规范要求	MIL-STD-1553A	MIL-STD-1553B
线缆类型	双绞屏蔽线	双绞屏蔽线
线缆屏蔽层最小覆盖率	80%	75%
线缆最小绞数	12 绞/ft[①]	4 绞/ft
线-线电容最大值	30pF/ft	30pF/ft
线缆特征阻抗	70Ω±10%@1MHz	70~80Ω±10%@1MHz
线缆衰减	1dB/100ft@1MHz	1.5dB/100ft@1MHz
线缆长度	300ft	不限制
线缆终端	与线缆特征阻抗匹配	与线缆特征阻抗匹配(±2%)
短截线长度	直接耦合<1ft 变压器耦合 1~20ft	直接耦合<1ft 变压器耦合 1~20ft
耦合器屏蔽	屏蔽盒	最小 75%覆盖率
耦合变压器匝数比	不指定	1:1.41
耦合变压器开路阻抗	不指定	3kΩ，75kHz~1MHz，1V RMS 正弦波
变压器波形完整性	不指定	过冲最大 20%，振铃最大±1V_{pp}
变压器共模抑制	不指定	45dB@1MHz
隔离电阻		
变压器耦合	$R=0.75Z_O(\pm5\%)$	$R=0.75Z_O(\pm5\%)$
直接耦合	$R=55\Omega(\pm5\%)$	$R=55\Omega(\pm5\%)$
短截线电压		
变压器耦合	1~20V_{pp}	1~14V_{pp}
直接耦合	1~20V_{pp}	1.4~20V_{pp}

① 1ft=0.3048m。

7.2 准光纤 1553 总线标准——MIL-STD-1773 总线

随着电子技术、计算机技术以及数据通信网络的发展，航空航天设备的网络互联性能以及对系统的数据吞吐能力的要求也在逐步提升。数据传输总线(网络)的速率、带宽要求也越来越高。1553 数据总线作为传统总线仅有 1Mbit/s 的传输速率，已经不能满足航空航天电子系统发展的需求。因此，改进网络设计和支持大数据量处理、综合为统一数字化网络成为航空电子系统发展的新趋势。于是，作为 1553B 速率提升后的总线标准的 MIL-STD-1773 出现。

MIL-STD-1773 全称"光纤化的飞机内部时分制指令/响应式多路传输数据总线"，是美国于 1988 年颁布的首个采用光纤作为传输介质的机载光纤总线标准。它以 MIL-

STD-1553B 为基础，以光纤代替屏蔽双绞线作为传输介质，以光收发器替代电收发器，用于适应复杂的电磁环境与传输带宽需求。

该标准于 20 世纪 90 年代初已被美国用于 F-18、F-111 的改型上，并已应用到了航天领域，如美国 SAMPEX 卫星等项目。一开始 1773 数据总线依然维持 1553B 1Mbit/s 的传输速率。SAE 随后对该标准进行扩充，提出了双速版本的 MIL-STD-1773A，使得命令控制类消息与数据类消息分别在两个通道传输。波音公司开发的双速率 1773 光收发器虽然能够实现 1Mbit/s、20Mbit/s 的数据传输率，分别支持原有总线传输和数据的传输，但是仍然没有充分利用光纤介质带宽的巨大潜力。

以 MIL-STD-1773 为代表的总线技术的出现在一定程度上缓解了航空电子系统对信息传输速率的需求，但随着音频、视频等新型业务的出现和机载电子设备数据处理能力的进一步提高，现有技术已经不能满足新型飞机的数据传输要求，新一代更高速率的总线成为迫切需求。

7.3 高性能 1553 总线——1553C

在 MIL-STD-1773 标准出现的同时，SAE 提出了另一种采用高速 485 收发器的 1553 总线，称为"增强速率型 1553"。"增强速率型 1553"的数据传输速率可以达到 10Mbit/s，满足了当时空军对较高带宽数据传输的需求。由于其通信协议仍然采用 MIL-STD-1553 标准，因此其在软件层面上无须过多修改。但采用了 485 收发器作为物理层接口后，无法再使用原 1553B 标准的线缆和总线结构，大大增加了改造成本。因此，"增强速率型 1553"只是一个过渡产品，并未得到大面积推广和使用。

在 20 世纪 90 年代末期，Edgewater 公司与美国空军合作，共同推动了扩展型 1553 (E1553)的发展。E1553 采用现有的 1553 网络拓扑结构，包括总线和短截线、耦合器以及终端电阻。采用类似于调制解调的方式，将速率提升到 100Mbit/s，原 1Mbit/s 总线通信依旧保留，最大化地降低了升级的成本并保证了和 MIL-STD-1553 的兼容性。该方案在 F-15 战斗机、B-52 轰炸机以及 C-5 运输机等装备上得到了成功应用。

7.4 新一代 1553 总线——FC-AE-1553

到了 21 世纪，随着新航空航天技术的进一步发展，航空航天电子系统的架构发生了翻天覆地的变化，新型航空航天电子系统各功能模块之间需要传输的信息量和数据通信速率要求越来越大。无论是 MIL-STD-1553B 总线还是升级版的 E1553 总线，相对高带宽信号流的传输依然捉襟见肘。为了对采用 1553 数据总线的设备提供必要的支持，美国军方通过对光纤通道(fiber channel，FC)在航电系统中的应用，制定了 FC-AE-1553 (Fibre Channel Avion Environment Upper Layer Protocol MIL-STD-1553B)总线协议方案。该方案以新型光纤系统作为传输介质并且以兼容原有 1553 数据总线终端为目的，采用光纤通道作为底层传输介质，以 1553 总线作为顶层协议映射，来满足高速数据通信的要求。

　　FC-AE-1553 基于 MIL-STD-1553 notice2，将 MIL-STD-1553 的消息元素映射到其信息帧中，构成类似 MIL-STD-1553 的命令响应式通信协议，实现了基于 MIL-STD-1553 通信协议的传统子系统与光纤通道网络的接口。由于 FC-AE-1553 采用光纤作为传输介质，传输速率是 MIL-STD-1553 的几百倍乃至几千倍。两者支持的拓扑结构也有本质不同，FC-AE-1553 的环形拓扑是共享媒介模式，而点对点与交换式属于全双工模式；MIL-STD-1553 的总线型拓扑，是点对点的结构，拥有共享媒介的连接性。FC-AE-1553 将终端地址空间与子地址空间从 5bit 分别扩展到了 24bit 与 32bit，字计数空间也从 5bit 扩展到了 32bit，每条消息理论上可传输的数据字节总数达到 4.3GB。表 7.2 为 FC-AE-1553 与 MIL-STD-1553 的比较。

表 7.2　FC-AE-1553 与 MIL-STD-1553 的特性异同

特性	FC-AE-1553	MIL-STD-1553
传输介质	光纤、电缆	电缆
拓扑结构	点对点、环形、交换式	总线型
传输技术	全双工、半双工	半双工
编码方式	8B/10B	曼彻斯特编码
操作	异步或同步	异步
数据传输率	1/8Gbit/s、1/4Gbit/s、1/2Gbit/s、1Gbit/s、2Gbit/s、4Gbit/s、8Gbit/s	1Mbit/s
延迟	30μs(环形)、2μs(交换式网络)	60μs
字长宽	32bit	20bit(数据 16bit)
误码率	$<10^{-12}$	$<10^{-7}$
支持终端数	$2^{24}-1$	31
支持子地址个数	$2^{32}-1$	32
每个消息传送字节数	4.3GB	64B

　　FC-AE-1553 作为光纤通道映射的顶层协议，不仅具有良好的高速光纤网络性能，而且比传统 1553 数据总线的优势更加强大。由于 FC-AE-1553 在实时性、可扩展性、数据传输速率和带宽、协议的开放性以及可扩展性等方面更为突出的优点，传统 1553 数据总线和电缆将会被 FC-AE-1553 网络和光纤完全取代，更好地服役于全新的航空电子总线中。

主要参考文献

Data Device Corp. 2008. ACE/Mini-ACE Series BC/RT/MT Advanced Communication Engine Integrated 1553 Terminal User's Guide BU-65170, BU-61580, BU-61585, BU-61590, BU-65178, BU-61588, BU-65179, BU-61688, BU-61689, BU-61582 (BU-63825), BU-61583 (BU-63925), BU-65620 and BU-65621(#MN-65170XX-001).

Data Device Corp. 2012a. Enhanced Miniature Advanced Communications Engine (Enhansed Mini-ACE® Series) Users Guide MN-6186X-001 Volume 1-Architectural Reference.

Data Device Corp. 2012b. Enhanced Miniature Advanced Communications Engine (Enhansed Mini-ACE® Series) Users Guide MN-6186X-001 Volume 2-Hardware Reference.

Product Focus: High-Speed 1553: Technology Advances Boost Performance By Andrew D. Parker.

附录说明：附录 1 至附录 6 部分引用和参考以下文献：

Data Device Corp. Enhanced Miniature Advanced Communications Engine (Enhansed Mini-ACE® Series) Users Guide MN-6186X-001 Volume 1-Architectural Reference, 2012.

Data Device Corp. Enhanced Miniature Advanced Communications Engine (Enhansed Mini-ACE® Series) Users Guide MN-6186X-001 Volume 2-Hardware Reference, 2012.

篇幅所限，附录部分未在书中列出，更多详细情况可查阅上述文献或者扫描后面的二维码查看。

免 责 声 明

　　"1553B 总线技术应用与开发附件详述"(以下简称"详述")由《1553B 总线技术应用与开发》的作者翻译与整理，本详述所载表格中的内容来源于 DDC 公司公开的BU64843 芯片数据手册和用户指南等相关技术文档，本详述仅供广大读者学习和交流使用，严禁用于商业用途，未经同意严禁摘录、转载和复制等，如作他用所造成的法律责任一概与译者无关。我们努力准确归纳、整理和翻译，可能部分翻译并不是很正确，有些文件或其他信息可能无法翻译，使用前请参考 DDC 公司官方资料，若使用本详述造成的任何损失作者概不承担任何责任。

使 用 说 明

　　本详述是《1553B 总线技术应用与开发》一书的附件内容，独立于《1553B 总线技术应用与开发》之外，由作者归纳、整理和翻译，免费提供给读者学习和交流使用，应配合《1553B 总线技术应用与开发》一起阅读，如果发现翻译有误或不准确，请与我们联系(myonly2016@163.com)或查阅 DDC 官方资料。

附录 1　　　　　附录 2　　　　　附录 3　　　　　附录 4

附录 5　　　　　附录 6　　　　　附录 7